上海优秀勘察设计

2007

上海市勘察设计行业协会 编

沈 恭 黄 芝 主编

中国建筑工业出版社

图书在版编目(CIP)数据

上海优秀勘察设计：2007/上海市勘察设计行业协会编．
-北京：中国建筑工业出版社，2008
ISBN 978-7-112-09814-9

Ⅰ.上… Ⅱ.上… Ⅲ.建筑工程-地质勘探-设计-作品集-上海市-2007 Ⅳ.TU19

中国版本图书馆CIP数据核字(2008)第004542号

执行编辑：陆德庆
编　　辑：张绍弘　葛乃文
编　　务：纪　爽
责任编辑：韦　然

上海优秀勘察设计2007

上海市勘察设计行业协会　编
沈恭　黄芝　主编
*
中国建筑工业出版社出版、发行（北京西郊百万庄）
新华书店经销
上海恒美印务有限公司制版
恒美印务（番禺南沙）有限公司印刷
*
开本：889×1194mm　1/16开
印张：18　字数：572千字
2008年2月第一版　2008年2月第一次印刷
印数：1—1900册　定价：**180.00元**
ISBN 978-7-112-09814-9
（16478）

版权所有　翻印必究
如有印装质量问题，可寄本社退换
（邮政编码　100037）

2007年度上海市优秀勘察设计评委会

主　　　任：沈　恭
副　主　任：许解良　郑时龄　江欢成　魏敦山　林元培
常务副主任：黄　芝
委　　　员：许忠卿　王勤芬　沈红华　柳亚东　刘　军　潘延平　孙剑东　陆濂泉　朱祥明
　　　　　　陆忠民　钟永钧　张俊杰　唐玉恩　张　辰　袁雅康　杨富强　高晖鸣　王宗斋

评审专家：

张俊杰　王惠章　段　斌　凌本立　周建峰　姜秀清　黄向明　陆湘桥　姚　敏　陈国亮　汪孝安
高晖鸣　张皆正　林　钧　沈文渊　张洛先　翁　皓　钱　平　杨国清　赵尔昌　沈元璋　张继红
丁　纯　孙毓华　周国鸣　巢　斯　周建龙　李亚明　陈大钧　张凤新　霍维捷　章关福　李韶平
许国良　顾嗣淳　戴冠民　夏汉强　李友达　冯旭东　徐　凤　潘德琦　徐惠良　归谈纯　寿炜炜
葛瑞昆　徐　桓　项志鑅　杨国荣　温伯银　李文立　陈众励　夏　林　邵民杰　周惠黎　葛生浩
张　辰　徐　健　洪国治　陈炳生　周涤生　周　良　钱寅泉　张震超　黄锦源　王宗仁　沈裘昌
羊寿生　俞加康　张　毅　王友村　汤锁庚　乔宗昭　张善发　陆忠民　杜心慧　邵长宇　杨富强
徐继伟　奚亮澄　王怡达　葛剑飞　姚　明　吴睦远　张　立　董祖新　袁雅康　顾国荣　陆濂泉
周知信　裴　捷　钱　达　徐惠亮　王钟斋　严玲璋　臧庆生　周在春　魏凤巢　唐玉恩　钟永钧
管式勤　林　驹　卢永毅　赵天佐　何善权　胡仰耆　鲁宏深

初审专家：

茅红年　朱隽倩　刘祖懋　黄　良　陈丁木　冯旭东　沈惠中　邵民杰　丁文达　杨旭川　徐一峰
严　勤　张永来　周知信　杨富强　高晖鸣　许一凡

评优办公室：

主　　任：蔡詠榴
成　　员：茅红年　许一凡　朱隽倩　张永来　严　勤　王莉香　杨旭川　黄　良　林小影　徐为嘉
　　　　　张绍弘　庄永乐　纪　爽

（以上排名不分先后）

序

2007年度上海市优秀勘察设计的评选工作是上海市勘察设计行业协会组织展开的第四届活动，本届申报参评的设计和勘察单位有66家，共申报了418个勘察设计和专业项目，是协会组织评优活动以来参评量之最。这次评优工作增加了上海市优秀历史建筑修缮改造的设计项目和去年对住宅创优设计获优秀奖和优良奖的部分已竣工项目的评选。为办好本届评优工作，协会聘请了近130位专家。针对本次评优申报情况的特点，评优办公室组织各专业评审组组长对评审实施意见进行了深入细化的研究讨论，坚持本届评委会确定的评优指导思想，认真贯彻落实科学发展观，明确设计体现建设资源节约型和环境友好型社会的目标。评优中对建筑设计更注重原创设计，并适当改进评选方式，解决评审中的可比性问题，对住宅、园林等项目组织现场查看，增强实感，评审中对市政、勘察的项目注重科技创新，加大科技含量；对工业项目的评优，重在工艺专业，参照了各工业部评优标准进行评审。根据各方面的实际反映，本届评优的获奖比例是适当的，本届评优工作坚持公平、公正、实事求是的原则，参评项目还在协会主办的《2007中国上海建筑设计与城市规划展览会》上展示，广泛听取业内外的意见和评议，充分尊重评审专家的意见，达到了鼓励大中小型设计单位全面参与的积极性，进一步扩大了社会影响，起到了业内外重视和关注的积极效应。

本届评优工作正值上海市党代会召开，因此评委会要求本届评优工作应充分体现市党代会精神，勘察设计工作应紧密结合新五年上海发展的要求，努力完成当前的任务和目标。使评优工作和评选出来的项目，既能反映时代的特征，又能引领时代进步。评委会对勘察设计工作总的要求是年年有创新、有特点、有提高。评优的水平和标准也应随着技术的进步一届比一届更高、更严。评优项目应力求充分反映投资方、建设方、使用方的意见，对项目设计水平的看法上也能保持一致。要通过评优，发现一批新人，发掘一批人材。在评审工作中应注意一些具有创新、有特色但规模较小的项目，避免其因小而失去获奖的机会，做到项目不分大小，创优获奖资格机会均等，进一步发动中小型设计单位参与勘察设计的评优活动。

本届评优的获奖项目数量颇丰，在编纂本书时，尽管增加了50页版面，尚无法满足原版式要求。经与建工出版社商议，对本书的版式作了局部改变，谨此说明。

在本书出版之际，谨代表评委会对关心和支持本市勘察设计行业，参与和鼓励行业进步和发展的有关各方和广大勘察设计人员表示衷心的感谢。

前言

2007年度上海市优秀勘察设计评选活动在评审和评选期间，正值上海市党代会召开，为体现市党代会精神，按照上海发展的要求和上海今后五年的任务和目标，切实做好上海市优秀勘察设计的评选工作，上海市勘察设计行业协会邀聘组成了有中国科学院院士、中国工程院院士、中国勘察设计大师、本市相关管理部门领导以及业内资深专家、总师、设计院院长等25位委员的评选委员会。还聘请了近130位专家分专业组进行评审和评选。力求评优工作及评选出来的项目，是既反映时代特征，又引领时代要求的典范。坚持公平、公正、科学、实事求是的原则开展评优工作。

在这次评优中，还增加了对上海市优秀历史建筑修缮改造的设计项目和去年对住宅创优设计获优秀奖和优良奖部分已竣工项目的评选。

评选的过程及结果是令人满意的，这不仅是因为参加评审的评委和专家认真负责、坚持原则、一丝不苟的精神，也不仅是由于参评项目、获奖项目的数量之多，为本市开展评优以来之最，更令人欣喜的是，通过评选结果，使我们看到了一批代表上海勘察设计行业水平的获奖项目所拥有的可持续提升势头；行业评优的要求、标准和水平，随之更高、更严。在本届评优活动中获奖的勘察设计项目中，特点裴然。

在建筑设计作品中，原创设计无论在数量或是在品质上，均有明显的提高。设计中普遍重视总体布局和建筑功能的合理性，比较关注经济与使用功能、形式与功能的结合，设计的品质水平均有提高；设计创作注重功能与当地环境有机地结合，在平面与功能形式上，以及对环境地形的合理利用，使环境植被与建筑相融合，形成建筑性格，体现生态主题和环境友好的特点；设计关注建筑体现地理文化与时代发展相结合，充分体现建筑特征与定位的地域性和时代性；在一批重要的城市公共建筑项目的设计中，高科技的技术含量高，在建筑形式和功能方面，积极采用新技术和新材料的选择应用，都有较大的新突破；在形式与结构设计上，实现高度统一，使外观形式、室内空间、结构与艺术效果获得完美结合；有些获奖项目的结构设计，既体现了先进性、艺术性，又具有经济性，使之有机统一；在本届评优中还拥现出一批高品质的设计项目，不但提升了项目价值，而且创造了有利节能的条件，还显示了不俗的设计水平和创新能量；无论在建筑、市政、工业、园林、勘察测量还是住宅、优秀历史建筑修缮改造的项目中，节能、环保、原创设计己成为本届评优活动的热点、亮点。

对优秀历史建筑修缮改造项目设计的评优，本次评选已有较长时间的准备，申报的项目均在1995年至2006年期间设计的项目共24个，是本市第一次纳入的评选类目。我们期望今后将有更多的优秀历史建筑修缮改造项目设计参评、获奖，并相信通过充实、完善、提高，本市优秀勘察设计评选水平必将获得不断提高。

上海市勘察设计行业协会评优办公室

目　录

序
前言
2007年度上海优秀勘察设计一等奖

上海国际航运中心洋山深水港区一期工程港区管理中心 ………………………………… 2
东郊宾馆主楼、宴会楼 ……………………………………………………………………… 4
上海印钞厂老回字型印钞工房易地迁建 …………………………………………………… 6
上海铁路南站站屋 …………………………………………………………………………… 9
东莞玉兰大剧院 ……………………………………………………………………………… 12
北京华贸中心(一期工程)办公楼 …………………………………………………………… 15
上海旗忠森林体育城网球中心 ……………………………………………………………… 18
同济大学嘉定校区图书馆 …………………………………………………………………… 20
上海市浦东新区文献中心 …………………………………………………………………… 22
金茂三亚度假大酒店(一期工程) …………………………………………………………… 24
瑞金医院门诊医技楼改扩建 ………………………………………………………………… 26
卢湾区110地块商办综合楼发展项目(现名：企业天地) ………………………………… 28
苏州大学新校区炳麟图书馆 ………………………………………………………………… 31
昆山市体育中心体育馆 ……………………………………………………………………… 34
新江湾城文化中心 …………………………………………………………………………… 36
泓邦国际大厦 ………………………………………………………………………………… 38
上海张江高科技园区管理中心 ……………………………………………………………… 40
东昌滨江园(现名：上海财富广场) ………………………………………………………… 42
重庆国际会议展览中心 ……………………………………………………………………… 44
城建国际大厦 ………………………………………………………………………………… 46
中国南通珠算博物馆 ………………………………………………………………………… 48
上海长途客运南站 …………………………………………………………………………… 51
苏州工业园区九龙医院 ……………………………………………………………………… 54
威海市国际商品交易中心 …………………………………………………………………… 56
上海工程技术大学新校区行政办公楼 ……………………………………………………… 58
浦东市民中心(原：浦东新区政务办理中心) ……………………………………………… 60
衢州学院二期　图书馆 ……………………………………………………………………… 63
金华职业技术学院教学楼群 ………………………………………………………………… 65
东海大桥工程 ………………………………………………………………………………… 68
虹许路北虹路下立交工程 …………………………………………………………………… 70
复兴东路隧道工程 …………………………………………………………………………… 72
柳州市红光大桥工程 ………………………………………………………………………… 75
苏州绕城高速公路(西南段)道路工程 ……………………………………………………… 77
上海市中环线浦西东北段工程及总体设计 ………………………………………………… 80
上虞市三环曹娥江大桥工程 ………………………………………………………………… 82
A2(沪芦高速)公路南段工程 ………………………………………………………………… 84
五洲大道(浦东北路—外环线)工程 ………………………………………………………… 86
上海市中环线五角场立交工程 ……………………………………………………………… 88
翔殷路越江隧道工程 ………………………………………………………………………… 90
重庆鸡冠石污水处理厂工程 ………………………………………………………………… 92
嘉兴石臼漾水厂扩容工程 …………………………………………………………………… 94

上海老港生活垃圾卫生填埋场四期工程 ……………………………………………………… 96
无锡市城市防洪江尖水利枢纽工程 …………………………………………………………… 98
苏州河中下游水系截污工程 …………………………………………………………………… 100
无锡市城市防洪仙蠡桥水利枢纽工程 ………………………………………………………… 102
宁波市江东南区污水处理厂工程 ……………………………………………………………… 104
上海浦东国际机场二级排水工程(一、二期) ………………………………………………… 106
上海通用汽车有限公司二期扩建项目 ………………………………………………………… 108
上海大众汽车有限公司发动机三厂工程 ……………………………………………………… 110
220kV复兴变电站 ……………………………………………………………………………… 112
上海滨江森林公园(一期)工程 ……………………………………………………………… 114
桃林公园(豆香园)工程 ……………………………………………………………………… 116
A30郊区环线(莘奉公路—界河)高速公路道路检测 ………………………………………… 118
中船长兴造船基地一期工程3号线测试 ……………………………………………………… 120
上海铁路南站站房建筑工程勘察 ……………………………………………………………… 122
上海外高桥造船基地一期工程岩土工程勘察 ………………………………………………… 124
东海大桥主跨巨型导管架RTK多机实时沉放定位工程 ……………………………………… 125
上海化学工业区热电联供电厂岩土工程勘察 ………………………………………………… 126
南京西路商业办公综合大楼勘察 ……………………………………………………………… 128
上海市郊区环线北段岩土工程勘察 …………………………………………………………… 130
水清木华别墅小区 ……………………………………………………………………………… 132
周浦5号地块 …………………………………………………………………………………… 136
中山东一路12号大楼修缮改建工程 …………………………………………………………… 138
中福会少年宫大理石大厦改造工程 …………………………………………………………… 142
衡山马勒别墅饭店保护性修缮工程 …………………………………………………………… 144
上海中山东一路18号改建工程 ………………………………………………………………… 146
上海音乐厅平移和修缮工程 …………………………………………………………………… 148

2007年度上海优秀勘察设计二等奖

复旦光华楼 ……………………………………………………………………………………… 152
X1-7地块金融大厦(现名:花旗集团大厦) ………………………………………………… 153
苏州工业园区现代大厦 ………………………………………………………………………… 154
上海国际汽车博物馆 …………………………………………………………………………… 155
复旦大学正大体育馆 …………………………………………………………………………… 156
上海汽车会展中心 ……………………………………………………………………………… 157
格致中学二期扩建工程 ………………………………………………………………………… 158
新时空国际商务广场 …………………………………………………………………………… 159
华东师大一附中迁建工程－教学综合楼 ……………………………………………………… 160
上海市长途汽车客运总站 ……………………………………………………………………… 161
安徽省电力公司电网生产调度楼 ……………………………………………………………… 162
武钢技术中心科技大厦 ………………………………………………………………………… 163
中共上海市宝山区委党校 ……………………………………………………………………… 164
上海市胸科医院新建住院楼 …………………………………………………………………… 165
松江新城方松社区文化中心 …………………………………………………………………… 166
华东师范大学闵行校区文史哲古学院 ………………………………………………………… 167
交通银行数据处理中心 ………………………………………………………………………… 168
港汇广场续建工程OT1、OT2办公楼 ………………………………………………………… 169
千岛湖开元度假村 ……………………………………………………………………………… 170

复旦大学新江湾城校区一期图文信息中心	171
上海张江高科技园区小型智能化孵化楼(三期)	172
世博会浦江镇定向安置基地1街坊大卖场	173
上海市第一人民医院松江新院(一期)	174
苏州金鸡湖大酒店(国宾区)	175
都市总部大楼(原名：黄浦区104地块总部大楼)	176
上海复旦高科技园区二期工程(原名：四平科技公园二期配套用房)	177
格林风范城会所	178
复旦大学国际学术交流中心	179
援苏丹共和国国际会议厅	180
温州医学院新校区－图书馆	181
华东师范大学新校区数学统计楼	182
九百城市广场	183
上海交通大学农学院	184
国际汽车城大厦	185
台州国际饭店一期	186
浦东桃林防空专业队民防工程	187
南京市城东干道九华山隧道工程	188
上海市轨道交通明珠线二期工程蒲汇塘停车场	189
上海外环隧道工程	190
东海大桥港桥连接段颗珠山大桥工程	191
苏州绕城高速公路(西南段)京杭运河斜拉桥工程	192
佛山市和顺至北滘公路主干线工程	193
上海市中环线——虹梅路立交工程	194
上海市中环线真北路段工程	195
沪青平高速公路(中段)工程	196
昆明市昆洛路改扩建工程	197
上海铁路南站南广场地下综合工程	198
220kV新江湾变电站进线段电力隧道工程	199
临港新城两港大道(一期)工程	200
杭州经济技术开发区沿江大道及沿江渠工程	201
株洲大道改建工程	202
上海市松江区玉树路跨线桥工程	203
上海市中环线威宁路仙霞路工程	204
上海市曲阳污水处理厂改建工程	205
上海市肇嘉浜路排水系统改造工程	206
苏州吴中区水厂(浦庄)扩建工程	207
南昌牛行水厂	208
上海市南汇东滩促淤圈围(四期、五期)工程	209
宜兴市横山水库加固除险工程	210
奉贤海湾旅游区海水运动中心工程	211
浙江平湖市古横桥水厂扩建工程	212
上海市黄浦生活垃圾中转站工程	213
临港新城污水收集处理系统一期工程	214
上海微电子装备有限公司生产厂房	215
欧姆龙(上海)有限公司综合管理楼 生产楼扩建项目	216
同济汽车学院洁净能源汽车工程中心实验车间	217
嘉兴南湖渔村	218

上海炮台湾湿地森林公园工程	219
延虹绿地	220
溧阳市高静园改造工程	221
亭枫及郊环(南段)高速公路工程勘察	222
颗珠山大桥施工监控测量	223
上海深水港东海大桥工程测量(箱梁、桥面板检测)	224
五洲大道(浦东北路－外环线)新建工程勘察	225
亭枫及郊环(南段)高速公路工程测量	226
翔殷路越江隧道工程勘察	227
陆家嘴中央公寓工程勘察	228
复兴东路隧道健康监测	229
上海又一城购物中心岩土工程勘察	230
水清木华九间堂C型别墅43号房	231
张杨滨江花苑住宅小区	232
北京太阳星城F区6号楼	233
北京太阳星城E区	234
江湾体育场文物建筑保护与修缮工程	235
轮船招商总局大楼修缮工程	236
上海沉香阁修复工程	237

2007年度上海优秀勘察设计三等奖

曙光医院迁建工程	240
江苏东航食品综合楼	240
同济大学西区食堂	240
中国福利会少年宫扩建工程	240
金家巷天主教堂	241
长宁区区政府办公大楼	241
美兰湖高尔夫宾馆	241
上海市卢湾区第9-1号批租地块办公楼(现名"新茂大厦")	241
苏州工业园区国际科技园三期工程	242
江西核工业高新工业园区写字楼	242
上海工程技术大学松江校区现代工业训练中心1-5号楼	242
青浦工业园区创业中心	242
华阳街道社区文化中心	243
安信商业广场	243
上海市普陀区中心医院门诊楼	243
上海朗达建筑研究中心	243
上海外国语大学 西外外国语学校	244
江苏工业学院武进校区1、2号楼	244
江苏大学1号教学主楼	244
上海法国学校上海德国学校迁建工程-小学、中学和图书馆	244
上海科学技术出版社大楼	245
萧山博物馆	245
西部大厦	245
上海外国语大学贤达经济人文学院	245
朱屺瞻艺术馆改扩建工程	246
上海师范大学奉贤校区建工实验楼	246

新都会环球广场	246
诸暨铁路新客站	246
弘基商业休闲广场	247
嘉瑞酒店	247
上海建谊大厦	247
上海桥梓湾商城	247
上海市第八人民医院病房大楼	248
广东省东莞市南开大学附中实验学校——C区教学综合楼	248
打浦桥街道社区卫生服务中心	248
上海市民政第三精神病院	248
上海茸北资产经营有限公司荣乐路大卖场	249
上海钻石电气科研中心	249
东晶国际公寓1号办公楼	249
上海交通大学行政办公楼	249
宝山区横沙中心幼儿园	250
上海共和新路高架工程长江路站工程	250
亭枫及郊环(南段)高速公路工程	250
海港新城市政道路及配套工程	250
南京市江东路(三汊河桥-绕城公路)拓宽改建工程	251
上海市轨道交通明珠线二期东安路站工程	251
上海市A5(嘉金)高速公路黄浦江大桥工程	251
中春路淀浦河桥工程	251
中春路道路新建工程	252
浦东南路张杨路下立交工程	252
罗山路龙阳路立交工程	252
杨高中路(源深站—罗山开关站)电力隧道工程	252
上海安亭汽车城汽车博览公园——吴淞江人行天桥工程	253
上海市A30东南郊环(A4—瓦洪公路)高速公路工程	253
上海国际汽车城拓展区道路桥梁工程——墨玉北路道路工程	253
浙江省德清县北湖街延伸工程(09省道城区段改造工程)	253
临港新城区西岛桥梁工程	254
上海市高速公路指路标志改善设计	254
上海交大闵行校区道路、桥梁、给排水配套工程	254
长江引水三期输水管道工程	254
虹桥国际机场主电网改造工程——航机北站工程	255
西南合成制药股份有限公司二分厂污水处理场技改(扩容)工程	255
惠州市梅湖水质净化中心一、二期工程	255
上海国际航运中心洋山深水港区一期工程港外市政配套供水工程	255
上海市杨树浦港泵闸工程	256
潍坊市白浪河水厂工程	256
上海江桥生活垃圾焚烧厂渗沥液处理工程	256
青岛仙家寨水厂改建工程	256
枫亭水质净化厂及管网工程	257
东海大桥综合管线通道工程	257
青岛市麦岛污水处理厂扩建工程(污泥部分)	257
上海采埃孚变速器有限公司	257
上海日野发动机有限公司	258
上海上汽模具技术有限公司	258

广州大学城园区 ·· 258
上海国际汽车城汽车博览公园 ·· 258
镇江市滨江旅游风光带景观规划设计 ·· 259
湖南电力科技园景观工程 ·· 259
中山公园公共绿地改建 ·· 259
三林世博家园公共绿地一期建设工程 ·· 259
上海国际汽车城汽车博览公园工程勘察 ··· 260
A5(嘉金)高速公路二期(黄浦江大桥)工程勘察 ·· 260
昆明呈贡新区主干道(昆洛路)工程测量 ·· 260
上海市青浦区三维控制网测量 ··· 260
佛山市"一环"城际快速干线(东线)工程测量 ··· 261
南京外秦淮河整治工程三汊河口闸工程安全检测 ······································· 261
葫芦岛强夯地基处理设计和面波测试 ·· 261
复兴东路隧道工程勘察 ·· 261
由由大酒店二期N2地块工程勘察 ··· 262
上海大众汽车有限公司厂区测绘综合管理信息系统工程勘察 ······················· 262
长宁区政府大楼工程勘察 ·· 262
沪芦高速公路南段工程测量 ·· 262
大连路920号地块岩土工程勘察 ··· 263
上海华虹实业公司工业园区1号地块厂房工程勘察 ····································· 263
《沙埕港》港口航道图测绘工程 ··· 263
日晖新城(二期)岩土工程勘察 ·· 263
和平饭店南楼改建及装饰工程 ··· 264
上海外滩3号装修改建工程 ··· 264
上海交通大学中院楼大修 ··· 264
铜仁路257号(史量才住宅)保护性修缮工程 ··· 264
光大银行上海分行扩建、改建及装饰工程 ·· 265
梦清园四标大楼修缮工程(灌装楼、酿造楼) ··· 265

获奖单位一览表 ·· 267

2007年度上海优秀勘察设计

一等奖

上海国际航运中心洋山深水港区一期工程港区管理中心

设计单位：华东建筑设计研究院有限公司

主要设计人：张俊杰、陈缨、魏建芳、穆为、盛安风、高培峰、
卫亚周、瞿二澜、常谦翔、郑均

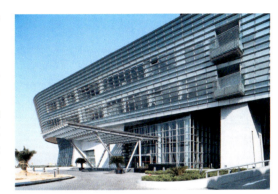

本工程建筑设计追求现代气息，引入现代全新设计理念。以完美地完成与现代化港区相匹配的概念构思，港区生产管理中心以现代高标准办公环境为设计准则，造型语言洗练、简洁，符合国际化集装箱港区的要求，并与山体相适应；建筑布局依山势而上，利用地形，与自然环境有机结合，减少土方开挖。同时，充分考虑在建项目的施工现状，且与洋山港总体布局规划相协调。充分重视生态环境，合理利用有限的山地资源，遵循国家有关环境保护的规范、规定和要求，采取有效措施减少对周围环境的影响和污染。

在空间实体形态上，极力削弱二维立面感，人们感受到三维及多维的复合空间，高度整体和概括的大手笔，使设计超越了一般视界。象征了浙沪区域之间的大团结、大联合、大协作，在全新高度视域内审视自我。

区域内景观概念设计力图营造有特征的空间环境，为了尽量减少土方开挖，建筑充分利用地形，由南向北依山势而上布局，使自然景观渗入到建筑中来。现代化的形式背后，包含着传统园林空间化的处理方式。结合景观步廊，穿插其间以观景平台，自然人工景色，大面积护坡绿化与种植。

交通流线力求利用地形高低变化，合理组织人流、车流；基地外部的一条上山车道沿着基地南、西面过境，设计利用山势，将其降低标高。这样处理不仅使其与进入基地的车道分流，还避免了站在基地内观景人员视线干扰及对基地噪声干扰影响。

整个建筑设计始终贯彻以生产服务为原则，利用地势高差分出错落有致、变化而有序的功能区域，以贯通三层通廊式中庭为轴心，将各部分区域联通成一个整体空间，视线通透，极富现代感。各功能合理紧凑，交通路线顺畅、便捷，为工作人员及办事人员提供了舒适的办公空间。

立面处理上，建筑与山势、海洋相吻合，挺拔向上。主体建筑仿佛由4个体量组成，与弧形似水的裙房恰如其分地构筑成一个环抱的避风港，象征新世纪的国际航运中心，是多元的整体，是合作的整体。建筑体形设计打破了普通办公建筑的板块式体量，结合嶙峋的山石背景，建筑犹如从山体中生长出来，形成有机的群化体量，以"无形"的手段和新的材料融于环境，是21世纪新的"有机建筑理论"在这一特殊地貌中的体现。每个形体如坚固的山石，以黑色玻璃、银白玻璃和灰色多孔金属罩板，塑造出不同的色彩和虚实，使其更富有当代建筑的冷峻中之和谐。

东郊宾馆主楼、宴会楼

设计单位：华东建筑设计研究院有限公司

主要设计人：沈迪、朱国华、王利民、徐志敏、瞿迅、胡汉琴、薛磊、林海雄、庄景乐

东郊宾馆位于上海浦东新区，一期占地面积为330000m²，东郊宾馆的建筑主要由主楼、宴会楼、客房楼、健身中心、能源中心和别墅等所组成。其中主楼和宴会楼为宾馆的主体建筑，东郊宾馆的总体布局以水为灵魂，以绿色为背景，园内一大一小的湖面将整个庭园分成内外两个区域，宽敞起伏的大片草坪位于建筑、树林之间，既表现出水面的舒展，树林的茂盛，又衬托出建筑的精美。

东郊宾馆主楼位于一期的中北部，是宾馆内最重要的建筑。主楼坐北朝南，正面朝向大片草坪和湖面，两侧及后部由浓密的竹林、树木相拥环抱。宴会楼居其东北侧，两者虽由敞廊相连，但出入口各自分开，建筑之间亦以树木、院落相隔，互不干扰。两幢建筑的形态和内部空间设计，根据功能和定位的不同区别对待。主楼建筑布局中规中矩，对称布置，建筑中央设一个很大的中庭。一方面可突出建筑在体量上的主体地位，另一方面通过中庭的设立，形成纵向多层次的内庭空间，反映出江南传统园林建筑的空间格局。主楼地上二层，建筑面积5000m²，其功能为接待国家元首的国宾楼，地下一层建筑面积为2800m²，其功能是设备机房、厨房及储藏室。建筑高度为17.7m（算至屋脊部位）。

主楼入口布置在东面，采用尽端式环行车道，避免了总体内其他车辆对主楼的干扰。内部通过连廊与宴会楼相连，形成安全、独立的生活环境，又与有着密切功能关系的宴会楼有着方便的联系。主楼底层、二层面南房间全部用来布置主人的活动、休息区，北面为随从及家人的生活区域，所有的辅助用房如厨房、设备机房、储藏间均布置在地下室，在建筑的西侧有单独的出入口。地上各建筑空间均围绕一个带玻璃顶的室内花园布置，从东部入口到客厅有礼仪性通道及一般生活通道，客厅居中，各活动用房布置在其左右侧，明显的轴线布置体现出建筑使用者的特殊身份。在客厅周边布置了一些小的室外庭院，用来增加内部景观的变化，使得室内空间带有江南园林的风格。

居于一侧的宴会楼则突出建筑的实用功能，L形的建筑高低错落，尽可能地掩映在绿化之中，与环境相融合。建筑内部高达二层的门厅大堂式建筑的核心部分，把会见、会议和宴会三大功能紧凑地组合成整体。而围绕宴会大厅的玻璃环廊，打破建筑因功能而带来的封闭感，化小了宴会厅巨大的体量，成为建筑与环境之间良好的过渡。宴会楼与主楼之间用廊子相连，主入口放在南面，北面是后勤辅助入口。宴会楼地上二层，建筑面积5596m²，是国家元首接见、宴请宾客和举行重要会议的场所，建筑总高度为19.7m（算至屋脊部位）。

宴会楼底层为会见厅及宴会厅，二层为会议厅及小会议室。会见厅放在入口的主轴线位置，西侧与主楼通

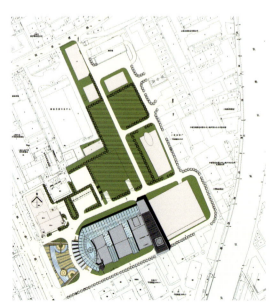

过连廊及休息厅安排重要首长和外国元首的出入路线。宴会厅放在东面，通过前厅与入口大厅相连，二层会见厅上部为会议厅。北面底层放厨房，有单独的出入口，厨房上部布置设备机房。整个平面布置紧凑而有气派。

东郊宾馆主楼、宴会楼作为接待国家级重要首长和外国元首的重要建筑，在建筑风格上，主楼和宴会楼完全一致。设计师从传统的建筑形象中提取典型的元素，运用现代的建筑收发加以演绎。传统坡顶的屋脊演变为表现建筑整体轮廓的主要装饰构件和避雷措施；屋面的瓦片被具有现代气息的建筑材料所替代，超越了防雨疏水的功能，展现出建筑立面的肌理和丰富的质感；出挑深远的建筑檐口也因其透明的处理，使这一传统的建筑元素赋予了时代的特征：明亮而轻盈。双重式檐口设计使建筑在获得丰富光影效果的同时，让人情不自禁地联想到传统重檐的建筑形象。主体建筑的性质定位与建筑的形制在此得到了统一，中国传统建筑的精神在此得以传承和表现。

上海印钞厂老回字型印钞工房易地迁建

设计单位：上海建筑设计研究院有限公司

主要设计人：赵琳、吴慧茹、陆余年、乐照林、脱宁、盛红英、沈磊、吴健斌、魏懿

本项目位于上海市的西北部，主要立面——西立面位于上海市的主干道——曹杨路158号。它是一个集印钞生产、参观展示、办公等多功能于一体的现代化工业工程。项目分3个部分组成。第一部分：以直径8m，高度53m的圆形天眼为中心的弧形展示区。第二部分：是一至四层8个大跨度的印钞车间，中间为大型智能立体库，其中局部五层为辅助设备层。第三部分：为五至七层办公区域。

将建筑的主要部分（生产部分）设计为长方形以利工业化大生产，供人们参观游览的门厅被设计成富有张力的曲线形。主门厅大面积的玻璃幕墙，使得内部空间玲珑剔透，而供人们参观的走道外墙也配以大面积的玻璃幕墙，以利自然采光和表示一种自然、开放的形态。玻璃幕墙的上面配上竖向的墙板，既能遮阳和避免眩光，又起到装饰的作用。将保留建筑2号厂房及将改建为科研楼的老厂房和新建筑的外立面，统一设计整体处理，形成一个一气呵成、尺度巨大的现代化工业建筑，同时在内部空间上也强调新老建筑的协调性和连贯性，使之更能满足现代化的大生产。

本工程结构形式采用现浇钢筋混凝土框架—剪力墙结构。厂房的西侧入口大堂及参观休息大厅和东侧的设备、办公辅助用房均采用框架—剪力墙结构，中间生产车间及立体车库部分则采用框架结构。

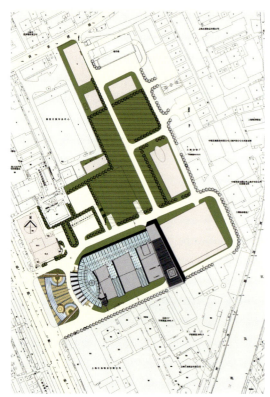

立体仓库采用预作用自动喷水灭火系统，顶棚和货架内采用快速响应早期抑制洒水喷头（ESFR）。

原厂区内由电业提供独立二路电源，并已建有降压站一座。新建厂房供电由降压站提供二路独立的电源，以电缆形式进户。新建厂房二楼内设一变电所，二路电源分别供给四台变压器。新建厂房设有车间工作照明、办公照明、展馆照明、泛光照明、广场照明及智能照明控制系统。还设有安全防范系统与原厂区安全防范系统组合为一个综合系统。

设计采用冷水机组热回收系统，进行冷凝热回收，用于恒温恒湿系统的再热，改变了原来采用蒸汽作再加热热源的历史，节省了再热能耗。冬季利用冷却水自然冷却供冷，实现"免费"供冷，节能效益显著。

立体库高32m，宽16m，长72m，要求恒温恒湿且温湿度必须库内全范围一致，设计在顶部和中间各层增加射流风机加强室内空气的循环扰动，从而在气流组织严重受限的情况下，达到了工艺要求。各恒温恒湿车间宽24m，长72m，在两端各设计一空调机房，送风管在车间中部相连并设阀控制。部分全空气系统风机设变频控制，适应负荷变化，节省能耗。冷却水系统设冷却塔风机台数控制，节省风机耗电。

设计中采用了C30，φ700的钻孔灌注桩，桩长58m，持力层⑧2层。每一柱下设有桩基承台，并由地梁（或厚板带）相连，以协调可能产生的承台之间的不均匀沉降。

本工程长达130多米，不设伸缩缝，设计中采用设后浇带，通过详细的温度应力分析及配筋计算，并在构造上加大楼层板厚及配筋，加强抗侧力构件等措施以减少混凝土温差、收缩等不利因素的影响。

针对纸张立体仓库储物量大，工程造价高、火灾蔓延迅速、不易被扑救、容易造成重大财产损失等特点，合理地选用自动喷水灭火系统类型和喷头种类，确保纸张高架立体仓库安全。

上海铁路南站站屋

设计单位：华东建筑设计研究院有限公司（法国AREP建筑公司合作设计）

主要设计人：陈雷、郑刚、周建龙、华绚、苏夺、茅颐华、缪兴、王小安、邹瑾、刘毅

本项目规划上采用了南北沟通的环形高架机动车下客带的方案。

从功能上而言，圆形设计解决了两个方面的问题：一是环形高架车道大大增加了停车长度，其可循环性能避免车辆堵塞的情况，以保证车站的营运效率和城市高速干道的通畅；二是环形广厅大大增加了入口的数量，提供了旅客进站的高穿透率。

从形象上而言，圆形设计也解决了两个方面的问题：一是车站主立面究竟是列车进站面向城市的方向还是面向广场的南北方向，圆形方案以其向心性和均衡性，巧妙回避了主立面的概念，使各个方向的视觉效果更为稳定；二是由于地块中铁路与南北两侧城市主干道成一定角度，而跨线式候车方式控制了建筑主轴线，势必垂直于站台，这样使得主站房与周边道路广场形成扭曲的紧张关系，圆形设计成功地解决了这一矛盾，使之与周边的关系更为和谐。

该院上世纪80年代初在上海站设计中首次提出的"南北开口、高进低出、跨线候车"的方式，在国内延用至今仍被证明行之有效。在此基础上，我们结合上海南站的具体情况，对主站屋作了明确的竖向分区：9.9m标高为出发层，设有车行下客平台、广厅、售票点、商店等；7.5m标高为划分灵活的大空间候车区；5.0m标高为办公夹层；±0.0m标高为站台层；−6.0m/−7.0m标高

为到达层，设有旅客出站通道、绿色通道、南北社会联系地道、南北地下换乘敞厅等。这样的空间设置实现了真正的立体交通，给多种交通方式的换乘带来便捷的可能。

这样的竖向分区也带来了清晰明确的流线设计，进

站旅客,无论以何种交通方式、标高层面到达,均可从9.9m标高广厅进入候车流线;出站旅客在地下换乘大厅选择离站的交通方式。对于进站旅客来说,流线系统的明确和唯一性是非常重要的,可以避免不必要的停留和错误选择。

上海南站项目本身的重要性,决定了其标志性的建筑定位,富有个性、形象强烈的建筑形态摒弃了所有多余的建筑装饰,采用充分展现结构本身表现力和空间表现力的手法,使建筑形象更具生命力与时代感。

9.9m标高以下部位主要采用清水混凝土材料,达到粗犷、稳固的视觉效果。9.9m标高以上部位暴露主体钢结构:两列圆形钢柱,18组"人"字形钢梁支撑屋盖体系,体现出建筑的力度和美感。新型屋面材料,连接精密的钢结构体系,铝合金遮阳系统,通过材料的虚实对比、质感变化和节点处理,取得精致的外观效果。屋面体系的材料组合,使白天室内产生漫射天光的效果,为旅客带来良好的视觉感受和独特的车站空间体验。夜晚,在灯光透射下,站屋作为一个均匀发光体,晶莹剔透,为城市增添了一道亮丽的风景。

南站的总体设计融入了国际先进理念,充分体现了当今铁路客运站的先进性、合理性。然而,由于采用超大空间的建筑结构布局,突破了中国国内现有的指令性规范,增加了在可能发生火灾情况下人员安全疏散的潜在危险性。为此,需要对南站的火灾安全进行性能化评估。目的是通过对南站的火灾安全性能化评估,提出优化的防火设计方案,从而确保发生火灾时人员安全疏散的可靠性。同时由于选用了合适的消防设备,为节省工程造价和建筑的美观带来了明显的益处。

专家论证会认为采用性能化方法对上海南站站屋这类结构复杂、空间较大、人员密集的建筑进行消防安全分析评估是必要的,其技术路线先进、参照标准、应用计算公式、设计软件有科学依据,结论是可以借鉴的。同时是上海市推进消防安全性能化工作的又一次成功实践,具有积极的意义。

东莞玉兰大剧院

设计单位：同济大学建筑设计研究院（卡洛斯·奥特建筑师事务所合作设计）

主要设计人：陈剑秋、谭劲松、王玉妹、陆秀丽、肖小凌、范舍金、潘涛、夏林、严志峰

东莞玉兰大剧院座落于东莞市新城市中心鸿福路南侧，总建筑面积约40250m²，用地面积约36000m²，建筑高度37m，地上8层，地下2层。设计时间为2002年7月10日至2003年3月17日，竣工时间为2005年9月10日。

东莞玉兰大剧院的设计整体构思是以芭蕾舞演员优雅的舞姿或乐队指挥曲线动态的指挥姿态向外界传达着大剧院内部的音乐和戏剧活动。它的主要体形是一个螺旋形的圆锥体，插入两个浮动的体形，即歌剧厅和实验剧场，它们与闪亮的大堂一起组成了一个旋转的表面，拥抱着整个建筑，形成鲜明、独特的建筑形象。

大剧院的总体设计充分利用了场地条件，旋转的圆锥形体自然地将场地划分为公共区域及内部空间两部分。面对大堂的广场由景观水池、绿化及人行步道点缀。大台阶将人们直接引向建筑主入口。西南角为内广场，设有辅助出入口。1606座歌剧厅和400座实验剧场分别位于主入口两侧，排演厅、车库、公共服务空间、交通辅助用房通过精心的设计形成完整的空间序列。公共空间通过正反两个圆锥体的造型产生流动感，公共前厅与各演出厅相连，通过有机的组织使得公众能便捷地出入。中央大厅作为展示文化活动的展厅，环绕各演出厅和前厅的各个楼梯依次形成变化的视觉通廊。

为保证东莞大剧院作为音乐建筑的特殊性，结合整个基地及建筑布局，设计中强调了不对称，并以大堂里各剧场的不同形态来表达这种特殊性。池座、楼座及室内顶棚随着整个形体形成旋转运动的感觉。厅内楼座挑台及池座后区、楼座后区均显台阶状后退，形成区别于一般剧院观众厅的不对称布置。

大剧院外形为正放小锥体＋半环抱倒立大锥体。结构体系为钢－混凝土混合结构。小锥体主体屋顶标高37.00m，钢锥尖顶标高56.30m。大锥体屋顶标高台阶状变化：17.00～33.50m。整个结构物属于复杂不规则体型高层建筑。抗震设防类别归为乙类建筑。

地下结构，由－5.6m标高（部分为－4.8m）的地下一层地下室及－12.0m标高的地下二层台仓组成，部分地下室外挑、敞开，部分区域无地下室。室外大台阶超长，与主体结构相连。

上部结构的特点是空腔体多，大跨度结构多，结构严重不规则。结构设计打破了平面层的概念，以空间杆件、空间质点的概念进行结构设计，运用预应力混凝土大梁、钢结构桁架等水平构件，以及斜柱、剪力墙等空间受力承载构件，保证结构的整体刚度以及协同工作性。

空调冷源选用2台制冷量为1600kW及1台制冷量为800kW的水冷螺杆式冷水机组。根据各区域的功能不同采用不同的空调风系统和气流组织形式。空调水系统为

双管异程式，各末端均设置电动二通动态平衡阀及温控装置，系统总供回水管路上设压差旁通控制器，采用气压罐定压方式。为了满足剧院对噪声和振动的控制要求，在本工程中采用了消声器、消声弯头、混凝土质量块、弹簧减振器等减振降噪措施。

本工程设计有冷、热水系统和雨、污水系统。热水系统设计采取集中和局部相结合的原则。中央热水系统精到的同程设计，保证了用水点的水温，使用效果较好。雨水采用了虹吸式排水系统，以适应该建筑独特的造型和空间要求。本工程除普遍采用消火栓和自动喷水灭火系统保护外，几乎穷尽现有水灭火手段，系统复杂，用水量大，体现了该类建筑防火设计的特点。

强电设计方面，东莞玉兰大剧院属大型剧院建筑，一级负荷供电等级，由两路10kV独立电源同时供电同时使用且互为备用。根据剧院建筑的工艺流程特点，按功能分区（大剧场前台区、后台区、小剧场区等）设置电气竖井，分区供电。

弱电设计方面，东莞大剧院参照甲级智能化设计标准要求，首先需保证大剧院的电声效果，同时在数字化、网络化、消防、安保、机电设备控制方面予以重点考虑。

北京华贸中心(一期工程)办公楼

设计单位：华东建筑设计研究院有限公司（美国KPF建筑师事务所合作设计）

主要设计人：徐维平、姜华、邹瑾、华小卫、王学良、苏夺、
金大算、蔡增谊、刘毅

北京华贸中心坐落于东长安街国贸中心以东900m处，西侧隔西大望路而紧邻CBD商务中心区，占地39hm²，开发建设规模近100万m²，是一个集商业、办公、酒店、居住等综合的社区建设项目，是东长安街上继国贸中心和东方广场之后，具有地标性质的超大规模建筑集群。办公区由三栋超5A智能写字楼组成，办公一期建设沿长安街由西至东的28层、32层两幢办公建筑和商业裙房。

规划上首先将商业区综合使用的建筑在南、北方向被有机地组织起来，办公楼面向长安街，通过其面向南侧的城市绿地、步行广场给办公楼提供高尚的商业办公氛围，商业建筑和酒店被置于公建区域的西侧和北侧，

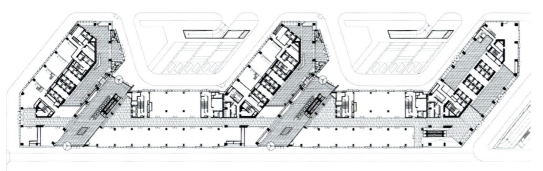

并和办公楼共同围合成一个在北京独具特色的主题公园，同时该主题公园既是延西大望路商业区的延续，又与北京CBD轴线形成联系，而使华贸中心被紧密地融入CBD的商业氛围之中。

办公楼面向长安街自西向东渐渐升高，富有序列感和韵律感，这种序列性高度变化迎合了城市中心的方向，并且也成为华贸中心作为进入北京东大门的重要地标。平面上的转角及造型上的处理，是对斜向轴线的呼应，向西北可见CBD街景，东南可见长安街南侧正在建设中的体育公园。

在商业裙楼与塔楼间设计了两个斜向通至中央主题公园的中庭，这一处理不仅能使室内的空间对外有一个过渡，还可形成一个相对开放的建筑边缘空间，而与既有的城市公共空间作尽可能多的交流，同时也减弱了建筑对街道的压迫感。规划上充分考虑了业主的使用要求及建筑与城市的和谐关系，并注意与周边建筑的空间层次过渡及联系，建筑设计努力创造既能体现国际一流建筑品质，又能匹配北京古都既有城市空间环境的标志性建筑群体。

建筑立面造型依据总体规划的逻辑而有节制的展开，通过对现代材料的运用和对塔楼顶部的精心设计，以及在裙楼近人尺度部位与共享中庭空间细部的探索，

力图以其良好的建筑尺度感，产生既严谨又丰富的建筑设计语汇。本工程外墙采用单元式玻璃幕墙体系，裙房部分结合立面形式，局部为陶砖幕墙。建筑立面设计简洁现代，体现出信息化时代的高效办公建筑特点。建筑顶部结合钢结构造型和灯光设计，在夜晚形成透明、朦胧的灯光艺术效果。

办公标准层平面规整，办公区沿建筑平面周边布置，空间完整，尽管三栋办公楼高度不一，2、3号塔楼结构采用的伸臂横架利用设备避难层空间，使核芯筒边界控制保持一致，以满足建筑空间的统一性，使结构体系与使用空间得到了完美结合。由于分栋建设，结构在裙房屋顶与办公连接处采用抗震滑动支座措施，使建筑外形与内部视觉效果保持了一致性和连续性。

办公室内的空间设计，采用了建筑、结构、机电的系统合成设计，其系统顶棚设计改变了传统机电设备满天星式布置，使得顶棚干净整洁，模数化的系统顶棚适合多种不同类型的办公空间划分，不因隔墙改变而引起吊顶调整，最大限度地满足办公使用需要，同时也保证夜间办公吊顶整齐美观。根据楼层内按办公区域内可能的划分，相应设置区域内的垂直控制及联系的系统单元模块，由于其机电系统支持使用区域可能的市场变化，实现了灵活布置的最大化，来满足该区域的各种功能需求。而通过水平的系统顶棚、OA地板及垂直分布的系统单元模块构成了灵活可变的机电线缆敷设通道，从而在满足建筑视觉审美的前提下，实现建筑的可持续发展。

建筑立面采用单元式断热冷桥中空玻璃幕墙，幕墙在楼层间结合立面造型，通过阴影盒的设计，解决了防火、节能保温及自然通风的构造要求。

办公照明采用嵌入在模块化的系统天花（设备带）中的高效日光灯，既能达到甲级办公楼的照明要求，又能达到节能效果（12.14W/m²）。

利用热电厂的余热蒸汽作为动力为大楼提供空调，取得良好的经济效益和社会效益；热电厂的蒸汽管通过共同沟为整个地块提供蒸汽和冷却循环水等，很好地解决了地下室结构卸载问题，从而降低了工程造价。

空调冷水采用大温差设计，减少输送能耗；空调水系统采用动态平衡措施，减少输送能耗，提高舒适度；空调水系统设置免费冷却系统，充分利用室外免费冷源；采用变风量系统，空调送风机变频运行，减少输送能耗，提高舒适度。

水泵采用变频控制技术，减少输送能耗；利用电厂循环冷却水用于冷却塔补水；采用分质供水系统及中水回用系统，达到节能效果，并取得了良好的经济效益和社会效益。

上海旗忠森林体育城网球中心

设计单位：上海建筑设计研究院有限公司[株式会社环境设计研究所EDI（日本）合作设计]

主要设计人：魏敦山、赵晨、林颖儒、徐晓明、乐照林、王瑾、脱宁、蔡淼、林高

上海旗忠森林体育城网球中心为全天候的高标准网球赛馆，可容纳15,000名观众，一期工程包括18片室外网球场，6片室内场地的网球俱乐部等，规模达到亚洲最大。其巨大的体量和新颖的开启方式的技术含量，均在国际上处于领先。

主赛场建筑屋顶为巨型钢结构，开启方式是至今为止世界首创的开闭形态，可不受气候的变化而影响比赛进程，适应各种室内和室外赛事。

建筑平面功能布局清晰、流畅、合理，在安全性、快捷性、舒适性等方面达到最优。除了能举办世界最高级别的网球比赛外，也是一座具有世界一流水准的多功能比赛场馆。

体育场馆的视线设计是建筑设计非常重要的部分。基本视点选择为网球场的角点，同时为满足体育的多功能也考虑了篮球场地的角点，如此使得排升及视角得到较好的控制，取得了较好的视觉效果。

主体结构为现浇钢筋混凝土结构。为了保证平面旋转开闭屋盖在各种不同荷载状态下钢环梁结构有较小和较均匀的变形，设计中在钢筋混凝土结构的顶部加了二圈预应力环梁结构，其顶部环梁4600mm×800mm，预应力28200kN；柱顶环梁1960mm×1000mm，预应力为9400kN；在64榀钢筋混凝土框架的上部斜向也施加了2730kN预应力，使整个结构成为空间预应力钢筋混凝土结构体系，整个结构体系变形均匀。为验证这种空间预应力结构的安全可靠，设计中开展了整体模型和节点的力学试验。

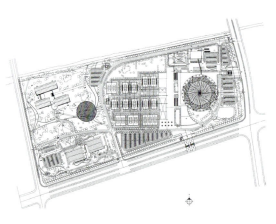

上海国际网球中心主赛场给水系统采用市政供水管网直接供水和恒压变频供水二种方式，热水系统采用闭式机械循环定时供水方式。由于主赛场和附房设有结构沉降缝，因此生活污废水采用重力流排至集水井，再通过污水泵压力输送至污水检查井。考虑到屋盖开启时遇到下雨，观众看台和比赛场地设置了地漏和明沟用于收集雨水。开合式屋盖雨水排放系统是该工程的设计难点，该系统采用了分步收集和排放的二次间接串联设计系统。

本工程充分考虑了比赛场地的特点，设置了多种比赛的灯光场景，且照明控制具有足够的灵活性。针对场馆空间高度大，采用适合于高空间大范围早期报警的高灵敏度图像式双波段火灾探测器和光截面火灾探测器。

因体育馆间歇性使用，设计日常办公用房、全天运行的弱电控制中心分别就地设置独立的空调机组，同时各水系统与主馆水系统可分可合，安全性高。主馆空调系统，冷冻水采用6℃温差，机组冷却水也采用6℃温差，空调热水采用12℃温差，节省设备和管路投资，节省能耗和运行费用。本工程屋顶可开启，屋顶存在缝隙，而且缝隙的大小存在不可预计性，而缝隙的大小直接决定空气渗透量的多少，尤其是冬季，若采用常规的喷口送风气流组织形式，对室内空调效果和空调能耗有很大影响。设计观众席采用看台静压箱椅下送风方式，送风直接作用于观众区，使空调效果受这一不利因素的影响最小，而且节能效果好。部分全空气系统设风机变频控制，适应负荷变化，节省运行能耗。部分全空气系统适应建筑平面增加活动分隔的修改，采用新型变风量风口，现场改动少，适应性好，并达到节能效果。冷却水系统设冷却塔风机台数控制，节省风机耗电。

同济大学嘉定校区图书馆

设计单位：同济大学建筑设计研究院

主要设计人：丁洁民、王文胜、周峻、张洛先、虞终军、黄倍蓉、王坚、徐桓、曾刚

同济大学嘉定校区是上海嘉定区国际汽车城的重要组成部分，是汽车城科教研发基地的核心。嘉定校区图书馆为校区内的标志性建筑，设计起止时间从2003年12月至2004年4月，于2006年7月竣工并交付使用。图书馆总建筑面积34620m²，其中地上12层，面积31960m²；地下1层，面积2660m²，含600m²密集书库及720m²地下自行车库。建筑总高度为67.3m。图书馆设计藏书量为150万册。

图书馆位于校园核心区域，为主校门对景建筑。南侧为一期建筑群，东侧邻近综合教学楼，北侧与西侧邻近规划中的学院区，处于校区读者群的中心位置。基地北侧邻近校园主车行道，交通方便；南面毗邻大面积人工湖，景色优美。图书馆采用正方形构图与基地轮廓相呼应，北侧为消防登高面，车辆可环建筑四周通行，满足防火与疏散要求。

建筑平面轮廓方整，统一层高、荷载，通层可灵活划分，建筑使用效率高，开放式的空间布局内藏、借、阅合一，能在多层次上满足现代数字化图书馆的实体要求。采用中庭形态划分图书馆内部空间。结合功能分区，在12层建筑内部共设置4大类共5处中庭共享空间，各共享空间内部独立设置不同样式的景观楼梯以联系各楼层，尽量缩短上下楼层交流的距离，便捷迅速地分流不同流向的读者群。既增添了每个中庭空间多样性风格，又缓解了核芯筒内楼电梯的交通流量。

在图书馆5、6、7层共享空间的东南侧设置了两层通高的绿化边庭，结构梁局部下沉0.6m，形成凹槽，内置覆土种植绿化，覆土上部采用实木铺地和草皮相间形成的肌理，木质地面上布置休闲座椅作为休息交流的场所。另外在建筑12层东南角还设计一外侧有幕墙围护，顶部开敞的绿化庭院。

在建筑东、南立面采用了竖明横隐玻璃幕墙，主要采用夹膜双侧钢化玻璃，使建筑取得通透明亮的室内效果，又有利于保温及隔热节能。幕墙内侧设计电动窗帘，可由系统控制、分层分区自由开启。建筑平面西北侧为开放书架区，结合内部功能，西、北立面以实墙面为主，对照书架走道的位置设置通高条形带窗。实墙面

以干挂花岗岩饰面,突显竖向纹理,垂直线条的运用使建筑挺拔向上。首层采用500mm厚、2m高花岗石,1、2层间以600mm×600mm大小的"图"字纹理条带饰面,2~3层位置的干挂花岗岩作斜向凿毛拼花处理,丰富了建筑物的细部纹理,体现出大学图书馆的文化气息。立面造型与建筑物的内部功能相符和,体现了"从内到外"的建筑设计理念。

根据建筑布局的特点,在闭路电视监控及门禁系统上利用门禁使非读者和读者、学生读者和非学生读者、读者和管理人员有效分割,并和火灾自动报警系统联动,在火灾发生时,释放相关门禁点。

语音和数据综合布线系统全面考虑了现在和将来学校对图书馆信息点的要求,重点突出人性化的设计理念,在大空间阅览场所覆盖了无线网络以供读者上网使用。

大空间阅览场所和公共场所采用智能照明控制系统,采用开放式通讯协议挂入楼宇设备自动控制系统。系统在控制方式上可按照时控和光控等,配电回路上采取分区、分组控制。

空调通风系统均由BA系统自动控制,空调机组可根据负荷变化自动调节供冷(暖)量,调末端设备可以由温控器调节冷量的需要,从而节约能量。另外,大楼多处设有电动开启窗,既可满足自然排烟的要求,又可以结合全空气系统在过渡季节尽可能地利用新风制冷,最大限度地节约能源。

上海市浦东新区文献中心

设计单位：上海建筑设计研究院有限公司（德国GMP建筑设计有限公司合作设计）

主要设计人：王岚、周春、胡振青、李文倩、胡戎、李军、干红、李学熙、万阳

上海浦东新区文献中心是浦东新区重要的标志性建筑，包含一个多功能、现代化和开放型的多功能展示中心和办公建筑。建筑由三部分组成：高4.1m的基座（基座内为档案库和档案工作用房；基座下有一层地下室，为停车库和设备用房），带有环绕四周的阶梯。在基座上设置一立方形楼体，内设展览厅、会议厅、入口大厅等功能。在基座的东侧设置一座立方形楼体，内部设置有行政管理和会议用房。

建筑以正方形平面为基础，由线条明显的立方体构成。花岗石基座是该建筑的主要特征之一，它将文献中心从周边街道的平面层次中提升出来，烘托出了文献中心对于浦东新区及整个上海市的重要意义。立面材料由不同灰色调的石材、高透明度玻璃及金属构件组成，协调而平静，充分体现展览建筑应该是所展览内容背景的设计思想。

展览主楼的立面由玻璃幕墙构成，通透的Low-e夹层玻璃既解决了建筑的热工围护，又将建筑的丰富内部空间完整地展示给城市观众。展厅立方体由钢梁结构的上下网架构成。屋面钢结构框架中嵌入了四组天窗单元，通过屋面和吊顶的折形实现光线的折射，使得自然光可从室外柔和均匀地照下来，晚间从天窗内透出的灯光也成为城市的一道风景线。

基础为桩-筏基础，综合主楼采用550mm直径的预应力管桩，行政管理办公楼采用500mm直径的预应力管桩，桩基持力层为⑦2层砂土层。抗拔桩采用500mm×500mm的预制混凝土方桩。

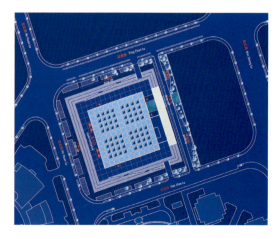

本工程设一层整体地下室，采用框架结构。综合主楼为混合结构，竖向构件由周边五个混凝土筒体及中间四根方钢管组合柱组成，18.000m标高楼面及屋面均为钢结构，楼面结构由网格状的连续梁组成，连续梁为混凝土楼板与钢箱梁组合而成的组合梁。周边悬挑主梁中部由二道斜向拉杆支撑，拉杆上端与筒体上部的屋面钢箱梁连接，主梁铰接于四周筒体上。二个楼层和筒体、中间四根组合柱及周边的钢立柱组成一个空间结构体系。

4.000m标高楼面为无梁楼盖结构。行政管理办公楼为现浇混凝土框架-剪力墙结构，楼面为梁板式结构，屋面的混凝土板及主梁采用预应力结构。

该工程办公楼地上部分生活用水采用水池-给水泵-屋顶水箱联合供水，展厅地上部分单独采用变频供水方式。本工程采用纯净水给水系统，用超滤方式集中净化处理并分别由变频泵组供至各用水点，供水方式为循环供水，并在管网远端设置紫外光灭菌器。

该工程在各层设消火栓箱，除厕所、锅炉房、燃油发电机房、档案库房、计算机房、变配电间及无可燃物的空间外设有快速响应闭式喷头。展厅采用高压细水雾灭火系统。对于大面积、多保护区的档案库房区，采用了泵组形式的开式高压细水雾灭火系统。

由电业提供二路独立的电源供电。在地下室共设4台干式变压器，并设一台柴油发电机组向一级负荷之特别重要的负荷供电。按其功能和使用把建筑物划分若干个分区。各分区按需求设置一或多个配电盘及建有不同类型的供电网。根据不同的电网，提供不同的配电系统。

本工程设有火灾自动报警系统、建筑设备监控系统、有线电视系统、公共广播系统、安全防范系统、综合布线系统、一卡通，还设有通信系统、会议系统、演播室系统、电子公告及触摸屏系统等。

在展厅、前厅和报告厅等高大空间区域，将空调系统的回风管在消防排烟时兼作排烟管，空调送风管转换为消防补风系统使用。设置空气全热回收装置，全热交换器利用排出空气与进入的新鲜空气进行显热和潜热的交换而收回能源。空调系统大量采用带全热回收装置的双风机全新风空调机组。高大空间采用地板送风系统可更有效地控制活动区域的温度等参数。

金茂三亚度假大酒店（一期工程）

设计单位：上海建筑设计研究院有限公司（美国Wimberly Allison Tong&Goo合作设计）

主要设计人：唐玉恩、包子翰、包佐、施新建、陈志堂、乐照林、
汪彦、余梦麟、姜怡如

希尔顿金茂三亚度假酒店是金茂三亚度假酒店有限公司开发投资的项目，项目位于三亚亚龙湾国家旅游度假区。酒店拥有连廊相连的8栋客房楼和2栋独立式别墅，总计501套客房以及餐饮、会议中心、SPA等各类设施。

建筑布局结合环境设计，通过挖池堆土，塑造部分人工地形和湖泊，构建北高南低面向大海的地形。总体集中与分散相结合布局的客房楼群和大堂建筑构成了环形空间，环绕着中间的水景、泳池、花园，一栋独立式的风味餐厅和二栋别墅穿插其中，建筑布局不仅争取到最大比例海景客房，还创造了优美的充满海南风情的热带花园，营造了优雅的氛围。

大堂和大堂咖啡茶座内均可尽览大海胜景，客房部分有75%的酒店客房拥有海景景观，其余的客房也拥有蜿蜒的湖景和山景，独立别墅为酒店的豪华套间，位于靠海区域。客房开间宽敞，卫生间的形状、浴缸的位置多种多样。宴会厅和会议厅的室外均设有平坦的草坪，使建筑休息的空间得以延伸。单层的SPA以不同的建筑形式组群，有的沿湖而筑，有的隐秘在茂盛的热带植物之中。

本度假酒店造型具有现代热带建筑风格，吸取中国西南民居的特色，不同高度的坡顶客房楼群组合成有节奏的阶梯式、比例尺度宜人的建筑群体，电梯楼梯间以夸张的手法加以强调，点缀整个建筑群体，统一而富有韵味。外墙面饰面以块石为基座，高度约两到三层，上部为采用具有质感的涂料，构成了和谐的整体。人字形屋顶、木构檐板、斜撑等给人以强力的归属感和自然朴实美。立面中段局部的斜屋面与束柱搭建的木棚架，使建筑立面层次丰富，在阳光照射下，变化而富有韵律的

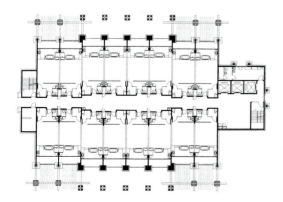

光影，显得生机勃勃。轻盈的细部处理，与海景相呼应，建筑线条简洁、舒缓、轻松，彰显出现代度假的休闲特色，优雅而美丽。

基础采用天然地基基础，持力层为砂土层。8幢客房楼层数均为6～7层，各幢楼间通过连廊连接。房间部分采用剪力墙结构体系（墙厚200mm），连廊部分根据建筑立面要求，结构采用框架－剪力墙结构体系。酒店公共服务区及SPA区为1～3层的框架结构。

本工程根据海南当地特点，全部采用坡屋顶。而在公共服务区的宴会厅部分因中间拔柱而使屋顶梁跨度增大，故采用混凝土屋架形式。

水景浇水、绿化浇水、坐便器、小便器由城市中水供水，做到水资源再利用。生活水泵、中水泵的启闭由远程压力表控制，保证供水压力。热水系统采用集中加热方式，管网敷设形式为上行下给机械循环式。热水循环水泵启闭由设在回水管上的电接点温度计控制。客房采用了二套热水供水系统，客流量少的时期可启动一套系统，利用空调系统的热回收装置预先提高生活热水的进水温度。采用容积式汽－水节能导流式热交换器。

本工程配电系统设计和配电负荷分配较合理。接地及防雷设计完善。弱电系统功能齐全。设计中考虑到节能要求。

设计采用螺杆式热回收冷水机组，回收热用于预热客房生活用水、厨房用水及洗衣房用水，节能显著。设计冷冻水系统采用一次泵变频新技术，冷却水泵设计亦采用变频调节运行方式，节能效果好。部分全空气空调系统设置变频器调节风量，根据需要实现变风量运行，节省运行能耗。冷却塔风机根据冷却水出水温度进行台数控制，以节省运行电耗。

瑞金医院门诊医技楼改扩建

设计单位：上海建筑设计研究院有限公司（上海励翔建筑设计事务所、美国CMC合作设计）

主要设计人：周秋琴、朱宝麟、陆振华、张伟程、汤福南、姚激、倪正颖、梁赛男、唐亚红

本项目地处瑞金二路（近淮海路）市中心繁华地段，原门诊楼南侧，基地地形呈东西长向，紧贴城市干道。

在狭长的地形条件下，主楼、裙房呈L形沿瑞金二路展开，将人流、交通、出入口分别沿不同方向布置，清污分流，尽量减少人流、车流混杂，减少交叉感染。高层主体建筑争取良好的朝向和自然通风采光，有利于节能。大进深裙房采用8.4m×16.8m内天井的玻璃中庭，自然通风采光。

1～2层局部连通为入口大堂空间，并布置挂号收费、咨询等公共性服务设施。二楼设儿科门诊。3～5层布置综合普通门诊以及功能检查、放射诊断等。放射治疗设在地下室，这些功能单元可灵活互换，适应今后科学可持续发展需要，设计采用单人诊室医患分流的门诊单元。6层为检验中心，主楼6层以上设专科、专家门诊、特需门诊。门诊手术、手术中心等设在15层，屋顶设置直升飞机停机坪。

主楼中央设有2～3组垂直交通核心。裙房的东北端部垂直交通核心，与各层均设有上、下自动扶梯，形成了通廊式水平流线与垂直交通流线有机的结合，既满足医疗流程又方便病人。

南立面局部采取半隐框玻璃幕墙和横线条处理。沿瑞金二路大体量裙房西立面强调虚实对比，强调横向处理，采用横细条固定百叶点缀，以及横扁的窗和凹凸的细部与主楼南立面的横线条遥相呼应，东、北立面局部采用通透大玻璃创造良好的视觉环境，整体立面协调统一，既简洁大方，又富有文化内涵。建筑立面的主色调采用较温馨的暖色调与瑞金医院原有建筑取得整体协调。

结构体系为现浇钢筋混凝土框架-剪力墙结构，现浇楼盖及屋盖。地下室有2层，基础采用桩-筏板基础，桩采用钻孔灌注桩，持力层为第⑦1a层。混凝土强度等级采用C40。本工程竖向刚度有突变，局部平面有开洞，结构体型规则性较差，通过多种程序计算分析，加强房屋周边构件，控制结构的总体刚度扭转效应，并加强了落地筒来保证整个结构有足够的承载力、刚度和延性。严格控制柱的轴压比，提高构件，特别是竖向构件的延性，以提高结构的变形能力和耗能能力。

给水系统内采用比例式减压阀进行分区。屋顶分别设置生活及消防水箱，以保证生活用水水质。热水系统采用半即热式汽-水换热器。室内消火栓系统采用减压阀分区的方式设置。自动喷淋灭火系统中将13～22层的湿式水力报警阀设置在屋顶机房内，地下2～12层的喷淋管网均设置减压阀减压，这将大大降低整个喷淋管网的压力等级，既减少施工难度又降低了投资。

本工程设置设备自动化管理系统，实施对工程的空调、给排水、变配电、照明系统等各类机电设备运行情况的监测和控制，并实现最优化运行，达到集中管理、程序控制和节约能源并创造舒适的办公环境的目的。

设置BAS中心机房，配置BAS主机和CRT、打印机等，通过网络控制器连接现场控制器和智能控制单元。采用低烟无卤清洁型电缆和导线，火灾时避免释放含氯的有毒烟雾，保证人员的安全撤离，并减少对环境的污染。

本工程空调采用区域二管制水管系统，分为地下室独立的放疗科室以及地上的门诊外区，病房（包括手术区）外区，所有内区共4个系统，各系统可通过阀门切换各自所需的冷热源。在空调箱采用动态平衡调节阀，而对于风机盘管系统为降低造价则采用区域压差控制的手段。同时由于冷水机组的一次泵循环流量大小差别较大，为避免出现顶车现象，故在一次泵出口设置了限流止回阀。裙房大空间空调区域过渡季节可做全新风运行，自然冷却。

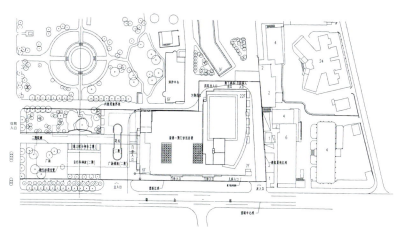

卢湾区110地块商办综合楼发展项目（现名：企业天地）

设计单位：中船第九设计研究院（巴马丹拿国际公司合作设计）

主要设计人：关秉渲、叶庆霖、曾国梁、叶煜庆、邵国华、
蔡博芳、张国斌、孙文彤、刘春香

工程位于卢湾区淮海中路商业街及太平桥绿地之间，紧邻"一大会址"及新天地休闲区。地块总用地面积11119m²。项目由两幢总层数分别为21层（100m高）及10层（50m高）的高层办公楼组成。沿街设有2层商业用房。总建筑面积95993m²，其中地上为77829m²，地下两层为18164m。工程于2001年完成设计，2002年1月开始施工，2003年12月竣工。

由于项目地块为不规则地形，北边尚有一幢已建高层住宅和一幢文物保护建筑、危房、党的"一大"代表宿舍也嵌入在内。总平面设计中综合考虑了地块平面形状、与周边道路及城市空间环境效果的关系，尽可能减少高层建筑对新天地建筑及太平桥绿地的影响，确保已建高层住宅的日照和文物保护建筑的安全。同时结合地块内的交通组织、沿街商业功能的要求，分别把两幢主体建筑设计为平行四边形及三角形切角的几何图形，并用沿街的裙房相连接起来，形成一完整的建筑群体。

建筑单体平面规整,所有垂直交通、设备及公共用房均设在中心筒体内。办公楼标准层层高4.25m,楼面设有架空地板,提高了办公面积使用的灵活性和舒适性,并且能充分享受到外部优美环境的视觉效果。设计对电梯的总台数、载客量、运行速度以及运行分区进行了详细计算,保证了使用。

建筑立面吸取了老上海20世纪20~30年代的装饰艺术风格,同时采用现代手法进行再创造及设计。立面主要以米黄色花岗石饰面配以浅银灰色低反射中空玻璃及装饰铝板为主,再配合由"装饰艺术风格"启迪的细部节点处理。特别是在地块西北处的商业裙房更是设计成与市文物保护建筑"一大代表宿舍"相近的上海老式里弄建筑造型。

两幢主体建筑结构形式均为钢筋混凝土框筒结构,桩基采用不同桩径和桩长的钢筋混凝土钻孔灌注桩,地下室外墙采用两墙合一地下连续墙形式。由于建筑平、立面比较规整,给结构体系的选择和构件布置带来方便,结构荷载的取值,在综合了国内外同类建筑的使用要求情况下,采用了比国内荷载规范较高的使用荷载值,确保了使用单位在使用中有较大的自由度和满意度。

本工程属一级供电负荷,由两路35kV高压电源供电经变压器降至10kV供各个变电所使用。工程最大负荷14563kVA,安装容量22550kVA。变电站均设在地下室内。为了确保在事故时或市电中断时供给消防、应急及客户24小时电源需要,本项目在地下室设有备用柴油发电机组。

大楼弱电系统设有电信系统、有线电视及卫星电视系统、保安及闭路电视系统、消防控制系统、公共广播系统、车库管理系统及楼宇自动化管理系统等配套完整的综合布线系统。

大楼空调制冷采用集中电动水冷制冷系统,两幢主体建筑各自单独为一个系统。主机房位于地下室,制冷

机冷媒采用环保型冷媒,冷冻水循环采用变流量。空调采暖在外围区的变风量箱装设电加热器提供采暖。为节约能源在楼层中央新风与大楼的中央排风设置了热交换器。

项目供水由市自来水管网引入,其中两条DN200水管作为消防两路供水,在地下室连接成消防环网DN250。另一条DN100供水管作为生活用水管,供水方式采用变频水泵加压上行给水方式。系统中设气压罐并由罐上压力感应器控制水泵运行。项目排水按规定要求实行雨水、污水与废水分开排放并经设在地下二层的污水处理后排入市政管网。

工程的消防系统共设置有:室内消火栓系统、室外消火栓系统、自动喷水灭火系统、火灾自动报警系统、固定气体灭火系统、手提式灭火器、防排烟系统等,确保消防安全。

苏州大学新校区炳麟图书馆

设计单位：同济大学建筑设计研究院

主要设计人：赵颖、林琳、陆创辛、张晓光、韩冬、王勇、杜文华、何天森、郝宁克

苏州大学炳麟图书馆位于苏州大学新校区北部，总建筑面积37506m²，其中地上33947m²，地下3559m²。地上8层，地下1层，总高度46.7m。总座位数2540个，总藏书量75.8万册。

图书馆1层为采编技术用房及开放型书库，2层为主入口、出纳、检索及展览功能，3～6层均为藏阅合一的阅览室，其中5、6层设夹层，7、8层为院系办公、阅览室，地下层为设备用房及资料室。裙房分为南区、北区，南区东侧为书店、西侧为报告厅，北区为停车库，功能分区合理，流线清晰。

造型上采用了体量不同于周边建筑的特异形态——绽放的水莲。浅池睡莲体现了苏州大学师生的百年追求——出淤泥而不染。外墙材料采用银灰色铝合金百叶，点式玻璃幕墙装饰，主楼3层开始局部向外挑出银白色铝合金遮阳板，遮阳板呈四瓣花瓣造型。通透的玻璃和富有光影变化的百叶在白天和夜间显现出不同的表情，体现了信息时代图书馆独特的气质。

设计过程中充分考虑了节能，只在入口层平面的大厅设置空调，其他层都利用建筑手法加强大厅里的空气流动。大厅的顶部设置开启的通风百叶，通过底部的"穿堂风"与中庭的拔风效应加强空气循环。另外，在东西两侧侧墙，我们设置了横向百叶，起到了遮阳、通风的作用。南向大玻璃面采用了双层LOW-E中空玻璃。

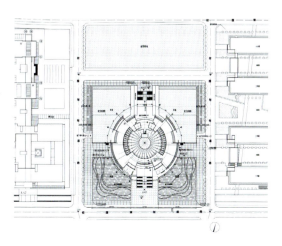

中庭顶棚采用整体悬索局部打开的结构形式，竖向百叶防晒的措施。该工程新技术、新材料的应用达到了国内领先水平，通过了专家组的评审。

主楼主体结构形式为钢骨混凝土框架－抗震墙结构，主要框架柱及框架梁采用钢骨混凝土构件，较为明显地减小了梁柱的断面尺寸，增加了建筑有效使用面积和楼层的净高，减小结构的自重，并大大改善了结构的整体延性。同时在结构中部设置预应力环梁，加强结构的整体性，并平衡结构环向出现的较小拉力。在3层以上较大悬挑处，设置钢管拉杆，直接将部分荷载传递到钢骨柱子上。

中庭顶部采用拉索悬挂刚性钢环，同时在刚性钢环梁与混凝土圈梁间设置型钢连梁，以平衡可能出现的风吸力，同时作为玻璃顶的支承，也大大加强了钢环的整体性。在结构南侧核芯筒间的连接平台薄弱处，通过增加连廊的楼板板厚以及楼板的配筋进行加强。

空调冷热源采用直接蒸发式变频变冷媒空气源热泵机组，新风冷热源采用空气源冷热水热泵机组。在建筑物低区将变冷媒室外机设置于各层室外机平台，在建筑物高区将室外机设置于屋顶。新风冷热源热泵机组设置于屋顶，新风机组分层设置于各层新风机房内，将集中处理后的新风送至各空调区域。采用变频变冷媒系统空调方式，室外主机可根据室内负荷变化的要求，通过变频调节方式最大限度地调节冷、热负荷变化，以达到节能效果。

昆山市体育中心体育馆

设计单位：上海建筑设计研究院有限公司

主要设计人：魏敦山、吴炜、杨凯、林颖儒、徐晓明、吴泉、
毛大可、冯蔚、魏懿

昆山体育中心建于昆山市西区，占地40万m²。地块北侧临马鞍山路（快速干道），南侧临前进西路，东西二侧为中心规划道路。北侧和东侧各规划了体育建筑附属设施及沿街商业开发用地，视野开阔，有较好的环境景观，北侧更与规划中的昆山森林公园隔马鞍山路相望，远离闹市。

体育馆新颖轻巧的屋面和立面虚实的处理，流露出体育建筑的轻巧和奔放个性；其呈琼花瓣形状的基座静卧于水面之上，也遥遥呼应着体育场呈花瓣状错落有致的屋顶，体现着建筑规划中的统一造型。长轴横向的弧形钢结构及拉索将体育馆、基座融为一体，呈宝石形，宛如立于水中央一般；其简洁的材质——浅绿色的玻璃、钢结构及膜材诠释了现代建筑技术与艺术的完美结合。半透明白色的膜屋面白天映衬在阳光下，如静卧水面的琼花般清新和飘逸；夜间灯火辉煌，膜材在钢结构的理性勾勒下，更显晶莹通透，宛如宝石般璀璨。

本馆内场尺寸满足国际搭台体操比赛要求，并据此安排固定看台3830座，同时可根据不同比赛场地和多功能使用要求灵活布置活动看台。看台固定座位布局为三面布置（东、西、北），北面座位最多。除体育比赛外，还可以安排文艺演出。

昆山体育中心体育馆结构分为主体结构和屋盖结构两大部分。主体结构采用钢筋混凝土框架结构体系，基础采用桩－筏形式，桩为预应力混凝土管桩，一层全地下室，混凝土大拱脚地下部分与主体结构地下室底板相连，以平衡巨大的水平推力。整个混凝土结构连为整体，不设置结构缝。屋盖采用钢管桁架结构，屋盖的核

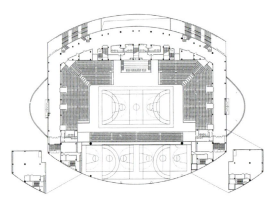

心部分是一个150m跨度的中央主拱架，是一个由三根钢管组成的空间桁架拱，该主拱和12榀单层横向拱、连杆和舞台钢结构一起共同组成了完整的屋盖体系。屋面层采用膜结构，内场范围内采用双层膜系。

水源为市政供水，供水方式为市政直接上水结合恒压变频供水。热水采用集中热水系统，主要供运动员淋浴用。排水系统中污水采用合流制，直接排放至室外污水管网，雨水系统中屋面采用压力流形式。

最大净空高度大约为20m左右的比赛场地区域，采用自动消防炮灭火系统。舞台葡萄架下设置雨淋灭火系统，舞台口因防火卷帘的耐火等级不能达到规范要求，因此设置冷却用水幕灭火系统。

电源由市政电网提供。在地下一层设一座变电所，低压侧设联络开关，变电所采用组合形式，设备全部采用无油元件。本工程继电保护原则上采用三相反时限过流及单相接地保护。体育馆照明设计采用以侧光为主的方式以满足体操、篮球、手球、排球、举重、羽毛球、网球、武术、乒乓球等体育运动对场地照明的要求。体育馆灯光控制室，采用全电脑程序控制，设多种开灯方案及任意开灯的控制方式以适应不同等级不同类型的比赛或其他活动的需要。

本工程夏季冷源配置蒸汽双效溴化锂冷水机组两台及螺杆式冷水机组一台，冬季热源配置汽-水壳管式热交

换器两台。

对观众席采用看台静压箱座位下送风方式，使空调送风直接作用于观众区，同时注重送风口的选择和土建静压箱的密封与保温。对比赛区域采用台口喷射送风和旋流风口上送下回等气流组织形式，空调系统的送风机采用变频器控制风量，以适应不同赛种对空调方式的要求。

新江湾城文化中心

设计单位：上海建筑设计研究院有限公司（美国RTKL国际有限公司合作设计）

主要设计人：王岚、王亮、张超、梁淑萍、王从容、王榕梅、李待言、周永德、柳和峤、费世勇

新江湾城地处上海中心城东北部，文化中心位于中央公园西南角，东面是中央公园内自然形态的人工湖面，西、北临街，环境优美，交通便利，具有新江湾城特有的自然与人文相交融的环境特征。

以景观设计的方式将建筑与水面、植被融为一体。建筑形成以"根"的意象表现出与自然湿地环境相契合的原生状态，明确突出生态的主题。南北向的建筑主干将空间划分为面向城市道路和面向公园景观的两部分，形成动、静两大分区。根须状的建筑支脉进一步细分出建筑周边的功能分区。文化中心开放式的室外空间为周边的居民提供了良好的休闲、娱乐和社区活动场所。

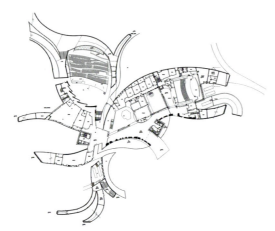

门厅和展览相互结合，设有活动隔墙，可调节开放和封闭的程度，以满足不同规模的永久及临时的展览。东部的280座电影院有其专用的出入口。会议室以及上层的咖啡厅均面向湖面，并有室外平台。西部教学区设有音乐、美术教室及图书馆。此区域与室外露天剧场舞台连为一体，为艺术表演提供便利的条件。

源于"根"的基本形式构思，文化中心墙面和屋顶采取连续的自由形体，表面以再生的木质板材和石板材包覆，结合屋面绿化，体现了有机和无机材料相融合的建筑的生态特征。立面开窗形式和实体墙如植物细胞排列，错落而有序。其中两组楼、电梯组合交通核心以半通透的玻璃围合，形成两个灯笼式的发光体。

本工程由于建筑物形状复杂、层数不一，使得每个柱下荷重差异较大，平面布局中出现较多大跨度柱网，且屋面为环境绿化，基础采用柱下桩－承台基础，桩为钢筋混凝土预制桩，桩端持力层为第⑤2层砂质黏土层。

采用钢筋混凝土框架结构作为主体结构抗侧力体系，楼盖为钢筋混凝土现浇楼盖，结构跨度较大处采用预应力混凝土梁；屋面局部大空间采用钢结构屋盖。主入口处绿化草坪下的悬挑雨蓬采用预应力混凝土结构，室外广场入口处的雨蓬采用膜结构。建筑平面弧线长度接近180m，设置了一道伸缩缝，将整个建筑分为两个单体，左侧单体的平面弧线最大长度近110m。

本工程各用水点皆由市政给水管网直接供水。室内

污废分流，室外污废合流，雨污分流。厨房废水经隔油池处理后排至总体就近污水井，地下车库地面冲洗排水经隔油沉砂池后排至室外污水井。本基地周边市政管网配套完善，基地西南侧及西北侧皆设有市政预留污水及雨水检查井，故总体污废合流水汇总后最终分二路排至市政预留污水检查井；总体雨水汇总后分三路排至就近市政预留雨水检查井。

变配电系统采用了国际先进的高可靠性配电装置，系统采用两路供电互为备用，高压配电配备了先进的综合继电保护装置，同时整套变配电设备装设了能量管理系统，整合了计量、监测、保护等功能。

其次在周边园林中依托绿化建设了风力发电系统，利用风能发电，利用这部分能源驱动了景观内流动水环境，清风、流水构成和谐的生态。

本工程为智能化建筑，采用消防智能化、通讯传输智能化、安防智能化、楼宇自动化、办公自动化系统。

本工程功能复杂，各房间使用时间不同，因此空调冷水管道系统为每个分区单独一路，并设有各自能量计量系统，可分开各自核算耗能。

展览厅、电影院等大空间空调系统采用全空气系统，小型房间采用风机盘管加新风系统，以便使用灵活。展览厅采用喷口送风。空调机及新风机均采用初、中效二级过滤，并且加消毒杀菌功能。以保证空调房间空气质量。

泓邦国际大厦

设计单位：上海现代建筑设计（集团）有限公司（美国艾凯特托尼克国际有限公司合作设计）

主要设计人：曹嘉明、林文容、程穆、黄勤男、祝伟民、张海崎、周文伟、李毅、覃家俊

该项目位于吴淞路、峨嵋路、塘沽路交叉口，原建筑为1997年建成的高层办公楼。项目用地面积6598m²，建筑面积77895m²，高129.95m，共36层，于2005年12月竣工。

该项目规划要求总面积不变，因此决定拆除西侧裙房，作为公共开放空间，面积加在主楼上，主楼在28层的基础上加8层，至36层。

建筑的原主入口位于峨嵋路、塘沽路口，场地非常狭小，空间环境压抑。改建时结合地下车库出入口，设置了顺时针方向的车行道，主入口改至吴淞路口，改善了建筑入口和城市干道的关系。

平面功能按业主要求重新整合。原建筑三角形平面的三条边线均为直线，交角处也由直线相转接，显得太过于直接、生硬。新设计将平面通过外边少量悬挑的手法将直线改为活泼的曲线，使得整个建筑平面在内外的连通交接上显得柔和、轻巧了许多。弧边线通过竖向挤压，片、弧面的使用贯穿着整个设计，通过整合设计元素，用二维的面来体现三维实体，使建筑变得轻巧挺拔。

该项目的主要设计内容为：主楼加8层，主楼平面外边增加悬挑构件，东裙房与主楼之间相连接的梁板自±0.000以上全部拆除，形成独立的单体。西裙房地上部分全部拆除，对其地下室进行抗浮验算并采取措施。本楼原按89规范进行设计和施工，现须对不满足现行规范、计算及构造要求的结构进行加固改造。

本工程给排水及热水、消火栓、喷淋系统设计时尽可能利用原有管井及预留洞，紧凑、合理地布置立管，克服了因加层增加立管的困难，由于原楼层高较低，多次到现场并与其他专业协调，以保证吊顶高度，泵房充分利用原有建筑加以合理设计布局。

地下2层和19层各设一个变电所。电源采用两路独立10kV市电电源，并用一台880kVA的柴油发电机作为备用。低压配电系统，接线方式简单灵活，便于维护管理，能适应负荷的变化，并留有必要的发展余地，同时按区域及负荷情况设物业计量表低压内部计量。

本工程设计弱电智能化系统，拥有一整套体现当今世界先进水准、先进而完善的智能化系统，具有现代水平的通讯、计算机网络系统、综合布线系统、有线电视

及卫星电视接收系统、公共安全防范系统、公共广播系统、电子会议室系统、无限覆盖系统、智能集成管理等系统，满足业主的功能需求，适应信息技术的发展。

暖通改造设计中采用了多项节能、环保、安全、节约的方案，如采用了电制冷机组加直燃式机组的冷热源配置方案，采用了高、低分区分别设置空调供回水系统的方案，各大空间办公室等场所的自然排烟设计采用了消防性能化设计的方法等。

动力专业设计包括燃气、应急发电机房燃油系统、燃气溴化锂机组排烟系统应急发电机组排烟系统及应急

上海张江高科技园区管理中心

设计单位：华东建筑设计研究院有限公司（Albert Speer & Partner GmbH合作设计）

主要设计人：许轸、罗亦、安仲宇、徐浩、叶俊、方飞翔、沃立成、王玉宇、张慧姗

本工程基地西、北两侧为已建成的公共绿地，环境优美，东、南两侧临街。建筑由一对联体双塔和三层条形裙房咬合而成。

本工程总建筑与周围的自然环境相融合，最大限度地减少对环境的不利影响。主体建筑的裙房远离东、南两侧的园区道路，亲近西、北两侧为已建成的公共绿地，为主要出入口留出大片的水面和空地，并以弧形"竹墙"将汽车噪声与建筑隔开，形成优美宁静的办公环境。主楼更以每两层为一组，用二层的空中花园将自然美景引到室内，打破了办公建筑常见的沉闷气氛，将自然环境的品质赋予建筑内部的人工环境。

本工程通过运用国际上较为先进的"双层可呼吸式动态幕墙"，外层固定玻璃上下的空隙有效地将建筑表层的热量以自然对流的方式排出，加上幕墙中间的遮阳百叶，减少了阳光辐射热造成的能源消耗，据初步测算，与普通中空玻璃幕墙相比，节能大约30%。同时完全可以自由开启的内层玻璃窗为室内工作人员带来自然清新的新鲜空气，大大改善了办公区域的空气质量，而外层固定玻璃又能防止强风的直接吹入。精心比较后确定的浅色透明玻璃既能减少光线的过度射入，又有效防止了反光和眩光，减

少了"光污染"等对环境的负面影响。

本设计摒弃了浮躁一时的繁琐装饰，以简约大方的造型展现建筑自身的魅力。精致的细部处理，认真推敲的尺度比例，细微变化的透明玻璃，无不流露出现代建筑所追求的艺术品质。现代建筑的另一特色是高效率。办公大楼由两个正方形两翼的垂直交通核心筒结合在一起，9m×9m的开间形成开放式的办公区，另有小空间办公。共用的电梯提高了使用效率，并形成短捷的交通路线。整个大楼设计紧凑高效，空间变化丰富，造成了与众不同的清新感受。在办公区域的空间设计上，设计师没有套用常规的吊平顶形式，而且大胆设计了回字形的综合吊箱，将空调设备纳入其中，暴露的清水混凝土井字梁和立柱展现了结构的逻辑之美。

空中花园为员工提供了休息社交的空间，天桥横跨其中，更平添了空间层次感和动感。双层幕墙概念的运用是注重人的身心健康的需要，同时也大大提高了办公效率。办公区域的室内设计更具有独到之处，高大的办公区域，配以全新的空间形态，完全打破了常见办公楼压抑憋气的心理不适，代之以活泼明亮的感受。

为了体现对人的尊重，同时也是为了控制整个工程的造价，设计师没有采用华而不实的"光控遮阳百叶系统"，而是允许办公人员根据自己的需要，自由地控制双层幕墙中的遮阳百叶，这也使得整幢大楼能动态地展露每一个工作人员的需要，同时也是对不同气候条件的积极反应。整个大楼在每一天的每一时段都有千变万化的表现，体现了建筑物的生命和活力。

动态的双层幕墙，变化的遮阳百叶，加上大片的倒影水池，这些简约的因素组合在一起，为整个办公楼带来了无穷无尽的变化，充分展现了建筑自身优雅大方、丰富多彩的高贵气质。

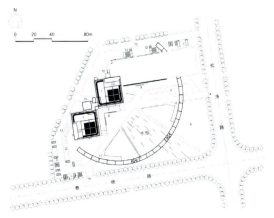

东昌滨江园（现名：上海财富广场）

设计单位：上海建筑设计研究院有限公司（美国FR建筑事务所合作设计）

主要设计人：裘黎红、庞均薇、刘艺萍、麦岚、石磊、阮奕奕、孙伟、李黎、周海慧

本工程建于上海市浦东金融贸易区，黄浦江边，东昌路以南，浦明路以西，具有独特的江边地理优势。

基地包括东北角公共汽车站专用区域，办公区，规划滨江道路和绿化用地，建筑群为新建7栋四层办公楼。

该工程沿江边400m长的基地依次排列，主体形态均采用弧形，90%的房间能享受到经典雅致的外滩风貌。地面上7栋独立办公楼，既保持了从江面延伸至外滩景观的视觉通道，又通过玻璃幕墙包裹下的"传统仓库"砖墙，金属钢板等立面元素，唤起人们对沿江传统码头仓储运输业，这一城市历史片段的回忆，其本身也已成为浦江两岸观赏景点之一。

每栋楼都是地上四层，地下一层。每两栋办公建筑间拥有一个10m×20m的下沉式公共休憩场所，形成6m高的空间，为办公区提供交流、休憩的场所，同时更是办公空间的采光井和自然通风口。小区的中心广场由两栋弧形建筑围合而成，35m的栋距使其成为中心视觉走廊，中心广场呈椭圆形，宽广而有气势，极具凝聚力。

建筑的整体风格在简约中寻求轻盈通透与厚重坚实的对比。形成以理性坚硬如钢板、铝板、陶板为背景，又辅以玻璃幕墙的轻巧、通透，在线面穿插中实现视觉上的对比。

本工程地下室为400m长的超长地下室。为减少对黄浦江防汛墙、周边建筑及管线的影响，本工程选用ø600，有效桩长为21m的混凝土钻孔灌注桩，桩基持力层为第⑥层暗绿色粉质黏土层。

各单体在二至四层楼面均采用板柱-抗震墙结构体系，楼面板平面形状均不规则。屋面采用钢筋混凝土梁板式结构形式，以加强顶层刚度并且有利于承受屋面钢结构部分的重量。

给水水源从市政自来水管接入二路给水管，供本地块生活及消防用水。所有用水均由设在地下室的变频给水泵房供水，泵房内设储水池一座，变频泵抽吸该水池的水经加压后送至本工程的各用水点。室内消防系统采用稳高压系统。室内消防用水均直接抽吸市政给水管网，室外消防用水由室外消火栓供给。除机房和厕所外均设置喷淋系统，喷淋系统采用稳高压系统。

本工程建筑各单体建筑面积大，低压供电距离远，故本工程的功率因数补偿采用集中补偿与分散补偿相结合的方式。除了在变电所低压配电柜设电容补偿柜外，还在各幢楼的总配电柜及照明分配电柜处设置分相补偿电容。

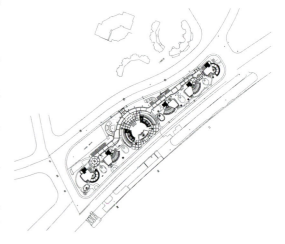

本工程空调系统采用了地板送风式置换通风系统。地板送风方式将处理过的空气以低速从地板散流器均匀地直接送入人员工作区，送风在上升的过程中慢慢地与室内的空气混合，使热空气和污染空气上升至顶部回风口，室内工作区的温度和污染物浓度低于上部。地板送风系统可以使用较高的送风温度。由于气流是从地坪流向顶棚，所以大部分从安装在顶棚的灯具所产生的热量还未到达地面就被排出，提高了排风温度，减少了总冷负荷。由于地板下送风横截面较大，所以压头损失较小，减少了风机能耗。

重庆国际会议展览中心

设计单位：华东建筑设计研究院有限公司

主要设计人：司耘、赵伟樑、傅晋申、邵民杰、瞿迅、陆燕、吴文芳、庄景乐、任健民

重庆国际会展中心位于重庆市南坪区，市政府为了开发这一相对偏远的地区和建立一个城市副中心的目的，收购了这一前私人开发商的项目。通过改造重组，项目达到国内一流、国际领先的水平。重庆国际会展中心同时还是重庆十大文化建设项目之一，并为亚太城市市长峰会提供了优质的会议场所。因此，它的重要性备受各界的关注。

重庆国际会展中心基地三面环山，正立面与背立面高差达10m左右。消防车道四周环通，正面广场设有室外展场、绿化与停车场地，背面有货车停车场与临时停车场地。工程包含三个组成部分，展馆、会议中心与酒店，第一期先完成展馆与会议中心，二期完成酒店部分。展馆共3层，带有一个中庭式前廊，地下1层，作为停车库与美食街。会议中心为三层，1、2层为各种规模的会议厅，3层为宴会厅，地下室为停车库及设备用房。

本工程的设计理念主要有：(1) 展馆的前廊作为人流集散的一个重要空间加以塑造与强化；(2) 展馆的内部柱网与专业展览公司商讨确定最佳的尺度；(3) 三层设有大空间的展示厅，通过暴露结构以求更高的视觉效果；(4) 会议中心圆弧形中庭采用悬挂式结构体系显示高技风格的内部空间组合。

会展建筑采用的是现代主义的建筑语言，其钢结构支撑体系是现代工业化力量的体现，幕墙材料是花岗石和玻璃反映的是简洁明快的表情。

展馆部分从一层起24m的大跨度采用钢管混凝土柱与复合式钢梁，三层大厅采用立体式钢桁架，结构合理，室内空间感觉良好。会议中心前廊采用L形钢梁的结构形式，表达了建筑的多变空间的复杂性，但其力学的传递则相当合理，表现出刚性与理性的内涵。

展馆与会议中心的外墙用料以玻璃幕墙、石材幕墙为主，玻璃幕墙采用单元式明框结构，侧面与背面采用天然石材幕墙，挺拔刚毅，反映出高效理性的设计理念。

城建国际大厦

设计单位：上海现代建筑设计（集团）有限公司

主要设计人：李军、彭冲、周建民、孙海东、张沂、朱中梁、张正明、汪立敏、沈新卫

建筑结合城市环境、空间形态和功能定位，力求处理好建筑与城市街道与周边建筑的协调关系。大厦南退红线40m，设计尺度宜人的绿地广场，与南侧竹园公园相对应，既是大堂对景又为室内空间的延伸，建筑与环境相融合，塑造良好的区域城市界面和肌理。

标准层矩形平面进深11.2m，开间8.5m，无柱的面积1800m^2，紧凑高效，灵活便利。立面造型简洁洗练，体块比例尺度变化恰当，竖向拉丝不锈钢肋条、蓝灰色玻璃与方形彩釉幕墙的搭配精致典雅，富有现代感。东南角纯净光亮的幕墙设计，呼应了屋顶花园，强化了竖直体量，形成了标志。塔楼东面4～10层挑出的方形幕墙处理，则进一步丰富了下部街景气氛。夜晚的照明设计使大厦成为一个玲珑剔透的水晶体。

主楼采用现浇混凝土框架及核心筒体结构体系，各楼层框架边梁高1000mm，宽600mm，以加强楼层的整体刚度，提高整体抗扭效果。考虑到3.85m的层高，标准层9.95m跨度的框架梁为高550mm，宽600mm的宽扁梁；12.5m跨度的框架梁为高550mm，宽1000mm的宽扁梁，并且后者为了控制其挠度和裂缝采用了预应力混凝土形式。

办公层空调按内外区分别设变风量空调系统，采用变静压的控制策略。内区空调系统常年制冷，外区空调系统夏季供冷，冬季供热。办公层设带变频控制的独立新风系统。办公层每层设一只VAVbox，新风不受变风量空调系统影响，舒适性高，节能效果好。冷热源站房按四管制空调水系统配置。办公层内区空调器接管为单冷二管制。裙房及办公层外区空调器接管为切换二管制。此外，另利用板式换热器及冷却塔配置一套"免费制冷"系统，用于冬季内区制冷。将办公层平衡新风的室内排风作为补风，引入变配电机房及地下2层车库，既解决了变配电房的空调问题，又达到了节能效果。

锅炉房设置严格按照相应规范进行。疏散口位置、数量、锅炉设备之间的间距、泄爆口的面积及安全措施均满足相应规范内的对应要求。在满足规范要求的基础上，尽量高效地利用原有的机房面积与设施。锅炉房设置一套备用燃油系统以保证业主在燃气供应中断时继续供暖。

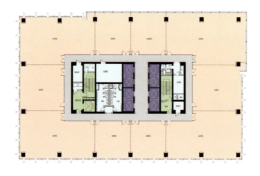

中国南通珠算博物馆

设计单位：上海兴田建筑工程设计事务所（江苏省纺织工业设计研究院有限公司合作设计）

主要设计人：王兴田、杜富存、朱炜、陆琳、习敏、张志锋、王海颖、陈为亚、陈志敏

南通珠算博物馆项目，位于江苏省南通市濠北路西首南侧环濠河地带。毗邻濠西书苑，是濠河风景区中一个重要的组成部分。其中包括：珠算博物馆、训练基地及餐厅。基地占地约19900m²，总建筑面积5888m²。

设计时间为2002年5月至2003年4月，2004年12月项目竣工，2005年12月交付使用。珠算博物馆设计概念起源于远古的"结绳记事"，由一根主线统领全局，与江南古典园林的精髓谙合。珠算博物馆总体布局借鉴了这种江南园林的布园手法，采用自由、活泼的布局，以一个半围合空间，将三部分建筑有机地组织在一起。并试图通过空间的构造、建筑色彩和细部的推敲来展现传统建筑的意境美。

在珠算博物馆的设计中始终贯穿这样一个主题，运用现代材料和手法，再现传统建筑的文脉，追寻旧时江南景象，赋予建筑飘逸雅致的风格。屋顶采用肋形铝板屋面，试图记忆青瓦的历史；黑、白、灰理性的搭配，力求寓简洁于变化之中；黑色石材通过刻线减小尺度，给人以青砖的联想。而庭院中高低组合的青砖矮墙，餐厅中以筒瓦组成的背景墙则更直接地激发人们对传统建筑的联想。

质感的对比、色彩的对比以及细部的构造设计，丰富了建筑的色调和空间，提升了建筑品位。在黑白灰的主色调控制下，石材采用机刹、刻线、片毛等加工方式进行有机自由的组合。考虑到江南民居是以木作为主，在出风口的檐下、走廊等处增加了一些木线条，让参观者感到亲切自然，产生返朴归真的感觉。双坡建筑脊顶的光廊穿插丰富了空间造型，也是对传统文化的一种新诠释。

博物馆、训练基地及餐厅为两层坡屋面建筑，均采用钢筋混凝土框架结构，屋面采用钢结构。本工程属丙类建筑，6度抗震设防，第一组，计算及抗震措施均按6度，III类地，框架抗震等级为四级。建设场地靠近濠河，基础采用独立基础加预应力管桩基础的方式，以减少建筑物沉降。工程结构计算采用中国建筑科学研究院结构所编制的PKPM系列软件，各项指标均符合国家有关

规定，满足国家规范要求。

由于博物馆的展厅、报告厅、动手操作间等负荷的变化主要是由于人员的流动而变化，无规律性，故在本建筑物内一拖多定频机组与变频机组相结合，外机集中设置。

一般动力负荷为生活动力，通风机等。确保动力负荷为消防泵、喷洒泵等。

给水系统分为生活给水系统和热水系统，生活给水系统直接由市政供水管网供给，饮用水在每个单体内设置一台电开水炉，热水系统由热交换器、水箱、循环水

泵、控制仪表等组成,冷水经热交换器加热至55~60℃后,送至各用户点,为保证各用水点的温度,各管路须进行热保温,同时采用机械循环方式,设置了两台热水循环泵,一用一备,进行机械循环,系统采用下行上给式,加热器出口温度≤60℃,配水点供水温度50℃,最低回收温度45℃,热媒采用0.4MPa蒸汽,直接接自市政热力管网。排水系统:生活排水系统排入区内化粪池,经处理后排入市政污水管网;雨水排入市政雨水管网。

室外消防系统:同一时间内火灾次数按一次计,火灾历时按2h计,室外设置了2只SS100型地上式消火栓,间距不大于120m,室外消防管道布置成环状。

室内消火栓系统:由于市政给水管网压力为0.26MPa,不能满足最不利点消火栓栓口处所需压力,同时,本工程也不便设置屋顶水箱,故在系统选择时采用了常高压给水系统,设置消防给水设备、消防水泵、稳压泵各两台,一用一备。在各建筑物设有一定数量消火栓。

强电设计方面该建筑为二类建筑,消防及重要用电负荷供电等级为二级。箱式变压器容量为630kVA。本建筑的防雷等级为三类防雷建筑,沿屋面女儿墙顶明设避雷带。

上海长途客运南站

设计单位：华东建筑设计研究院有限公司

主要设计人：郑刚、郑凌鸿、徐抒、周建龙、王黎松、肖曒、郭宏、陈超、王小安

人性化是长途汽车南站设计的出发点，在首层进站大厅和地下进站大厅均设置了售票处，方便分别来自市区和换乘不同交通工具的旅客，同时预留售票口以备节假日的购票高峰时段。在首层还设置了母婴候车室、便利超市、吸烟室等便民设施。除了对旅客的关注，设计者也对长途汽车站的职工予以充分考虑，长途汽车南站的3、4层为公司内部用房。3层为司乘休息区，内设休息室、配置标准床、淋浴房等，使司乘人员们在长途跋涉之后有一个休憩和调节的场所。4层为公司办公用房，其间均配有套内卫生间。此外，在3层还设立了室外空中花园，是公司员工们在工作之余放松心情，促进沟通的理想之地。

上海长途汽车南站位于柳州路以西，石龙路以北，南区火车站南广场东南部。汽车站东南侧为进站广场，东北侧设有行包托运广场并设机动车道入地下室，该车站的西北侧为客运停车场。在充分考虑南站主站屋建筑体量、造型以及广场环境要求后，设计者对建筑形态及体量作了整体比选分析，表明在该基地上，建筑高度在20m较为理想。长途汽车南站主体建筑采用与铁路南站主站屋同心的圆弧演化的非对称弧形平面，月牙状的建筑平面与上海铁路客运南站圆形主站屋形成日月相辉的格局，有机地与铁路南站融为一体，使之成为新世纪上海公路交通客站的新形象。

上海长途汽车南站是一座多功能化的客运站。作为市南枢纽站，上海长途汽车南站日发车将达800班次，其地理位置及周边设施决定其要向多功能化发展。首先，

长途汽车南站是铁路南站的组成部分，是一个大型的交通换乘枢纽中的重要一环。火车，长途汽车是对外的主要交通工具，而地铁、市内公交、出租车、轻轨等则是对内的主要交通工具，这些交通设施在南站地区形成一个有机整体，从而达到"以人为本"（使旅客零换乘）的设计理念；其次，长途汽车南站在二层设置餐厅，在地下层连通铁路南站南区广场的地下购物商场，解决旅客用餐及购物等需求，从而为旅客创造出多目的、多用途、更方便顺畅的流通路线。

上海长途汽车南站建筑形体舒展，弧形主体与椭圆形体量构成活泼自由的空间形态。通过形体的穿插分割，虚实对比产生丰富的建筑效果，铝板屋面处理在形式与色彩上与整个火车南站区域内的建筑环境相呼应协调，融为一个有机的整体，同时又不乏自己独特的个性。

设计采用了钢结构、玻璃和铝合金幕墙的组合，力图塑造出精致、通透的建筑风格。同时，设计者运用了暖色的陶土板幕墙，如此不仅从色调、质感上给予了视觉感受上的调和，更使整个建筑增添了一份稳重大方的气质。

一等奖　上海优秀勘察设计　2007

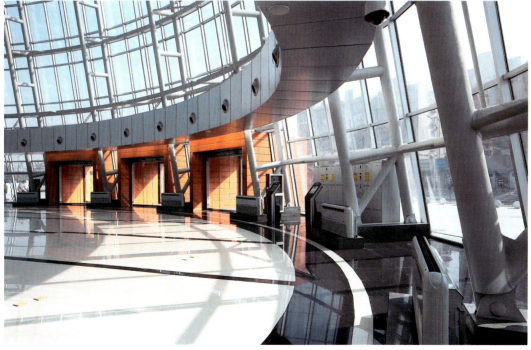

苏州工业园区九龙医院

设计单位：上海建筑设计研究院有限公司

主要设计人：陈国亮、戴溢敏、周杰、江南、周雪雁、糜建国、冯杰、李剑、徐雪芳

本工程位于苏州工业园区，基地呈南北向长方形，东侧为一界河，西、南、北与城市道路相邻。医院包括一栋11层病房楼、一栋4层门急诊楼、一栋3层医技楼、一栋3层体检中心、一栋3层后勤办公楼、一栋9层护士楼及两栋12层专家楼。

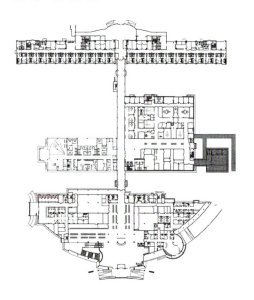

建筑沿南北纵深高低布置，具有良好的阳光、朝向、景观；配合城市道路的等级，设置不同的出入口；利用进深及宽度预留充分的远期用地，达到可持续发展的目的；停车采用集中、分离、就近的原则设计，集中即停车相对集中；分离即按功能分区分离。

体现以病人为中心并兼顾医生工作环境的设计理念。门诊：从二层开始诊室按标准单元模块设计，每个模块医患分流，两次候诊，并在两个相邻模块之间设计一层屋顶上的露天花园，使病人候诊及医生工作廊均有良好的采光、通风、景观视线。

医技中心：将一采光通风中庭设置于病人活动区域，加上宽敞的候诊厅及二次候诊，使每层病人候诊环境大为改善。将医生、技师专用工作走廊及操作空间与就诊病人分流，给医生相对安静、独立的工作环境。

住院部：增加总床位数，在每个护理单元电梯厅外侧设置等候空间，每层两个护理单元之间设置公共休息活动空间，一方面减少对住院病人的干扰，另一方面为病人提供一个就近的休息活动空间。

本工程采用的基础形式有：桩—筏板、桩—梁筏、桩—承台、桩—条基。桩采用钻孔灌注桩、预应力空心管

桩、预制混凝土方桩。

上部结构根据建筑使用功能采用了不同结构形式，主要有框架结构、剪力墙结构、框架-剪力墙结构。因建筑平面布置较为灵活，采用了井格梁的形式，部分大跨度构件则采用了预应力技术。

充分利用市政给水管网的压力，合理地选用不同单体的给水系统。门诊、急诊楼、体检中心、医技中心、食堂后勤办公楼采用一组水池-变频调速供水设备供水。护士楼、专家楼一至二层采用市政给水管网的压力直接供水，三层以上用一组水池-变频调速供水设备供水。高层住院楼采用水池-水泵-屋顶水箱联合供水，分区压力用减压阀控制。

热水管线供回水管道采用同程布置，污水采用一级处理，经消毒处理后排入市政污水管网。

厕所洗手盆、小便器、诊室、诊断室、产房、手术室、检验科、医办、护办、治疗室、配方室、灭菌室等部位的洗涤池采用全自动感应洗手器和冲水器。室内除厕所、淋浴室、污洗间、空调机房等必须设置地漏的场所外，其他用水点均不设地漏，带水封的地漏水封深度不得小于50mm。

由电业提供二路专线供电，主结线采用单母线分段运行。总变配电所设在地下室。采用EPS系统为手术部等特别重要的负荷供电。在变电所设置了电网管理系统并在各出线回路和各楼层配电箱设置智能电表，实现电能联网统一管理。

本工程设有工作照明、应急照明、安全照明、场景照明、景观照明及照明控制系统。还设有火灾自动报警及消防联动控制系统、公共广播系统、建筑设备监控系统、通信系统、有线电视及卫星接收系统、安保系统、医用呼叫系统、综合布线系统。

根据该工程使用特点，并考虑比较了日常运行成本，本工程采用蒸汽热网，减压至板式热交换器和蒸气型溴化锂制冷机组，板式热交换器同样设在地下室能源中心内。

按非呼吸道传染病区和呼吸道传染病区分别设置独立的空调系统。净化手术部分采用全空气空调方式，空气经粗、中、亚高效三级过滤，正压控制。呼吸道传染病区采用负压控制。

威海市国际商品交易中心

设计单位：上海建筑设计研究院有限公司

主要设计人：段斌、刘浩江、陆纪栋、谢惠中、高志强、张隽、苏粤、刘启荣、和文哲

项目建设用地东濒威海公园，与刘公岛隔海相望，西靠规划中的城市景观公园与里口山风景区，南侧为规划中的高档国际会议酒店与威海市文化艺术中心，北侧为高档商务住宅区。建成后是以举办展览、展销、经贸洽谈、大型活动为主的国际商品交易中心。

顺应贯通"大海—文化广场—里口山风景区"这一条东西向的景观绿轴，商品交易中心分为南北两个"扇"形的交易厅，轴线对称布置，合理留出中央的景观视线通廊。两交易厅西侧用圆弧形柱廊连通，自然形成了一个半围合的面向大海开放的中心广场。

主要功能用房分南、北、中三个区域，各区域可独立运营，又有便捷的联系，同时也使建筑的体量适当分解，以群体组合的形式，使建筑整体更为丰富。

南北区主展厅在二层，无柱空间各约5500m²，净空高度9.5～17.5m，在斜屋顶高端下部设两个夹层，分别用做固定展区和办公、会议等，建筑室内功能空间与标志性的斜向大屋面形象有机统一。

南北区屋盖径向长度达100m左右，法向圆弧长边长度达150m，最大悬挑10m。从建筑形式美的角度出发，倾斜的屋盖与拉索、"桅杆"意在突出建筑的造型动感，建筑屋面采用了斜拉立体管桁架这一比较新颖的结构体系，其他部分采用钢筋混凝土框架结构，充分发挥各种结构材料不同的力学性能，同时也使得建筑空间形式、建筑造型与结构力学的逻辑相吻合。

本工程基础采用柱下独立基础的形式，持力层位于第②3层粗砂层。因场地情况复杂，工程中也运用了多种地基基础处理技术，例如：对于柱底产生拉应力的构件采用了拉锚；对于柱底弯矩较大的构件，采用将多个柱基结合在一起形成局部筏形基础的方法；对于局部持力层较深的范围采用换填垫层法等。

各单体展厅部分形成挑空的中厅，夹层部分采用混凝土框架结构，大屋面及穿层柱采用钢结构。

快餐厨房集中热水，热源来自市政热力管网之蒸汽，水源来自市政给水管网，经汽-水立式导流型容积式加热器换热后送至各用水点，采用上行下给式机械循环。采用自动扫描射水高空水炮系统；净空高度大于8m

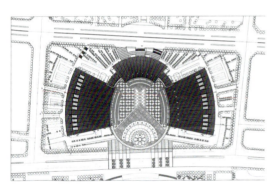

的门厅、南区展厅和北区展厅设置自动扫描射水高空水炮,代替自动喷淋灭火系统。屋面采用雨水虹吸式排水系统。

工程内设二个变电所,其中一个为高压配电暨变电所,设于工程中冷冻机房的近旁,由电业提供二路互为独立的供电电缆。变配电系统配置智能化管理系统,便于系统的集中和远程的监控和管理。电业计量采用在电业进线侧设高供高量的方式。普通照明优先选用细管荧光灯等节能灯具。

本工程内还设置现代化的通信系统、消防自动报警和联动灭火系统、卫星电视接收和有线电视系统、安全防范系统、背景音响和紧急广播系统、楼宇设备自动化管理系统(BAS)、车库自动化管理收费系统、多媒体信息查询系统、大屏幕信息显示系统和系统集成。

展厅采用两台离心式冷水机组和一台螺杆式冷水机组;由于商铺、餐厅、办公等使用时间与展厅不同,为了便于空调用户的单独使用及对不同空调用户空调费用的单独计量,商铺等采用集中式空调水环热泵系统。高大空间展厅设置分层空调,夏季节能30%左右。空调水系统采用二次泵变频控制,在南北中展厅单独使用或部分负荷时节能。展示厅等采用全空气单风道定风量空调系统,过渡季采用全新风,并根据室内外焓差实现室外低温新风免费冷却。

上海工程技术大学新校区行政办公楼

设计单位：同济大学建筑设计研究院

主要设计人：丁洁民、王文胜、陈泓、奚震勇、赵晖、王坚、周鹏、许清范、沈闻

上海工程技术大学新校区位于松江大学园区西北部，规划用地面积78hm²。行政办公楼紧邻校园东侧主入口，南侧面向校园景观主轴线，荷花湾环绕在其西北侧，景色优美，是对外展示校园形象的窗口与标志。因此，我们将18层的主楼布置在基地东侧，靠近城市道路和校门，并将主入口设置在南向，以突出其主体形象，成为整个松江大学园区的制高点；2~4层高的裙房由平行的三个部分组成，布置在主楼的西侧和北侧，并通过弧形连廊整合为一体，既最大限度地利用南北朝向，又与校园水体环境协调共生。

行政办公楼功能分区明确：主楼1~2层为门厅、校史陈列、贵宾接待及会议室，3~4层为校党政领导办公，1~4层的贵宾接待厅分别以春、夏、秋、冬为主题，特色鲜明；主楼5至17层为各学院行政及教学办公，18层为观光厅，可以俯瞰整个校园和周边大学园区的风貌。裙房为学校各职能部门的办公，并在中间部分配置了一个216座的多功能会议厅和若干小会议室，方便使用。裙房部分可独立进出，便于对外服务，也可与主楼通过连廊紧密联系。

由于主楼标准层面积较小，仅为1115m²，为提高其使用效率，将核心筒靠北侧中部设置，包括了由2台客梯、1台消防电梯和2部疏散楼梯组成的垂直交通体系及卫生间，使用便捷，且全部直接采光。其余均为办公用房，标准层的使用系数达到72%左右，较为经济高效。

主楼的形体简洁大方，比例匀称，经过推敲的形体组合和虚实对比使原本并不很高的建筑显得修长而挺拔。出于控制造价的因素，我们并没有使用豪华高档的外装饰材料，而是运用独特的立面错层开窗形式，使建筑具有强烈雕塑感，令人耳目一新；同时，在东西两侧的大片实墙面上运用细微的凹凸变化，形成富有韵律感的肌理细部，塑造出行政办公楼庄重典雅、现代化、人文化的新形象，力图使其成为工程技术大学新校区的标志性建筑。

此外，主入口的曲面玻璃幕墙和裙房外围的弧形开敞连廊又为较为严肃的行政楼增添了一分活跃的元素，连廊高度从二层至四层斜向上升，它所围合出的内院空间与蜿蜒流淌的荷花湾发生了生动的对话，使建筑与环境融为一体。

基础设计：根据拟建场地的工程地质情况与上部建筑的传力情况，桩基础采用三种规格的PHC桩，其经济性较优，施工工期较短，施工质量宜保证。

主楼上部结构设计：

竖向分体系的布置：利用建筑的楼梯间、电梯井道与设备管井等分隔墙布置混凝土剪力墙，由于楼梯间、电梯井道与设备管井等集中位于建筑平面的北面居中位置，导致剪力墙布置不均匀，为此，另在1、2、11、12轴布置四片剪力墙，加强了建筑结构的抗侧刚度，提高了建筑结构的抗扭转能力。

建筑平立面不规则的处理：1）由于建筑造型要求，二层局部楼板缺失，12轴剪力墙越层，层高达8.4m；入口大堂挑空1层，2层楼板凹口较深。应对措施为：加厚12轴剪力墙，墙厚取600mm，严格控制墙体轴压比，验算其稳定性且留有余地；加强2、3层楼盖；加强1~3层相应部位的抗侧力构件，在2、11轴加设剪力墙等。

外围填充墙的处理：建筑外立面独特，窗户采用越层与错位布置。外立面的填充墙采用小型混凝土空心砌块，并用轻集料混凝土灌实；为加强填充墙出平面的稳定性、增强填充墙的抗裂性，在窗洞两侧设置芯柱，在窗顶处设置过梁，在窗台处设置卧梁，在楼层处楼板外伸与砌体有效拉结。

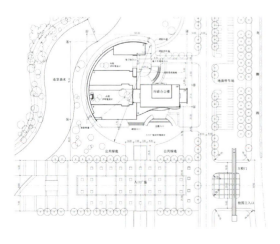

浦东市民中心（原：浦东新区政务办理中心）

设计单位：上海浦东建筑设计研究院有限公司

主要设计人：陆雄、强国平、徐建、万智泉、张慧芳、王玉箱、梁嘉莹、孙丰、钱李慧、李永谷

浦东市民中心位于浦东新区花木行政文化中心区域，丁香路、合欢路口。2005年，中央政府决定率先在浦东推行政府综合配套试点改革，为配合试点改革，浦东新区政府希望建造一个能提供一站式服务，和政府、市场、社会"三位一体"互动的全新的"市民中心"。建筑物中将容纳公安、社保、民政、药监、环保、税务等379个办事项目，进驻单位几乎涉及浦东新区每个委办局。

建筑主体3层，西侧办公区5层，地下一层，总建筑面积17500m²。建筑分设4个不同功能性质的入口：主入口设在东侧合欢路，前来办事的人流由此进入，西侧为信访办、劳动仲裁入口，南侧为内部办公入口，北侧设下沉式广场，市民可通过下沉式广场直接进入地下一层。

建筑形态上，几何形体、光影是浦东市民中心设计

最原始的元素：石材与本色透明玻璃形成虚实的对比；简洁的线条、大尺度的体块和深陷的窗洞在阳光下落下的强烈阴影，给人直接、原始的冲击力；天然石材的运用更是权力的象征。这种尺度和材料的运用被延续到了室内，室内空间与建筑设计一气呵成。

室内空间围绕两个变化丰富的内部中庭空间展开：

入口大厅气势宏大，人流频繁，前来办事的市民，都须经过此处前往各个办事区域，每当人们一进入入口大厅，仿佛一个庄重的仪式空间展现于面前，凸显市民中心庄重的感染力，并把办事窗口区域有机结合。

绿化中庭贯穿整个建筑1~3层的公共区域，屋顶为采光天棚，地面一层布置绿化和休息座椅。他由下至上逐层扩大，富有节奏感，是整个大楼的"绿肺"，既活跃了市民中心的内部空间，又解决了大楼中间部位的采光，为前来办事的市民提供了环境优雅的休息场所。自然光从中庭天棚透过翠竹泻下，在墙面和地面落下斑驳的树影，静逸光明。

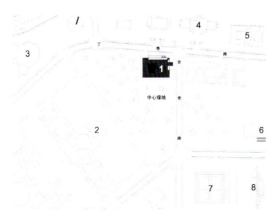

1. 浦东市民中心 2. 浦东新区区政府 3. 东方艺术中心 4. 浦东新区公安局
5. 人民法院 6. 海事法院 7. 档案馆 8. 出入境管理中心

　　室外下沉式广场联系建筑内外空间，广场的跌水小品为市民活动的区域带来勃勃生机，并把生机和阳光、新鲜空气，并带入了原本令人生厌的地下室空间。休闲的非办事市民可从北侧室外可直接步入下沉式广场，到达地下一层，无须绕道市民中心内部，从而将办事人流与休闲人流分离，便于管理。

　　办事大厅由一楼和二楼部分的大空间构成：一楼分布2个岛式办理窗口，二楼为折线型的条式办理窗口。三楼的采购中心、建设交易的基本形式以开评标会议室实现，组成A、B、C3个区域的体块，这些区域通过两个中庭空间联系起来，但又做到了合理分区。

　　办事大厅与内部办公区域分列在建筑的东、西两侧，有自己单独的出入口和独立的服务电梯，但又紧密联系，以便内部办公人员更好地为前来办事的市民服务。

　　中庭部分为了混凝土结构的统一完整性，减小梁高同时又能满足变形控制要求，大跨度梁采取型钢混凝土组合梁，中庭四周的跃层柱内设置构造型钢，形成型钢混凝土组合柱，以提高跃层柱的承载力和抗震性能，同时可解决型钢混凝土组合梁柱的连接构造，并形成强节点。

　　由于建筑西侧与东侧层高不同产生错层，形成了短柱，为了防止在地震作用下产生剪切脆性破坏，提高相接柱抗震等级，沿柱全高采用井字复合箍且缩小箍筋肢距，以提高柱的体积配箍率，增加柱的延性提高其抗震性能。

　　本建筑长度、宽度两个方向均为超长，为了防止因混凝土收缩和温度应力使梁板产生有害裂缝，楼板采取双层双向通长配筋，并采用变形钢筋。

　　本工程暖通系统选用两台风冷-热泵机组加局部地热采暖以提高大开间办公环境在冬季的舒适度。空调通风方式为集中式全空气系统及风机盘管加新风系统。

　　生活给水从市政管网引接，设表计量。主楼为5层建筑，1/2层及以下采用市政自来水直供，旁通变频泵组供水；2层及以上采用变频泵组给水方式，调节水池设在地下一层泵房。

　　变配电所电源为两路10kV高压供电，由当地供电部门电缆引来，要求两路来自不同电网的10kV高压电源。10kV电源进用户变电所。高压配电系统采用单母线分段运行，变压器的低压侧设联络。选用2台SCR9－1250／10干式电力变压器，高供高量。

　　2006年10月，建成后的浦东市民中心建筑气质恰如其分，简洁、纯粹、真实，体现了市民中心的崇高宗旨。

衢州学院二期 图书馆

设计单位：上海天华建筑设计有限公司

主要设计人：黄向明、丁纯、吴旭、刘浩、洪懿昆、束文辉、
　　　　　　李明菲、纪锡铭、聂欣

衢州学院新校区（二期）是由衢州市教育集团投资兴建的一个综合性院校。地处浙江省衢州市衢江以西，九华山路以东，盈州路以南。二期规划布局灵活，收放自如，与一期紧密衔接，形成统一的整体。图书馆建筑是整个校园主轴线汇集点，结合了周边行政楼、教学楼、会堂、活动中心以及校园环境规划设计，是衢州学院的标志性建筑。该建筑造型独特，气势恢宏，具雕塑感，平面功能布局流畅合理，内外空间收放有致。图书馆地上8层，地下2层，建筑高度39.6m，占地9852m²，地上建筑面积23342m²，地下10032m²，藏书100万册。

为呼应校园总体规划，图书馆主体在架空圆盘上部以等边直角三角形为母题，通过对巨形立方体的剪切，形成一大一小两个三角形的有机组合（主、副馆），并使之互相脱离，在中央设计了景观电梯形成枢纽。同时将小三角形体量降低，游离于方形体量的主结构中，大小三角形顶部以钢结构网架覆面，以统一、完整、错落、动感的建筑语言，体现当今社会的现代节奏感。圆盘上互垂的三角形形成的广场辅以绿化及泛光照明设计，营造了师生进行交流的休憩空间。

平面布局中，主、副馆通过连接体相连；主馆自身核芯体布置在中央，两个疏散楼梯布置在三角形角部，副馆疏散楼梯布置在三角形角部。整体布局清晰，流线合理，满足图书馆功能的需求。

结构形式采用框架剪力墙，柱网大部分为8.1m×8.1m，结合楼电梯间布置混凝土剪力墙以形成筒体。楼板采用现浇钢筋混凝土梁板体系，主要构件的混凝土强度等级为C30。地下一层及底层为圆形大底盘，直径达110m，故设置多条后浇带，以解决施工中的混凝土收缩问题。并增大楼板钢筋的配筋率，以抵抗楼板温度变化带来的裂缝问题。本工程一大特色为屋顶大跨度钢结构屋面，结构顶部标高39.2m，结构平面为L形，长65m，宽15m。

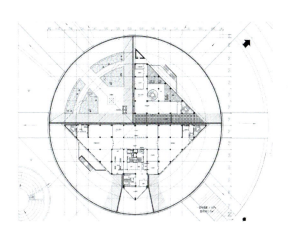

空调系统根据业主要求和实际使用考虑，采用变频多联机组。室外机分区域分别放置在不同的屋面上，冷媒管通过竖向管井分别接驳至不同楼面的室内机上。室内机采用卡式多向气流型，由此来使室内大空间获得较好的气流组织形式。并且利用变频多联机组内机运转噪声低、震动小的特点来满足阅览室和教室等对环境噪声比较严格的要求。

除应急照明、消防设备用电、网络机房用电、用户变电站用电、弱电系统、客梯、潜水泵等为二级负荷外，其余均为三级负荷。由校区总变电所引两路10kV高压电源向地下1层的用户变电所供电，变电所内设有2台800kVA变压器，采用高压不联络、低压联络的接线方式，设低压集中无功补偿，计量设于校区总变电所内。除应急照明、照明干线、空调热交换机用电采用树干式配电外，其他线路采用放射式配电。图书馆接地型式采用ＴＮ－Ｓ系统。

本工程弱电系统由火灾报警系统、综合布线系统、安全防范系统、有线电视系统、背景音响广播系统组成，将通信、计算机和自动控制技术运用于建筑，通过有效的信息传输网络，向用户提供方便快捷的信息通信、安全舒适的环境。消防自动化系统形式采用集中报警系统，在消防中心设置一台集中火灾报警控制器和一台联动控制器。安全防范系统由防盗系统和闭路监控电视系统组成。背景音响广播系统兼作大楼的紧急广播系统，火警时自动切换。

金华职业技术学院教学楼群

设计单位：同济大学建筑设计研究院

主要设计人：胡茸、陈大明、罗晓霞、朱圣妤、黄频、蔡玲妹、
程浩、陈水顺、唐平

金华职业技术学院中心教学楼群位于该校大黄山校区，由C01、D01、D02、D03四栋教学楼组成，总建筑面积56518m²，设计时间为2004年3月至10月，于2005年12月至2006年11月竣工。

该建筑群沿中央景观轴线对称布置，建筑错落有致，整体态势富于动感，构成一个生动和谐、现代感强烈的建筑群落。基地南高北低呈缓坡，建筑群由南至北呈台阶状跌落。另建筑东西两端入口层相差一层，有效利用了西侧地形的高差变化。

基地中有大量原生树木，设计中尽最大努力予以保留。将校园主体景观绿化与广场次级绿化结合成一个整体。从大尺度的开阔中央绿地，到小尺度的半围合教学楼间绿地，从气势宏大的主体空间到宁静清幽的小院，给予师生丰富的体验。

四栋教学楼4~6层，高度24m以下。其基本空间采用中庭式布局，功能用房沿东西方向纵深的中庭南北侧布置，内部形成回廊，避免传统教育建筑（单廊式、双廊式）的单调布局，内部空间更亲切舒适和人性化。建筑物底层局部架空，顶部以玻璃天棚遮蔽，天棚四面均与室外连通，通过合理的气流组织，使中庭成为一个既能遮蔽风雨，又能在夏季通风，冬季保温的理想室内环境。

建筑造型则强调简洁的体块构成，创造生动的光影关系。建筑表面设水平与垂直格构，有效减弱了西晒强度。水平板将光线反射到室内，使光线柔和均匀，减少眩光。此外结合外挂的金属百页隐藏空调室外机，由此形成的立面简洁细腻，随光线产生丰富的变化。建筑外墙采用白色、灰色、暗红色，表面通过加密分隔缝形成横向或竖向肌理，以简单的涂料创造不简单的面层效果。整组建筑掩映于绿树丛中，简洁、明快、生机勃勃。

因地质条件较佳，结构基础桩端持力层（中风化泥质粉砂岩）埋深较浅，采用大直径机械钻孔扩底灌注桩。扩底端直径与桩身直径比$D/d<1.55$，最大限度发挥端承力大的特点。采用一柱一桩，使承台尺寸减至最小。因地势起伏较大，多处采用挡土墙。上部结构5~6层，采用现浇钢筋混凝土框架体系。其中C01北侧过街楼处在4~5层设两根预应力转换大梁，跨度20.9~25.3m。东面阶梯大教室在4~5层采用2~3根预应力梁，跨度14~18m。

校园内统一设置生活水池、水泵。生活给水系统竖向分二区，1、2层由市政管网直供，3层以上由屋顶水

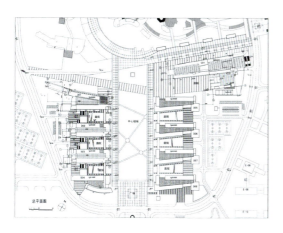

箱供给。根据污水性质、污染程度，结合室外排水制度和有利于综合利用及处理要求等特点，污、废水分流排放，污水经沼气池后与废水一起排入市政污水管网，雨水收集后排入市政雨水管网。校区统一设消防水池、消防水泵房，建筑各楼层均设室内消火栓、灭火器，D02、D03屋顶设消防水箱。

消防用电及重要用电设备按二级，其余按三级。灯具采用三基色荧光灯，大空间采用金属灯。教室灯具长轴垂直于黑板方向，平行外窗方向设置开关控制。走廊、电梯前室采用节能高效荧光灯；楼梯采用白炽灯并配声光感应器，另对容易产生高次谐波的电子设备在配电箱总开关处设置谐波吸收装置。

为满足现代化教学办公自动化发展的需求，设一套覆盖校园的主干网，标准、灵活、开放。采用千兆位双绞线布线，集语音、数据、文字、图像于一体，可满足多媒体教育、远程教育、行政管理、校园一卡通及与INTERNET互联等高速数据的需求。对于阶梯教室多媒体设备集中管理系统及校园音视频管理系统，提供音视频设备的管线预埋、结构化的语音通信和计算机物理连接。考虑到多媒体教学（管理）系统及校园音视频管理系统形式的多样化，亦对所涉及部分的水平及垂直弱电线槽作适当放大，以作为当上述两系统不采用TCP/IP解决方案时的应对措施。

该建筑群竣工后，建筑与环境相互衬托，极大地提升了校园品质。

东海大桥工程

设计单位：上海市政工程设计研究总院（中铁大桥局勘测设计院、中交第三航务工程勘察设计院有限公司合作设计）

主要设计人：林元培、卢永成、邵长宇、莫景逸、高宗余、章曾焕、李振岭、夏军、丁建康、杜萍、汤伟、张敏、张剑英、卫东、刘运

东海大桥工程是上海国际航运中心洋山深水港区一期工程的重要配套工程，为洋山深水港区集装箱陆路运输和供水、供电、通讯等需求提供服务。大桥起始于上海浦东南汇区的芦潮港，跨越杭州湾北部海域，在浙江省嵊泗县崎岖列岛中大乌龟岛登陆，沿大乌龟岛、颗珠山岛至小洋山港区一期交接点，全长约32.5km，其中海上段总长25.338km。

东海大桥连接远离陆域30km的外海孤岛，规模浩大、自然条件差、技术难度高、建设周期短、建设经验少。东海大桥目前不仅是我国第一座真正意义的超大型跨外海桥梁，也是世界上较为罕见的特大型跨海桥梁。主要研究内容与成果：

（1）对海洋通航孔设置、标准的论证，不良气候条件下工程措施研究，车辆荷载标准的论证，弥补了我国现行桥梁规范尚未涵盖的内容。

（2）国内首次对海洋水文条件、波浪、水流作用进行分析与试验，探明了跨海桥梁基础的受力机理，提出了分析方法和设计理论。

（3）从结构设计、材料、施工、检测维护等方面进行了结构耐久性的综合研究，提出了满足跨海大桥100年设计基准期的防腐蚀方案和技术要求，并在工程中得到应用。

（4）国内首次采用大型构件陆上预制，海上整体吊运装新理念，解决了大型预制构件（梁长60m、70m，最大吊重2000t）结构设计、现场安装定位调整、预制构件连接等技术难题，促进了我国大型构件施工技术的发展。

（5）在主通航孔斜拉桥上提出并采用了钢-混凝土箱型结合梁这种断面形式，发展丰富了斜拉桥的类型。斜拉桥主跨径达420m，为同类桥梁世界之最。

（6）东海大桥海堤工程，处于外海深厚软土地质条件，海堤最大填土高度近30m，通过优化与改进塑料排水板地基处理技术，从而解决了大堤地基稳定与沉降问题，满足了高速公路技术标准。

（7）采用了承台施工围堰与防船撞设施一体化的消波力套箱，取得良好的防撞功能和经济效益。

（8）通过空间有限元和模拟碰撞仿真计算分析，指导与改进了大桥防撞栏杆设计，确保了集卡车辆的安全行驶。

东海大桥为我国跨海大桥的设计和建设进行了有益的尝试，并作出了重要的贡献。

（1）在跨海桥梁结构方案的选择中，首次提出并采用了整体式一体化的大型构件陆上预制，海上整体起吊运输安装的创新理念与技术，该技术将成为今后我国跨海桥梁工程建设的方向。

（2）东海大桥从结构设计、材料选择及优化、施工控制、检测维护等方面系统、全面的试验研究，明确了一套从原材料、混凝土级配、运输、浇筑、养护等施工质量控制制度，提高了跨海桥梁结构的耐久性设计，以满足大桥设计基准期100年的建设目标。

（3）通过海洋水文、波浪、水流对桥梁基础作用的影响分析与试验，探明了海洋环境下桥梁基础的结构受力及作用机理，从而提出了跨海桥梁基础的结构分析方法和设计理论，确保了大桥结构的安全和正常使用。

（4）东海大桥科研成果均已成功运用于工程的设计与施工中，对大桥3年内主体结构贯通，年底"桥通、港开、城用"起到了关键作用。

（5）大型预制构件关键技术、结构耐久性、消波力防撞结构等研究成果已在杭州湾跨海大桥、上海长江大桥等工程中得到推广应用。

工程已获3项发明专利申请，4项实用新型专利。相关设计关键技术使我国跨海桥梁建设水平上了一个新台阶，为我国正在规划建设的一大批长大跨江海桥梁（杭州湾跨海大桥、青岛湾跨海大桥、港珠澳跨海大桥、上海长江大桥）的建设积累了宝贵经验。

虹许路北虹路下立交工程

设计单位：上海市隧道工程轨道交通设计研究院

主要设计人：陈鸿、李美玲、王秀志、顾闻、黄巍、林涛、
蒋卫艇、袁金荣、陆明

本工程为连接虹许路和北虹路的下立交，由南向北依次穿越延安西路、虹桥路和西郊宾馆，是上海中环线西段的关键节点。本工程建设规模为全封闭双向8车道，设计车速80km/h，工程穿越虹桥路和西郊宾馆区域段采用管幕结合箱涵顶进工法施工，是我国大陆第一次采用管幕法建设的大断面城市地道，也是软土地层中规模最大的管幕法工程之一。2005年9月30日工程竣工通车。

工程南起古羊路，在延安西路南侧进入地下暗埋段，先后穿越延安西路、虹桥路、西郊宾馆、虹古路后，再由暗埋段转入敞开段，并于威宁路交叉口前接地，全长1697.217m，其中管幕段长度126m。

为避开虹桥路口ø1600雨水顶管工作井，线路平面在管幕段设置了一个大半径平曲线，管幕段结构采用曲线直做，既满足了线形要求，又减少了管线搬迁。线路纵断面在管幕段顶部预留了大于4.0m的覆土，以保证虹桥路管线和西郊宾馆古树名木不受暗挖施工影响。

建筑横断面采用双孔无中间管廊的布置型式，人员在两孔车道之间疏散更为快捷，地道宽度得以压缩减少了用地矛盾。因地制宜设置半地下的变电所和管理中心，满足了地道的功能要求，又解决了用地矛盾，管理中心区域环境优美。

穿越虹桥路和西郊宾馆区域采用管幕结合箱涵顶进方案。相比较常规的管幕工法该方案的优点是：不依赖于长距离水平土体加固技术；不会出现无支撑暴露工况；不会出现因架设支撑、换撑或拆撑作业不当引起的问题；内部结构在推进平台上整体现浇，质量有保证。

本工程管幕段总长126m，管幕钢管采用外径970mm，壁厚10mm的钢管，钢管之间采用100mm×80mm×10mm的双角钢锁口形式，钢管与工作井之间采用了特殊的连接构造，满足受力和止水要求。

管幕段箱涵外包尺寸为34.2m×7.85m，共分8节箱涵，分节长度从4~18m不等，由北工作井向南实施单向顶进。箱涵横断面角部设计成半径为400mm的圆角，箱涵底板和顶板对应管幕钢管的位置预埋了保护钢板。施工阶段在每孔中间加设了一排609钢管作为临时支撑，支撑间距3~5m。

箱涵之间的接缝采用全柔性构造，并在接缝外侧设置了一圈钢套环。在第四节箱涵和第五节箱涵之间设置了一个备用中继间，中继间接头借鉴承插式接口模式，代之以OMEGA类橡胶止水带，承插式接口钢套环与混凝土结合面设置兜绕成环的遇水膨胀的橡胶条，接头钢套环空隙处填充泡沫。

箱涵出洞口面积相当于地铁盾构出洞口面积的8.9倍。根据管幕包围条件下的受力特点，设计对出洞区域的土体强度和稳定性进行了分析，要求紧贴出洞口3m范围内采用水泥土搅拌桩加固，向外5m范围内采用压密注浆加固。

箱涵顶进采用先期完成施工的370m长暗埋段结构作为后靠，经空间结构分析，结构强度和变形均能满足总顶力280000kN的要求。

通风设计采用多点设置分布式低排风口的自然排风方案，每孔车道直通地面的低排风口总面积约330m²左右。正常交通情况下采用自然通风既能使系统简洁，便于管理；又可减少设备、土建投资及运行费用。设计考虑在管幕段进口处各设置两台ϕ630射流风机辅助诱导，通过低排风口及峒口进行自然排烟，将地道内烟雾沿车行方向从其出口处低排风口排出，以利于人员的疏散和灭火扑救。多点设置的分布式低排风口将废气分散排放或稀释，没有一般越江隧道的风塔集中废气污染源，正常运营时减少了地道内机械通风设备的运行噪声污染。

复兴东路隧道工程

设计单位：上海市隧道工程轨道交通设计研究院

主要设计人：乔宗昭、陈鸿、曹伟飚、王曦、叶蓉、黄巍、
蒋卫艇、虞锋、沈蓉

复兴东路隧道西起浦西复兴东路、光启路交叉口，沿复兴东路向东，于复兴东路轮渡站和杨家渡轮渡站码头之间穿越黄浦江，东至浦东张杨路、崂山东路交叉口，工程全长2785m。本工程建设规模为双向双层6车道，设计车速40km/h，过江段1218m采用盾构法施工，是我国第一条建成通车的双管双层盾构法越江隧道，也是世界上首条投入正式运营的盾构法双层隧道。2004年9月29日工程竣工通车。

整条隧道线形顺畅。浦西小车道岬口设在复兴东路、中华路交叉口中心线以西，先于大车道出地面。浦东小车道出口在张杨路、浦东南路交叉口以西，大车道在下穿浦东南路、崂山西路后出地面。

根据双层隧道上层车道净空高度2.6m的特点，对隧道的限高措施进行了特别的设计。以浦西段为例，在河南南路交叉口布置第一级预告标志；在光启路交叉口设置第二级预告标志，增设下垂橡胶条，上下层车道分离后布置第三级预告标志，并设置红外线超高检测仪；在隧道入口处布置第四级预告标志，并设置检查亭和信号灯。

盾构法双层隧道是对圆隧道空间利用的一种创新，设计采用以下建筑限界（单管圆隧道）：上层车道——车道宽度3.0m×2，限界宽度7.0m，通行净高2.6m，限高2.4m；下层车道——3.5m车道加2.5m宽紧急停车带，限界宽度6.75m，通行净高4.0m，限高3.8m。

上下层隧道分别设置人行横通道，圆隧道段横通道间距约400m，矩形段每隔80m设置安全门，圆隧道顶部采用防火板保护。上层隧道峒口的光过渡采用了树叶形状的钢结构遮光板，下层隧道峒口的光过渡采用了开渐变圆形透光孔的混凝土板。

隧道管理中心大楼与浦西排风塔合建，位于浦西中华路、复兴路路口，管理中心内开设了上海第一座专业博物馆——隧道科技馆，利用两层楼面建造了1:1的隧道内景仿真模型，真实再现了盾构掘进、道路施工、运营的各个场景。

圆隧道段采用外径11.0m，内径10.04m，厚48cm，C50的单层钢筋混凝土衬砌。环宽1.5m，全环由封顶块、邻接块、标准块共8块管片构成，环间错缝拼装，环面、纵缝面均设有凹凸榫槽，并以螺栓连接。设计改进了衬砌接缝弹性密封垫多孔多槽的特殊构造断面，使其回弹止水的性能更佳，密封垫表面覆盖遇水膨胀橡胶以补偿应力松弛。

上层车道采用预制钢筋混凝土板，通过"牛腿结构一次预制成型"和"预留钢筋接驳器二次浇筑成型"两种方案的试验比较，推荐采用带牛腿结构的特殊预制管片。

浦东、浦西工作井平面尺寸为36.3m×21.2m和35.9m×20.6m；底板埋深21.202m和23.352m。浦东下层隧道暗埋段与浦东南路下立交工程相交，斜交角度约87°，隧道顶板与下立交底板采用共板设计。浦西PX14段预留了规划轨道交通R4线区间隧道的穿越条件。

采用射流风机诱导型纵向通风方式，污染空气分别经隧道上下层车道峒口附近的风塔高空排放。上层车道选用ø630的射流风机居中布置；下层车道选用ø1000的射流风机，布置在圆隧道侧面防撞侧石上方的空间。

系统根据COVI分析仪的检测数据，控制射流风机的开启台数，隧道出口处的集中排风机采用动叶停机可调和台数控制，最大限度地减少运营能耗。

在工作井、浦东下层车道最低点和江中最低点各设一座废水泵房；在上下层峒口各设一座雨水泵房。全线设置灭火器箱、消火栓系统和开式水喷雾系统。

双层隧道日常管理的工作量大，监控系统设计在隧道管理中首次引进视频交通检测系统，提高了交通事件反应的及时性和定位的准确性，降低了管理人员的劳动强度。

柳州市红光大桥工程

设计单位：上海市城市建设设计研究院（中铁大桥勘测设计院有限公司合作设计）

主要设计人：周良、徐恭义、芮浩飞、傅战工、彭俊、吴刚、丁佳元、黄慰忠、张栋良

柳州红光大桥位于广西壮族自治区柳州市中心西南部，横跨柳江，南接飞鹅路立交，北接莲塘路，是柳州市内一座重要的市政桥梁。

大桥主孔采用跨度380m的单跨双铰式钢板梁悬索桥。桥面设4条机动车道和2条非机动车道，两侧各设2m人行道，全宽27.8m，设计行车速度50km/h，设计荷载城－A级。悬索桥主缆的垂跨比为1：10，上下游主缆中心相距22.8m，吊索纵向间距8.25m。主梁为国内首次采用的开口式正交异性钢板梁结构，梁高2.2m。主塔高70m基础为上下游分离式桩基，每塔共8根ø1800钻孔灌注桩，底端嵌入微风化白云岩层。大桥按百年一遇的洪水频率设计，实际达到300年一遇标准，可保证特大洪水情况下交通运行。

红光大桥在设计中采用了多项新技术：

（1）国内首次采用开口式正交异性钢板梁作为悬索桥的加劲梁。

鉴于该桥跨度不大，桥址区风速相对不高，该桥在国内首次采用开口式正交异性钢板梁作为悬索桥的加劲梁。这也是继20世纪40年代美国塔科玛板式加劲梁悬索桥风毁事故以来，国际上首次再度设计应用的桥型。

正交异性钢桥面板既作为加劲梁的上翼缘，又兼当行车道板，直接节省了加劲梁的用钢量。红光桥加劲梁

的用钢量仅342kg/m²。

开口式断面不仅省去了翼缘的用钢量，恒载也得以进一步减小，有效减轻了主缆、主塔和锚碇的负载，为红光大桥从总体上节省造价创造条件。红光大桥主桥的活载与恒载比例达到27%，造价约为8300元/m²。由于开口断面不需像钢箱梁一样保证全断面的对接精度，工艺要求因而降低，工装设备也较简单，钢梁的单价随之降低。钢板梁加劲梁可预制成件，到现场后组拼成节段，运输组拼方式灵活，不受桥址处水上运输条件的限制。钢加劲梁节段吊装上桥后，节段间对接的工作量及材料

用量也较小。

(2)国内首次采用阻尼器来控制梁端的位移速度,改善行车条件。

该桥由于全桥结构的重力刚度有所降低,梁端纵向位移的大小和速度均较大。为减小悬索桥梁端支座的磨耗,在国内首次采用阻尼器来控制梁端的位移速度。

(3)研究采用了多项抗风稳定措施。

开口式加劲梁虽然有很多优点,但由于抗扭刚度小,抗风稳定性较差。该桥在设计中通过设置中央扣索、降低人行道高度、加设裙板和取消梁底检查车永久性轨道等有效措施解决了抗风问题,其中中央扣索为国内首次采用。

(4)国内首次采用全焊接鞍座。

长期以来,大跨度悬索桥能否采用全焊接鞍座一直

是努力的方向,但因存在诸多技术难题,该技术未能得以推广。随着国内厚板焊接技术的发展,全焊接鞍座的制造技术取得突破,优势逐渐显现出来。首先,全焊接鞍座基材为焊接结构钢,允许应力较高,鞍座用钢量减少;第二,焊接鞍座较铸造鞍座轻,运输及吊装设备简单;再则机加工的工作量较小,单价低,以柳州红光桥为例,单个鞍座的最大竖向反力41000kN,预偏量0.76m,鞍座重量128kN,最大吊重93kN,钢板最大厚度60mm,成品单价为1.8万元/t。

(5)首次应用国内最高强度级别的钢丝制作主缆。

随着国内冶炼技术的不断发展,现在已可生产出的标准强度为1770MPa高强钢丝,并在红光大桥上首次应用,实用情况表明,1770MPa的高强钢丝的力学性能和经济性都很好。

(6)选用了长效的防腐材料。

针对加劲梁表面均暴露在空气中,柳州又是酸雨严重的地区,因此红光大桥主梁采用了水性无机硅酸锌作为防腐涂料。在施工中,逐步摸索出一套适合水性无机硅酸锌的涂装工艺,为广泛采用这种长效防腐涂装总结了经验。

苏州绕城高速公路(西南段)道路工程

设计单位：上海市城市建设设计研究院（苏州市交通设计研究院有限责任公司合作设计）

主要设计人：刘伟杰、周良、彭丽、宋杰、秦道标、彭俊、朱敏、陈曦、张本良

苏州绕城高速公路西南段工程地处江苏省苏州市西南部。是江苏省"四纵、四横、四连"高速公路网的完善和补充，是苏州环太湖地区"二环六射"高速公路网中的"一环二射"。该工程全长：52.5km，其中特大桥8座，大中小桥34座，通道34道，涵洞176道，互通式立交9处，跨线桥20座，人行天桥5座。总投资26.59亿元。

工程设计起止时间：2001年2月10日至2002年12月30日，竣工时间2004年10月27日。

该工程是江苏省第一条集景观、旅游、生态于一体的低路堤6车道高速公路。该工程设计有别于其他项目的创新点是设计理念的创新，对环境整治、保护与工程建设有机并紧密结合进行了卓有成效的创新思维。其设计具有如下主要特点：

(1)在西南段工程中引进创新设计理念，大胆进行了软土地基上低路堤高速公路的设计尝试，为在软土地基上设计修筑低路堤高速公路提供了新思路。该工程路基平均填高1.8m，比江苏省高速公路平均填高3.5m低1.7m。低路堤不但使道路与周边环境融为一体，同时又节约了土地资源，有利于环境保护。

(2)在西南段设计中，由于当地土源珍稀，又是旅游景观之地，设计提出利用太湖生态整治、清淤与工程建设相结合的构思，解决了高速公路建设取土困难的瓶颈制约。该举措在交通行业及国内也属首创。西南段总共于太湖取土410万m^3，避免了沿线挖废农田166.7hm^2，产生了巨大的综合效益。既节约了耕地，又改善了太湖水质和蓄水能力，对太湖地区的湿地保护起到积极作用，收到了环保整治和工程利用多赢的效果。

(3)重视设计工程项目和已形成的路网及规划道路的关系，提高使用功能。项目所在地区—苏州位于长江三角洲城市群中心位置，是交通运输系统的节点，是物流周转的中心。西南段工程连接沪宁和苏嘉杭两条高速公路。因此，在绕城公路项目设计时，从线位选定到互通设置上都全面考虑该项目在整个路网中的重要作用，起到了分流两条高速公路苏州段的流量，缓解交通压力，适应长江三角洲地区省际快速运输的需要。

由于项目所在地区为国家著名旅游风景区，因此选定的推荐方案具有"一线串珠"的效果，有效地将苏州西南区域的光福、天池山、穹窿山、西山、东山、灵岩山、石湖等景点连为一体，彰显出宽广的旅游空间。

(4)公路线位所经区域，采取有利于生态资源、自然

景观保护的防护构思。路基边坡改变原有高速公路采用固定坡率的做法,选用边坡坡率随高而变化放缓至公路界,以与原地面自然协调一致。大量采用生态防护技术代替一般设计中常用的工程防护,使其既能满足护坡固坡、防止冲刷的工程要求,又能因地制宜与周围生态景观有机结合。

(5)由于低路基易受地下水的侵害,为保证路基的强度和稳定性,在设计过程中,对沿线地质构造和地下水情况进行了深入细致的调查研究,制定了合理的路基处理和排水设计方案,从而保证了路基的强度和稳定性;该工程排水自成体系,避免污染沿线农田与灌溉系统。通过设置泵房与积水井解决了下穿通道的排水问题。

(6)在桥梁结构选用上采用了隐形盖梁和先简支后连续的桥梁上部结构形式,有效地降低了桥梁上部建筑高度,桥型在视觉上也比较轻盈美观。在跨京杭南运河桥型选用上进行了技术创新,采用独塔单索面不对称斜拉桥,其桥面行车道宽度居于国内同类型桥梁的领先水平。已竣工的该桥是苏州第一座斜拉桥,成为苏州标志性建筑之一。错墩加独柱墩形式布置桥孔,在设计中解决了斜交桥梁(特别是大角度斜交梁)结构受力复杂的问题。

上海市中环线浦西东北段工程及总体设计

设计单位：上海市政工程设计研究总院

主要设计人：赵建新、陆宏伟、王士林、章曾焕、陈雍春、董猛、
张英姿、胡嘉娣、彭铭

中环线是位于上海市中心城区内、外环线之间的一条环形快速路，是上海市区又一条交通大动脉，具有分流内环线和外环线，均衡路网流量，减轻中心城区道路交通压力的功能。本次实施的中环浦西段长度为38.2km，按城市快速路标准建设，两侧设有辅道或地面道路，有高架、地道、地面三种敷设方式，集交通、景观、环保功能为一体，是迄今为止本市中心城区内一次建设规模最大、里程数最长、车道数最多的道路项目。

中环线浦西东北段线路走向为汶水路－邯郸路－翔殷路，具有环路和两端连接高速公路切向线的双重交通功能。路线长度14.78km，其中高架道路长12.48km，地道快速路1.29km，地面快速路1.01km。包括沪嘉立交、共和新路立交、大柏树立交、军工路立交4座互通式立交和1座五角场分离式立交。东北段工程共分8个施工标段，于2003年4月1日开工，于2005年12月31日—2006年6月13日陆续竣工并交付通车使用。

中环线工程在上海市总体发展战略思想的指导下，从方案论证、规划路线选线、到建设规模、建设标准确定等，工程建设体现了精品意识。其主要特点如下：

（1）理念先进、成果创新，科研获国内领先水平。第一，从城市道路系统要求确定中环路的功能定位和建设规模，立交选型符合环线特点和路网功能，使中环的性价比达到最优。第二，注重市政设施与交通管理、沿线枢纽规划的结合，提倡集约化理念，按照交通设计理论和方法确定工程总体和细部设计，全面提升道路功能，使工程方案具有前瞻性。第三，工程方案根据沿线环境和道路用地条件，分别采用了高架、地道、地面三种敷设方式，加快了工程建设进度。

（2）针对工程标段划分多的特点，充分发挥总体设计的作用，根据道路的服务对象提出技术标准，编制设计原则总纲，承担中环全线的线路走向、总体方案、结构选型、景观细部、科研课题、总体会审、技术审图、汇报汇总、相关管线、照明、绿化、监控、交通组织、关联和配套工程等方面的工作，统一和协调各标段施工图设计，在工程建设过程中很好地把握总体设计关，配合与协助业主做好各阶段的设计工作。

（3）抓住中环线交通设计的关键点，合理高架与地面交通组织；快速路建设规模结合不同路段的流量和功能要求，首次提出采用"基本车道数＋辅助车道"的设计方法，保证了主线车道数的连续和平衡；匝道按"先出后进"的要求设置，有效避免了现有高架"并板段"交通瓶颈现象，并注重匝道间距、地面道路衔接、通行能力匹配等要求，有效避免匝道交织、拥堵现象发生。

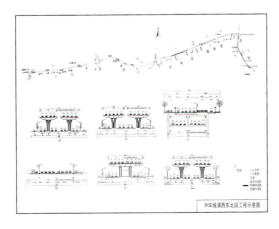

中环线浦西东北段工程示意图

(4)首次在快速路车道宽度设计中提出3.25m的技术标准,与中环线作为城市客运交通功能定位一致,将工程设计与交通管理有机结合,具有创新和节约意识,达到了安全、效率、经济最优化目标。节省工程费约2.6亿元,减少征地约2.6hm^2,在一定程度上缓解了道路与城市土地资源紧张的矛盾。

(5)本市首条大规模利用再生沥青新技术的工程项目;快速路采用SMA改性沥青路面,具有降噪和抗车辙功能;排水设计广泛采用新型管材、柔性接口、防沉降井盖、防盗型钢纤维井盖等新技术、新材料。

(6)、桥梁布置强调环境和景观结合,采用独特的弧形连续箱梁以及圆形立柱结构的形式、新型钢支座以减小支座尺寸、塑料波纹管以减少钢绞线用量、排水管埋入箱梁及立柱内等上海首创新技术,并注重高架墩柱高跨比、高架过渡段、防撞护栏、绿化槽、声屏障、灯杆、滴水槽、地道洞口、外饰面等细部设计,确保了中环路总体景观效果。

上虞市三环曹娥江大桥工程

设计单位：上海市政工程设计研究总院

主要设计人：马骉、葛竞辉、吴忠、林志雄、袁胜强、翁思熔、
徐激、刘涛、朱廷

曹娥江大桥是浙江上虞市城市主干线三环过曹娥江的重要结点工程。桥址区曹娥江为感潮河段，潮汐呈不规则半日潮型，堤岸宽约520m，主河槽宽约250m。设计车速60km/h，设计荷载：汽车－超20级，人群3.5kN/m^2。大桥于2005年底竣工通车。

主桥结构形式为三跨部分预应力混凝土双塔双索面斜拉桥，斜拉桥跨径布置为60m+110m+60m，总长230m。结构采用梁塔固结体系，桥墩处梁底设钢支座。

斜拉桥主梁采用双箱梁布置，每个箱梁索面中心处标准梁高2.6m，主塔处梁加高至3.2m。双箱梁顶宽48m，单个箱梁底宽12m。两个箱梁间纵向每4m设一道横隔梁。箱梁混凝土C50。箱梁间用横梁连接，桥面布置为4.0m人行道＋4.5m非机动车道＋3.0m塔柱布置区＋2×12.5m车行道＋3.0m塔柱布置区＋4.5m非机动车道＋4.0m人行道，总宽48.0m。主跨宽跨比为1/2.29，边跨宽跨比为1/1.25，结构采用空间三向预应力设计及整体计算分析技术；单侧箱梁上斜拉索单索面布置，采用钢绞线

型斜拉索，正常使用状态下单根最大索力达800t，斜拉索锚固在箱梁顶板上。

桥塔为四个独立式V形构架，横桥向两个塔柱中心距28m，桥面采用48m宽度整体式布置。V形构架塔柱断面为矩形混凝土实体截面，桥面以上塔柱高度约15m。两个

塔柱间采用混凝土隔板连接。塔柱为钢筋混凝土构件，隔板为预应力混凝土构件（C50）。V形构架，造型独特，国内首创。

桥梁横桥向斜拉索采用双索面布置，纵向每个主塔共布置7对斜拉索，斜拉索主梁上索距4.0m，斜拉索采用钢绞线型拉索，斜拉索规格为15-43～15-61。斜拉索在主塔上连续通过，塔柱及隔板内采用单套管形式锚固——单钢管，钢管内钢绞线带PE护套集束布置及相关技术，为国内首次采用，构造简洁、造价较低，方便更换；在主梁内采用混凝土锚固块锚固在箱梁顶板内。

主墩及边墩采用两个分离式桥墩，每个桥墩为整体式墩。主墩基础采用φ1800钻孔灌注桩，边墩基础采用φ1200钻孔灌注桩，以微分化基岩作为桩基持力层。主墩每个箱梁下在边腹板及箱梁中部设三个钢支座，边墩每个箱梁下在边腹板设两个钢支座。

A2（沪芦高速）公路南段工程

设计单位：上海市城市建设设计研究院

主要设计人：徐一峰、童毅、郭卓明、徐宏跃、周振兴、王堃、何晓光、徐瑞倩、黄慰忠

A2（沪芦高速）公路是连接洋山深水港、临港新城和上海中心城区之间的一条快速干道，全长约42.3km，分南、北两段工程。本工程长度7.59km，双向6车道，设计车速80km/h，设A2-两港大道枢纽型组合立交1座，临港新城主城区定向匝道1对，五尺沟大桥1座（主跨105m），跨河中小桥7座，3孔11道。

南段工程自2002年4月开工，2005年12月建成通车。

为满足区域发展功能，本工程的总体设计根据临港新城的城市规划的提升，经过及时调整，确定建设规模由原双向4车道调整为双向6车道，预留远期双向8车道实施条件。A2-两港大道立交设计结合两港大道—同盛大道菱形立交建成枢纽型组合立交，功能完整，消除主线交织，设计标准较高，能够适应港城、深水港和物流园区集疏运交通在该节点的转换和发展。设计中，坚持A2为主线方向，采取右进右出定向匝道方案，妥善解决港城主城区与A2的衔接，既确保了A2主线功能，又满足了主城区的较高的出入要求。在设计五尺沟大桥纵断面时，根据港城航运规划及时调整，既满足了内河集装箱运输规划三级航道要求，又适应未来发展需求。

本工程通过设计优化，降低工程实施难度，节约土地资源，节省工程投资。对线路走向进行优化后，避免了横港路段的动拆迁。经过平面线形优化，五尺沟大桥的斜交角度比规划线位减少5°，缩短了主桥跨径。A2-两港大道枢纽型组合式立交经过方案调整后，功能增加但用地规模还比原设计减少，用地紧凑。

设计中，特别重视路基路面隔水、排水处理，重点消除桥头跳车，建立综合、完善的隔水、排水系统，有效减少路基路面水损害。据市公路处对全市高速公路的路况分析，是上海目前唯一一段基本没有桥头跳车现象的高速公路。

为配合东海大桥设计标准，本工程中的桥梁设计荷载选择重车密集布置，保证集卡密集通行，具有特殊性。为节约工程总投资，在A2-两港大道立交的部分流量较小的匝道中选择常规的汽-超20级汽车荷载进行设计。

大跨桥梁选择桥型经济合理，并具有较高技术含量。五尺沟主桥采用下承式系杆拱桥，桥梁结构高度低，最大为1.6m，比此类跨径通常采用的连续梁桥（梁高5.8m左右）大大降低，所节约的工程总造价相当可观。为满足Ⅲ级航道通航要求，五尺沟大桥主跨名义跨径达到105m（计算跨径100m），设计中采用了比较新颖的钢管混凝土系杆拱桥的结构形式。桥梁采用先拱后梁无支架施工方法施工。在桥梁设计的同时有针对性的立项进行科研，保证施工以及运营过程中的安全可靠。

桥梁结构选择还充分兼顾其安全性、经济性、施工方便与景观要求，达到总体效益最大化。两港大道立交为枢纽型全互通式立交，桥梁根据景观要求不同与受力性能的区别，分别采用现浇箱梁与预应力盖梁等结构，做到经济性与总体效果的最佳结合。如跨两港大道的跨线桥在主跨位置上车流量较大，因此选择外形较佳的现浇预应力钢筋混凝土连续箱梁，而在其余则选择空心板梁结构。

交通监控系统采用简易主线控制和诱导交通监控模式，立交绿化提出"以绿养绿"设计思路，在保证景观效果的同时，使立交绿化和生产苗圃相结合的高速公路立交绿化建设新模式。

五洲大道（浦东北路—外环线）工程

设计单位：上海市政工程设计研究总院（上海浦东建筑设计研究院有限公司合作设计）

主要设计人：陈红缨、王士林、孔庆伟、袁慧芳、凌宏伟、汪罗英、张晖、谢涛、陆惠丰

五洲大道作为上海市城市骨架路网规划"三环十射"的重要组成部分，是浦东新区东北区域唯一一条城市快速路，同时又是贯穿上海市北部地区沪嘉高速－中环线高架－翔殷路隧道－五洲大道－沪崇长江桥隧工程快速走廊的重要组成部分，连通上海的长兴岛、崇明岛和江苏苏北地区，组成我国东南沿海的一条快速通道，承担着浦东新区对外交通功能。

五洲大道（浦东北路—外环线）工程西起翔殷路越江隧道浦东出口，东至外环线接郊环A30工程，道路全长7.09km。沿途经过外高桥功能区的高行镇、高东镇。道路等级为城市快速路，设计车速80km/h，规划红线宽度80m，采用全封闭、全立交，主线为双向8车道，局部路段设地面辅道。全线由地面道路、地道、高架、立交组成，共设互通式立交5座（自西向东分别为浦东北路简易互通式立交、张杨北路下立交、杨高北路互通式立交、申江路－日樱南路组合式立交和外环线互通式立交），有中小桥6座，人行天桥2座，立交和高架等桥梁结构占全线总长的60%，附属工程有排水工程、雨水泵站、道路绿化、监控、交通安全设施等。

工程设计积极响应国家建设资源节约型、环境友好型社会的战略目标，提出了建设"生态环保、绿色科技之路"的设计理念。应用了废橡胶路面、排水性路面、雨水回收利用、绿化防尘、降噪等多项绿色环保措施，体现了道路建设的生态性、环保性。立交采用的梁底呈"飞雁"型的弧形箱梁上部结构，造型新颖，形成较好的视觉效果，并在立交两侧设置绿化槽，使绿化植物与

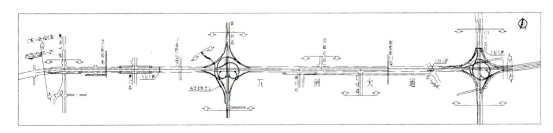

钢筋混凝土结构融为一体。同步实施声屏障，减少道路噪声对周边环境敏感点的影响。高桥港泵站内设置污水泵，对初期雨水及交通事故毒物污水进行截流。

针对重交通量大、地下水位高和软土地基的不利建设条件，采用多种新技术、新材料，形成独特的路基、路面一体化结构设计，全面提高道路路基强度和路面性能。采用水泥稳定碎石基层，提高基层强度，减少路面裂缝。采路面用沥青混凝土新技术，对沥青混凝土路面面层进行优化设计；主线车行道路面面层采用4cmSMA13+6cmsuper19+8cmsuper25+1cm稀浆封层。桥梁及地道的沥青铺装结构层采用了0.5cm的同步碎石防水层，减少桥面沥青混凝土路面的反射裂缝。对高路堤和中央分隔带的排水采用综合排水系统设计，有效降低地下水位，快速排除6m中央分隔带内路基水；一般路段上路床采用30cm石灰土处理，填浜及大于2m填方路段采用二灰填筑。

由于建设周期紧，提出多种桥台后接坡段关键技术的综合处理方案。特别对动拆迁困难，处理时间不足和无法施工的路段，采用水泥搅拌桩＋EPS轻质材料＋台后搭板相结合的综合处理，减少桥头沉降。

在施工过程中，采取根据相交道路等级和沿线用地性质，合理确定道路建设规模和立交规模；优化沿线水系方案，方便桥梁布跨，提高水面率，美化环境；主线大规模采用高架空心板梁；雨水泵站采用潜水泵及自动化控制系统，减少施工周期，降低土建投资及占地面积等措施，控制工程投资，降低造价。

本工程翔殷路越江隧道浦东出口至浦东北路段于

2005年4月18日先期开工，2005年12月28日通车，其余路段2006年7月开工，2006年12月底全线竣工通车。五洲大道的建成，标志着上海中心城"三环十射"道路交通骨架网络系统的"十射"部分基本建成。

上海市中环线五角场立交工程

设计单位：上海市政工程设计研究总院

主要设计人：马珏伟、陆宏伟、王士林、李明娟、沈维芳、
　　　　　　职洪涛、田为哲、马晓雯、徐城华

上海新一轮城市总体规划中，将中心城划分为四大片区，每个片区内设置一个市级公共活动中心——城市副中心，江湾—五角场副中心为其中的副中心之一，承担上海东北地区城市公共活动中心的功能。该交叉口为5岔路口，其中翔殷路—邯郸路为城市中环线一部分，区域发展的南北轴；黄兴路—淞沪鲁为城市内环线的切向放射线，区域发展的东西轴；而四平路上上海市区骨架路网"三纵三横"中三纵东线，该交叉口具有十分重要的交通功能。根据五角场城市副中心的规划及杨浦区商业规划，五角场交叉口还将作为一个市级商业中心的"龙头"向周围辐射。所以该交叉口不但具有集散交通作用，又同时具有强大的商业功能，如何将两者有机结合是设计该交叉口的关键。

为满足该交叉口交通、商业并举的特点，达到疏解交通、发展商业、改善环境的目的，设计采用简化立交型式，分层次解决交通问题的总体构想，将交叉口平面立体化。具体为：主要交通采用跨线桥或地道形式；次要交通采用地面环岛结合路网；行人等慢行系统采用地下通道结合环岛。

根据这一构想，五角场立交设计方案为：立交西面接中环线邯郸路地道下穿国定路后，出地面直接采用跨线桥（双向8车道）形式跨越五角场环岛与国和路后，落地接翔殷路地面快速系统。邯郸路—翔殷路跨线桥最大纵坡为4.8%，跨线桥结构形式采用钢梁+小箱梁形式，其中最大跨径为58m的钢梁，桥宽为31.66m，最高点标高为13.55m，桥梁总长为985m。黄兴路—淞沪路采用下穿地道形式穿越五角场环岛与下沉式广场。黄兴路、淞沪路地道的最大纵坡（由于受交叉口及下沉式广场的标高控制）为4.5%，结构形式为一箱二室双向4车道，地道宽为20.7m，最低点标高为-8.00m，暗埋段为320.2m，地道总长为620m，考虑到与M1轨道线交叉的不确定性因素，地道维护结构采用SMW工法。五角场环岛采用长轴为100m、短轴为80m的椭圆环岛，地面环形行车道为5车道，总宽为20m。为提高地面环岛通行能力与彻底解决人车分离的要求，利用椭圆环岛地下空间形成下沉式广场，同时设置5个人行地道（设有自动扶梯），将行人从各自路段上引入下沉式广场，以解决人车干扰。下沉式广场由地下挡土墙与盲沟江水系统组成，外围采用隔水帷幕以解决江水带来的问题；人行地道采用钢筋混凝土箱室，净宽为8m，净高为2.3m，覆土考虑环岛的路面结构约70cm。下沉式广场地坪标高为0.2m，地面标高为4.3m，广场内除布置地道广场泵站、变电站外，主要以景观、绿化为主，适当考虑一些便利设施，以适度吸引、服务行人。考虑到中环线全线禁止非机动车通行，四平路作为"三纵三横"中三纵东线也是禁止非机动车通行，故非机动车将不引入五角场地区，通过外围保护壳（国定路—国和路—政通路）进行沟通，并且在保护壳范围内设置一些临时非机动车停放点，便于区内居民的出行。

考虑到五角场交叉口为中环重要节点，根据中环线总体布置，在五角场地区布设了进出匝道，以利于中环快速系统中车辆与五角场地面系统联系。匝道总体方案为：在国定路的西侧环内，设置一单车道出匝道；在国和路（翔殷路北侧）设置一单车道入匝道，使地面系统能与中环系统相连。

翔殷路越江隧道工程

设计单位：上海市隧道工程轨道交通设计研究院

主要设计人：曹文宏、杨志豪、贺春宁、王曦、郭志清、金秋雯、朱敏、孟静、蒋卫艇

翔殷路隧道工程是上海市大型市政项目。工程起自浦西翔殷路，终至浦东五洲大道，为双向4车道盾构法隧道。2003年6月设计，2005年12月竣工。设计中本着科技创新、经济合理、安全可靠的原则，进行精心设计，并采取了一系列创新措施，取得了良好的经济、社会和环境效益，设计上总体达到国际先进水平，工程验收达到优良级。

隧道内径为10.4m，其断面分为上、下两层：上层公路层隧道，顶部为设备安装空间，车行右侧布置设备箱孔；下层为安全通道和电缆通道。暗埋段横断面侧为两孔一管廊形式。在隧道段设两条南线、北线之间的连接通道，将隧道分为3段，每段长度约为400m左右。紧急事故工况下，乘行人员、救援人员除可通过安全口经逃生滑梯至车道下的安全通道（安全通道与工作井疏散楼梯相连）外，还可通过连接通道进入相邻隧道，从而确保人身安全。暗埋段隧道两车道孔中间每隔80m设有紧急疏散安全口。遇紧急事故工况时，乘行人员、救援人员由此进入相邻隧道。在国内首创的隧道内逃生滑梯，根据1：1模型试验结果，进入滑梯下至安全通道每人用时约3秒，比下行楼梯可以节省一半的时间。

本工程利用管片错缝拼装的特点，采用旋转管片的方式，靠楔形量的变化来模拟不同的竖曲线变化。衬砌结构分块及环间均采用弯螺栓连接，减少了手孔尺寸，减少对手孔部位结构厚度的削弱。通过衬砌结构的优化，衬砌厚度减薄到48cm，衬砌环宽从1.0m增大到1.5m，技术、经济效益明显。江中段道路板结构采用现浇结构，具有较好的整体刚度。

隧道浦东、浦西工作井埋深约22.4m，采用地下连续墙作围护，并考虑与相邻暗埋段同时施工。工作井基坑采用明挖法施工。支撑体系采用4道钢筋混凝土支撑（其中第一、二道支撑与井内上、中框架合二为一）加一道钢支撑。设计中工作井500mm厚内衬墙采用半逆筑方案，与围囹同步实施，加强了井内整体的支撑体系刚度，较好地控制了工作井基坑开挖期间的变形。

为了防范丁二烯气体进入隧道后造成的危害，隧道内首次采用了泡沫—水喷雾联用灭火系统，该系统前期喷射3%浓度的泡沫混合液22分钟进行灭火，后期喷雾冷却防止复燃。该系统相比水喷雾系统，可将冷却防护功能提高到灭火功能。

隧道入口段采用混合光过渡方式，降低入口加强照明亮度标准及配置功率；中间段照明设置一般及节电两种，便于隧道车辆在低峰时段对照明亮度的控制；照明隧道入口及出口设置全自动调光装置，可根据外界天气状况，进行适时控制；安全疏散标志选用低能耗的LED光源，节能约60%。

重庆鸡冠石污水处理厂工程

设计单位：上海市政工程设计研究总院

主要设计人：张辰、顾建嗣、王宇尧、杨玉梅、王瑾、贺伟萍、赵海金、陈忠、杜炯

重庆鸡冠石污水处理厂工程设计规模旱季60万m^3/d的二级生物处理，雨季135万m^3/d的一级处理及污泥处理。该工程是世界银行和日本协力银行共同贷款的三峡库区水质保障的重大市政工程，污水处理采用厌氧、缺氧、好氧除磷脱氮工艺，达到国家一级B标准，为防止水体富营养化，总磷考虑一级A标准；污泥采用机械浓缩、厌氧中温消化、机械脱水后外运处置，污泥气综合利用，并有再生水利用设施，体现水资源循环利用理念。该污水处理厂全面达到了国家城镇污水处理厂污染物排放标准（GB 18918-2002），为目前国内最大的污水脱氮除磷处理、污泥消化稳定的污水处理厂。鸡冠石污水处理厂占地39.5hm^2，预留远期工程占地7.2hm^2，共占地46.7hm^2。工程投资约8亿，于2003年12月开工建设，2005年底通水。

该工程特点如下：

(1) 采用先进的多模式A/A/O工艺

选择工艺可靠运行灵活的多模式A/A/O工艺，达到较高的污水排放标准，在反应池中布置不同的进水点和不同的进泥点，可以按照常规A/A/O、倒置A/A/O、阶段曝气等多种模式运行，增强了工艺的灵活性。

(2) 采用切实可靠的除磷技术

为满足出水磷指标达到0.5mg/L的一级A标准，采用化学除磷设施，在工艺方案中采用前置投加、同步投加和后置投加工艺比较，保证出水总磷达标排放。

(3) 采用污泥气综合利用技术

污泥消化产生的污泥气综合利用，带动3台沼气鼓风机为生物反应池供氧，每年可节约运行费1012万元，体现了节能降耗原则。

(4) 充分利用地形，节约投资降低运行费用

平面布置中巧妙利用原有山坡地形高差达110m的特点，采用阶梯形布置，使预处理区、一级处理区、二级处理区和污泥处理区处于不同的标高，在保持土石方平衡的同时，减少了进水泵提升扬程，节约建设费用，降低运行成本。

(5) 采用国内最大的蛋形消化池技术

污泥消化采用大型预应力混凝土蛋形消化池，单池体积达12000m³，为目前国内最大的蛋形消化池，直径24.8m，池高44.6m，且通过科研采用预应力新技术，节约工程建设费用。

(6) 消化池基础结构支承充分利用场地的岩石地基，减少地基处理费用，降低工程造价。

嘉兴石臼漾水厂扩容工程

设计单位：上海市政工程设计研究总院

主要设计人：沈裘昌、许嘉炯、雷挺、肖敏杰、黄雄志、王纬宜、孟伟杰、张晔明、郑毓佩

嘉兴市石臼漾水厂设计总规模为25万m³/d，本次扩容工程8万m³/d，预处理、常规处理、深度处理，其中深度处理采用臭氧活性炭处理工艺，主要构筑物包括预臭氧设施、中置式高密度沉淀池、瓷砂翻板滤池、臭氧接触池、活性炭滤池等。该工程设计主要特点：

针对嘉兴地区地表水源为劣V类水的现状，结合我院和各科院研究所多年研究成果，经多方充分论证，确定预处理、加强常规处理、深度处理和紧急处理措施共四道净水措施，通过先进的工艺和经济的成本投入，将现有地表水源处理成优质饮用水，成为新工艺、新技术和微污染水处理的示范工程。

吸收再创新开发全新工艺在选择具体工艺时，力求在吸收国内外先进技术的基础上有所创新，整套工艺中中置式高密度沉淀池为我院首创，获得上海市科技发明三等奖；序批反冲洗组合滤池为我院首次设计；臭氧－活性炭深度处理工艺中首次增加催化氧化措施以提高系统COD去除能力；整套工艺体现了资源节约和环境友好的宗旨。

为将风险控制在合理的范围内，针对水源水质和采取工艺进行仔细研究和大量的试验，并在设计过程中多次组织专家对采用工艺和设计参数进行研究讨论，不断改进。在选择工艺参数时仔细研究，并在设计中采取措施提高系统的可调节性和适应性。

水源保护和环境保护体现生态性，要旨为保护和进一步改善水源水质，除了将水源新塍塘改为专用取水河道外，目前正在河道上游实施水源生态湿地治理工程，力求进一步改善水质；厂内建构筑物布置和采用材料力求体现时代性和生态性的统一。

靠通过先进的工艺以及多种混凝、助凝和氧化药剂的组合投加，扩容工程将劣V类原水处理至出厂水水质达到卫生部新颁布的生活饮用水卫生规范的出厂水质标准，且其中中置式沉淀池出水浊度达0.8NTU以下，出厂水浊度达0.1～0.2NTU，COD、铁和锰等原水超标严重的指标也降至令人满意的程度。

主要机电设备采用高标准高效节能型中置式沉淀池的污泥回流螺杆泵和提升搅拌机均采用变频电机；二泵房电机采用高效节能型，并采用变频和软启动器启动，取得了良好的节能效果。

全厂自动控制系统分为二级控制，采用集中式DCS系统，在实现先进工艺控制功能的条件下，实现了现场无人值守，中心控制室统一管理的高效运行管理模式；

水厂平面布置充分考虑场地东西向狭长且有高压走廊横贯东西特点，紧凑合理，功能分区明确，兼顾近远期发展，用地指标比较节省，体现环境协调及人性化设计特点；高程布置充分考虑各构筑物所需水头损失和构筑物间连接管道的水头损失，合理控制并留有一定余地；

构筑物设计优化组合采用复合地基用于水池结构，与纯桩基相比，工程投资可节约40%，经济效益明显；

设备选型经济合理为节能和控制投资，经过充分论证，根据不同工况条件选择设备。二泵房的电耗约为350kWh/(km³·MPa)，节省能耗效果明显。

设计总结形成自主知识产权产品在设计研究过程中及时总结，申请了中置式高密度沉淀池和组合滤池等3项发明专利和新型布水布气系统一项实用新型专利，后者已授权设备商合作生产，成为优势竞争力的定型产品；

设计后研究成果显著工程投产后继续开展研究工作，研究成果"新型中置式高密度沉淀池的开发与应用"，经过包括工程院院士在内国内权威专家组评审达到国际先进水平。

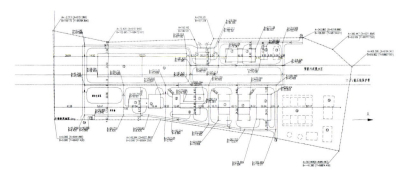

一等奖　上海优秀勘察设计

上海老港生活垃圾卫生填埋场四期工程

设计单位：上海市政工程设计研究总院

主要设计人：王艳明、方建民、杨新海、兰吉武、姚有朝、蔡伟、卢成洪、王萍、徐兆东

上海老港生活垃圾卫生填埋场四期工程位于上海市南汇区老港镇东，"七九"塘外的东海（长江口）滩涂边，距市中心约60km。设计处理规模4900t/d，设计总库容约为2556.8万m^3，占地面积约102.5hm^2。填埋场设计使用年限20年。根据初步设计批准的概算，老港填埋场四期工程总投资：89923.98万元，其中第一阶段工程总投资：62908.00万元，其中工程费用为47630.00万元。

老港生活垃圾卫生填埋场四期工程作为国内规模最大的滩涂型填埋场，在多方面取得突破性进展。

(1) 老港前三期工程，受制于地基承载力的影响，填埋堆体厚度平均仅7m，最大填埋堆体厚度仅12m高，空间利用系数较低，而四期工程通过将填埋作业工艺与地基处理有机结合，确保填埋堆体厚度平均达到37m，同传统填埋工艺技术相比较，空间利用系数增加至原来的5倍多，显著提高单位面积库区的库容，这对土地资源宝贵、填埋场选址日益艰难的上海来说，具有显著的经济效益与社会效益。

(2) 填埋场分期建设、动态开发，建设与运营有机结合，整体提高填埋场建设水平。充分考虑填埋场工程的动态特点，填埋场工程不能被简单地看成是在短期内就应一次性完成库区工程建设的静态工程，而应是一项在时间与空间上均不断拓展与变化的动态工程，直至整个填埋服务期。在此基础上，结合垃圾填埋规模，拟定了合理的填埋场库区发展规划和分期实施计划，土建工程分期实施，最大程度减少废弃工程，减少工程一次性投资费用，有效提高资金利用率和降低垃圾填埋处理的运营管理费用。

(3) 采用创新的渗沥液收集与导排工艺：针对平原型填埋场渗沥水导排难题，充分结合场址水文地质条件，构筑"人工的"独立水文地质单元，对地下水和渗沥水进行有效的收集；填埋库区各单元设有独立的地下水与渗沥液导排系统，各单元衔接具有可靠的雨污分流措施，从根本上实现有效的雨污分流，有效减少渗沥液产生量。库区渗沥液抽排采用直接敷设于水平防渗系统之上的侧管井，侧管井是由水平段和斜管段HDPE管焊接形成的柔性结构，可同库区水平防渗系统相协调，从根本上避免了传统导排方式因不均匀沉降对防渗衬垫系统的破坏，同时侧管井内放置带滑轮的潜污泵，潜污泵沿斜管和水平管段均可滑进、滑出，有利于运营与维护。

(4) 库区地基处理方案经济合理有效：为满足滩涂地基条件下的高维填埋技术的应用，将填埋作业工艺同环境岩土工程技术有机结合，根据垃圾填埋场的分期建设和分级填埋特点，垃圾填埋发展的过程正是对地基土逐步加载预压的过程，对软土地基大面积堆载而言，实现高维填埋的关键是要控制垃圾荷载作用下地基土的强度，随时间的增长应满足下一级垃圾荷载所需要的强度。首次将土体固结理论和不排水强度增长理论应用到软土地基垃圾填埋场实际工程中，对分级填埋荷载作用下软土的排水固结效果进行了分析计算，计算分析的结果作为指导垃圾填埋场的高维填埋作业的重要依据。结果表明：在软土地基中打设竖向排水板后，大大缩短在垃圾荷载作用下土体的固结时间，从而使得土体的强度增长超过垃圾荷载产生的附加应力的增长，有效地解决了软土地基承载力不足引起的稳定破坏问题；通过合理控制分级填埋加载，可最终实现高维填埋的设计理念。

(5) 采用现代化填埋气收集与发电利用系统，实现填埋气资源化回收利用，有效减少温室效应。在老港生活垃圾卫生填埋场四期工程中，首次完成了特大规模的填埋气收集与发电系统工程的设计。发电厂厂房土建设施一次性规划实施，发电设备近期按照填埋气处理能力为5100m^3/h配置两台套装机容量分别为1025MW的内燃式发电机组，远期预留安装12台套内燃式发电机组。该工程由填埋气收集系统、处理系统、排气系统、冷却系统、车间通风系统等五个系统组成。

工程设计中大量采用"四新"技术，引入"以人为本"的设计理念，采取全方位的环保措施，对填埋场中固、液、气实施了有效的管理，满足各项环保标准要求，取得了令人满意的效果。

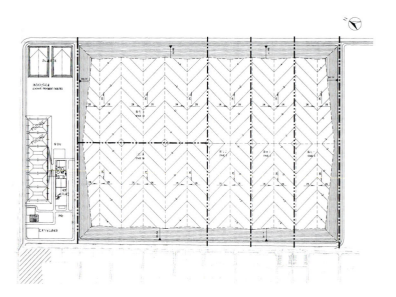

一等奖　上海优秀勘察设计 2007

无锡市城市防洪江尖水利枢纽工程

设计单位：上海勘测设计研究院

主要设计人：陆忠民、石小强、孙卫岳、朱丽娟、胡德义、
　　　　　　张政伟、阮巧根、胡晓静、徐立荣、黄支明

仙蠡桥水利枢纽位于无锡市南部梁溪河与京杭大运河的交汇处，规模为无锡市城市防洪八大枢纽之首，工程等别为I等，总投资2.37亿元。整个工程由南、北枢纽和穿运地涵组成，南枢纽位于京杭运河的南侧，由两座净宽20m的节制闸和过流能力为30m³/s的穿运地涵南涵首组成。北枢纽位于京杭运河的北侧，由一座净宽16m的节制闸、一座排水流量为75m³/s的泵站和穿运地涵北涵首组成。仙蠡桥水利枢纽的主要功能为防洪、排涝、航运和引清水改善城市水环境。工程于2004年3月开工建设，2006年6月通过竣工初验。

工程总平面布局以穿运地涵轴线布置为突破口，同时兼顾南、北枢纽的建筑物布置及减少拆迁，使穿运地涵从仙蠡桥主跨桥墩中间通过，地涵轴线顺直，水头损失小。

北枢纽节制闸单孔净宽16m，采用水下卧倒门，液压启闭机操作。闸门铰接在河床底部的铰座上，通过液压启闭机驱动闸门支臂绕铰座的铰轴转动启闭闸门。

泵站选用5台单泵流量15m³/s的立式轴流泵，采用钟形进水流道配箱形出水流道，对水泵进口部分的喇叭口、导流锥、流道后壁等关键部位进行了形线优化，有效降低了进水流道喇叭管附近的高度，压缩出水箱形流道高度，抬高了泵房底高程，减少了基础开挖。

泵站深基坑围护采用钻孔灌注桩，加护面板改造后作为北枢纽的永久翼墙，有效降低了工程造价，加快了

施工进度。基坑外翼墙墙后设置降排水系统，降低了墙后地下水压力，减小了结构断面。

泵站采用直接供电、直接启动方式，减少了电压等级，降低了电能损耗。主电机采用10kV同步电动机，以适应主泵低转速的需要，并减少了无功容量和电机启动对电网的影响，减少了减速设备和补偿设备，满足当地供电部门对启动和功率因数的要求。

南枢纽东、西节制闸单孔净宽均为20m，采用水下卧倒门，施工期间梁溪河有通航要求，故南枢纽采用分期导流施工。在结构布置上充分考虑了永久结构和临时围堰相结合，利用隔流墩作为二期围堰的一部分，节省了工程投资。

穿运地涵轴线总长796.3m。顶管段采用三根大直径、长距离顶管，外径4.16m，顶进距离525m，规模为目前国内水利工程中最大。顶管需穿越南枢纽临时土围堰、大运河、仙蠡桥、北枢纽临时围堰及一根直径为1.2m的污水管道。施工中，三根顶管同时顶进，在顶管史上绝无仅有。顶管内排出的泥浆采用固化技术处理，用作南枢纽翼墙后的回填料，变废为宝，节约了工程投资。穿运地涵内铺设了冲淤管路，可定期进行淤积清理。

枢纽采用最先进的计算机监控系统，监控系统可按远景需要进行扩展。

枢纽建筑设计风格现代、大气。北枢纽主、辅厂房外墙采用大面积银灰色热反射玻璃幕墙，银灰色外墙铝塑板，格调高雅。曲线的灰绿色铝塑板屋顶，极具韵律感。与之呼应的弧形架构与闸桥连为一体，整体造型美观、富有现代感。南枢纽工作桥上的弧形钢栏杆，既挺拔又玲珑剔透，与北枢纽的闸桥遥相呼应。管理楼标识符号、装饰材料同北枢纽格调一致，与南枢纽咫尺相望，相映在绿浪和水波之间。

苏州河中下游水系截污工程

设计单位：上海市城市建设设计研究院

主要设计人：陈书玉、励建全、孙家珍、沈建群、周国明、
张广龙、汪惕印、杜燕、庄子帆

苏州河中下游水系截污工程是苏州河环境综合整治二期工程子项目之一，是苏州河环境综合整治一期工程的延续，也是市政府新三年环保行动计划中水环境治理的标志性工程。工程的范围：北起蕴藻浜，南至淀浦河，西以青浦区为界，东到黄浦江边，服务面积525km²。

苏州河中下游水系截污工程主要设计内容为：污水泵站、污水截流设施、污水管、截流管、合流管、雨水管、直排水体收集管及收集管所涉及的市政排水系统空白区的污水截流设施的建设、污水泵站内除臭装置等。

本工程新建污水泵站10座；新建污水截流设施2座；埋设排水管约112km。工程自2003年开工，2005年底竣工。工程总投资10.8亿元。

本工程的特点是面广、点多、分散，为了截流地区直排水体的污染源和收集城乡结合地区新产生的污水量，本设计在深入调研的基础上，对系统总体布局、污水出路、管道走向、污水量的计算等进行了优化设计，取得了明显的工程效果。

该工程设计为嘉定江桥地区解决了历年来遗留的污水无出路的问题，也为南翔地区的污染源截流和污水输送创造了有利条件，对市中心地区历年来遗留的老大难工程进行了梳理，并进行了拾遗补缺，完善了江湾地区、彭浦新村、三门路地区、铜川和云岭地区的污水收集系统和截流设施功能。

污水泵站设计采用新型的、低噪音的潜水泵，取消压力井上部的透气管，而是在出水压力井的顶端开一放气孔，与集水井通相，该孔的作用有两个：一个作用是压力井的上部气体可通过该孔进入集水井，与集水井臭气一并处理；另一个作用是为防止道路污水冒溢，当外水位高出设计水位时，可通过该孔溢出回流到集水井内。

为了达到综合治理目的，在污水截流的同时，使臭气也得到了处理。本设计采用投资少、设备简单、操作和维护方便，日常运行成本低，处理后没有二次污染的天然植物提取液除臭系统，对新建的12座污水泵站都进

行了臭气的处理。

为了减少施工开挖对道路交通的影响，本设计对小口径管道采用非开挖施工的拖拉法施工的技术进行了深入研究。结合工程实践，及时编制了《排水管道定向钻进敷设施工及验收技术规范》现正在试行中。

建筑设计中，我们注重功能和美观的结合。取消泵房上部建筑，泵房沉井顶面饰以广场地砖铺地，体现"场地"这一概念。变配电间尽可能贴近泵房沉井，避免管线长距离穿越。

管理用房与变配电间最大限度地集合并置布置，在两个不同功能建筑单体中间插入庭院过渡，通过玻璃廊道连接，使之既互相独立又互相联系。最大限度地将地面建筑集合并置布置，以缩减建筑占地，留出较为完整空地，拓展绿化面积。

新建污水泵站采用两路电源供电，根据泵站所处地理位置和周边电源情况，采用一路高压、一路低压供电或两路高压供电。而老泵站内新建污水截流设施的供配电，由于原有雨水泵站的电气系统不相同，原始资料缺乏，设备相对陈旧，将现有条件与新的设计理念统筹考虑，最终通过对原有泵站电气系统局部或整体的改造，很好地完成了污水截流设施的供配电设计。

新建污水泵站分别设置一套基于可编程序逻辑控制

器（PLC）的泵站控制系统，实施独立的运行控制。并提供泵站的运行监视，以实现泵站的全自动化运行，实现经济运行。

该工程建成后可收集和截流直排水体的污水量27万 m^3/d，削减了排入河道的污染负荷：BOD5 59.4m^3/d、CODCr 103m^3/d、ss 54 m^3/d，降低了地区污水对内河的污染，也减少了对苏州河及其支流水体的冲击负荷。有效地改善了地区水环境质量，同时也改善了地区的生活环境和投资环境。

无锡市城市防洪仙蠡桥水利枢纽工程

设计单位：上海勘测设计研究院

主要设计人：陆忠民、孙卫岳、朱丽娟、胡德义、张政伟、施斌、李彬、徐立荣、周俊

本项目是无锡市运东大包围的八大控制建筑物之一，规模在八大枢纽中位居第二，工程等别为I等。工程位于当地著名古迹黄埠墩及江尖大桥之间的古运河上，距江尖大桥355m。其主要功能为防洪、除涝和改善城市水环境。工程由三孔净宽为25m的节制闸，总流量为60m³/s的泵站、三跨平均跨度36m的人行天桥及岸侧16000m²的景观带组成。

本工程总体设计中，采用泵闸并列布置，将三孔节制闸，定位在南岸主河床上，河道弯曲的凹岸北岸布置泵站。闸上布置三跨弧形人行桥，以米仓形桥头堡与岸衔接，并与南岸米市工业主题文化公园相呼应，从建筑造型上平衡了泵站的体量，方便了两岸交通。北岸结合岸线走势蜿蜒布置景观带，与泵站融为一体。防洪封闭线寓于景观绿化之间，通过花阶、踏步等景观手段来实现，充分体现了城市水利的特色。

节制闸共分三孔，采用宽28m的水下卧倒门，在国内已建成投产的同类工程中规模最大。闸门铰接在底板的铰座上，通过液压启闭机驱动闸门支臂绕铰座的铰轴转动启闭闸门。闸门底主梁采用密封箱梁，利用浮力抵消自重，减小挠度和闭门力。门底设置了冲淤系统，防止闸门门库淤积。闸门可双向挡水，门顶允许过流，可形成小瀑布景观。

闸墩采用空箱式结构，内置液压启闭机油泵房及辅机设备。墩顶挖空40cm布置花池。油缸外侧设置钢筋混凝土防撞墙防护，油缸上方架设弧形玻璃罩，整洁美观。底板上利用闸门支铰座布置进人廊道，兼作电缆、油压管路等设备的敷设通道。

闸上人行桥通航孔桥平面呈开口环状，闭口端平面线形为椭圆曲线，悬挑5.6m，桥头堡标志塔采用钢管空

间桁架，上下未设置任何斜杆，通过环向布置立柱形成空间筒体，立面简洁。

泵站采用三台单泵流量为20m³/s的竖井贯流泵，为国内之最。水泵装置型线优良，主电机采用800kW的大容量异步电机，按多组分切方法对一台或多台电机进行无功功率补偿，完全满足供电要求。齿轮减速箱采用水冷却方式，降噪声效果佳，技术供水系统采用密闭循环式，在水利工程中首次采用板式换热器。

跨度17.1m的主泵房屋面采用现浇钢筋混凝土梁板结构，大小框架隔跨布置，小柱布置在流道顶板上，上阶柱采用外凸式布置，梁柱采用刚性节点，利用小柱、小梁分担大柱、大梁的受力，降低了大框架的梁高和柱断面，压低了泵房高度。

江尖水利枢纽建筑风格简洁明快，主泵房采用镜面玻璃幕墙，并配以花岗岩实墙与幕墙形成虚实对比。泵站进、出水池上方布置水上镂空花园，在国内泵站工程中属首创，设计一改水利工程冷漠呆板的面貌，并营造了临江亲水环境，体现回归自然的情趣。

工程于2004年9月开工建设，2006年7月通过竣工初验。

宁波市江东南区污水处理厂工程

设计单位：上海市政工程设计研究总院

主要设计人：张辰、顾建嗣、彭弘、王彬、何贵堂、王萍、张震华、方路、毛红华

宁波市江东南区污水处理厂近期设计规模为16万m^3/d，远期达到40万m^3/d，污水厂位于三江片以南，属鄞州区地界，北侧距杭甬高速路75m，西侧距奉化江100m，占地面积21hm^2。

宁波市江东南区污水处理厂是宁波最大的污水处理厂，主要解决宁波市海曙区、鄞州中心城等的污水出路问题，是浙江省省重点工程，采用世界银行贷款。

本工程主要设计特点：

(1) 在水处理工艺方面：根据服务范围内污水水质变化不确定的特点，采用对进水水质变化有较强适应性，对出水水质达标有较强保证性，运行灵活的多模式A/A/O脱氮除磷工艺，既可按常规A/A/O模式运行，也可按倒置A/A/O模式运行，当内回流关闭，可按强化A/O模式运行。根据环评要求，近期内回流泵缓建，按A/O模式运行，出水可达到国家二级排放标准，远期增设内回流泵，按A/A/O模式运行，出水可达到一级B排放标准，满足近、远期不同进、出水水质的出水要求。

(2) A/A/O生物反应池工艺设计比较灵活，可满足进水水质、水量的变化及各种超越工况，并且最大程度地节约了工程用地和工程费用。生物反应池的进水、出水、超越、内回流、外回流以及空气管渠均采用渠道布置的形式，巧妙地组合在一起，大大减少了水头损失和厂区管道的数量。

(3) 采用集约化设计理念，二沉池配水井与污泥泵房合建，达到配水、超越、污泥回流及剩余污泥排放的目的，减少构筑物个数，方便运行管理。中水处理构筑物进水、提升、混合、絮凝反应、过滤、清水池均在一个组合式的构筑物内完成，占地仅0.13hm^2，大大节省用地，在满足厂外中水用户需求的同时也满足了厂区用水的需求，节省运行费用。

(4) 尾水消毒采用国际先进的紫外线消毒技术，具有安全、无二次污染、占地面积小的特点。

(5) 出口泵房内设重力自流拍门，增加出水自流的机会，降低日常运行费用。

(6) 在污泥处理处置方面，采用机械浓缩、脱水，实现了污泥处置的减量化，为污泥处置的"四化"创造了条件，避免了污泥在厌氧条件下的放磷问题。为减少污泥在堆放贮存过程中对环境造成的二次污染，取消污泥堆棚，采用国际先进的污泥料仓形式，使原本环境最为恶劣的污泥区条件大大改观。

(7) 在全厂范围采用了加盖除臭工艺，采用国外较成熟并且经济的土壤除臭工艺及一些全封闭的机械设备，尤其针对生物反应池结合池顶加盖的情况，在曝气加盖区，创造性地将塑钢材料与膜材料结合在一起，既减少了除臭气体量，又方便检修人员出入，为业主提供了既美观实用又具耐腐蚀性能的新型加盖形式。在厌、缺氧加盖区，将除臭土壤与加盖构筑物上的覆土相结合，既提高了压重，减少了大型水池需抗浮的桩基工程量，又可使厂区的绿化覆盖率超过50％，真正成为一个花园式的工厂；

(8) 采用集约化布置，总图布置紧凑，功能分区明确，水流、泥流、人流、物流组织顺畅。由于主体构筑物采用集约化布置的方案，生产区的占地仅7.2hm²，用地仅为0.45hm²（含中水回用），大大低于国家标准。

(9) ϕ50000二沉池采用了无粘结预应力结构形式，解决了大型圆形水池的裂缝开展问题，单束张拉长度突破一般限值50m，减少了锚具数量（节约锚具量达25％）。

(10) 该厂为世界银行贷款项目，采用公开招标的形式选择一流的设备，标书编制准确有效，保证处理效果。

本工程工艺设计合理、土建结构安全、设备运行稳定、仪表自控先进、建筑环境美观，自2006年10月通水至今试运行以来，运行情况理想，各项出水指标均低于设计排放标准。

上海浦东国际机场二级排水工程(一、二期)

设计单位:上海市水利工程设计研究院

主要设计人:卢永金、李国林、何刚强、费忠、张宝秀、郭崇、章少静、王鹏展、张根宝

上海浦东国际机场位于浦东新区和南汇区濒海地区,距上海市中心约30km,占地45.86km²。二级排水主要工程内容包括:外河引排泵闸2座[其中江镇河泵闸装机流量40m³/s,挡潮闸净宽10m;薛家泓港泵闸装机流量37m³/s,三孔挡潮闸净宽18m(4+10+4)];内河水闸(或涵闸)5座,调蓄水库1.50km²。

工程分为两期实施。1997年12月完成一期工程施工图设计,2001年12月完成二期一阶段工程施工图设计。一期工程1997年底实施,2000年完成;二期一阶段工程2002年初实施,2003年底结束。

河道沿机场边界布置,与周边水系间设闸控制,调蓄水库分散布置。当关闭周边闸门后,作为独立水系确保机场水系安全;当开启周边闸门后,机场水系可纳入周边水系。这种可分可合的水系布置,在保证机场防洪、排涝安全的同时,也为机场的扩展、开发提供了有力的水资源保障。

平时河道靠闸调节维持在常水位,暴雨来临前开闸预降水位,腾出库容以调蓄暴雨水量;当长江口水位高于内河水位时,关闸挡水,内河需要排水时开泵抽排。

二级排水以自排为主,调蓄与泵站强排相结合,结合外江典型潮汐,通过设计常水位、设计高水位及以预降水位三个特征水位的优化组合,从而增大河道过流量和调蓄能力,减少泵站强排运行时间。科学确定河道控制水位,做到一级强排与自排相结合,尽量增大一级自排能力,减少一级泵站强排水量。上述工程措施减小了工程运行费用。

本工程引进先进的降水汇流排水数学模型——美国陆军工程师团编制的一维非恒定流通用软件(HECRAS)对水系规模进行模拟计算。根据计算成果并从经济技术角度对河道断面形式、不同泵站规模和相应调蓄水库的面积进行多方案组合分析,最终确定机场规划水系规模,以达到水系运行高效、技术先进、造价合理的目的。

整个机场二级排水系统整体设计分期实施,每期工程规模与机场建设及运行规模相适应,并与整体协调。在保证充分发挥水系防洪排涝等功能的同时,积极配合机场建设,满足机场滚动开发要求,工程投资合理、有序。

本工程在上海率先采用斜式轴流泵，优化了枢纽总体布置及结构布局。江镇河泵站采用斜式轴流泵，该型泵泵轴成30°角倾斜，结构简单，要求泵房高度较低，不需分层，底板高程可以抬高，开挖深度小。作为上海市第一座大型斜式泵站，其成功建造运行意义重大，为该型泵站在上海市的推广应用积累了丰富的设计、建造和运行管理经验。薛家泓港泵闸在结构设计上突破传统上的设计思路，在泵站的出水流道下设出水廊道，与进水流道相接形成排水通道，在不开泵时能够自行排涝，大大提高了泵闸的自排能力，从而减小了挡潮闸的规模。另外，也可通过出水廊道进行出水渠冲淤。

本工程结合场区与外界分隔、绿化景观和超标准蓄水除涝安全，在上海较早采用斜坡复式亲水河道断面，河道景观、亲水平台，常水位以上采用景观生态护坡，较早在设计中融入生态景观水利的理念。

本设计结合水机专业选择的泵型，确定了针对不同的泵型分别采用10kV电机和0.66kV电机的方案，大大提高了电动机的可靠性和泵站的运行安全。所有变配电设备在选型时均考虑了与现代化机场硬件设施相配套，确保可靠运行的同时，具有一定的超前性。同时根据该工程在海边的特殊地理位置，在设备招标中提出了开关柜柜体应经盐雾试验检测。

浦东机场排水是一个系统工程。本设计对各单体泵闸工程均采用了计算机监控系统。在各泵闸工程设立监控站，实现了现场管理自动化。同时可以很方便地与上一层的计算机信息管理网相连，与其他分类监控系统和信息系统一起，形成完整有效的地区水利监控管理网络，体现了现代化国际机场的先进管理水平。

江镇河泵闸和薛家泓港泵闸挡潮闸门型为直升门，此门型运行安全，开度控制灵活，冲淤效果好。在江镇河泵闸拍门、快速闸门的设置上，改变了常规中小型泵站的水泵起动与断流均由拍门起作用的方式，水泵起动由拍门起作用，水泵断流由快速门起作用。本设计的拍门为开启式多叶拍门，完成水泵起动作用后自动开启，降低了水泵的功率损失。

上海通用汽车有限公司二期扩建项目

设计单位：上海市机电设计研究院有限公司

主要设计人：陈竹、杨金花、吴键、瞿红萍、赵巍、陆炜栋、
虞建闵、胡旭臣、张继伟、任国梅、张铭

上海通用汽车有限公司二期扩建项目位于一期工程的南面，设计于2004年，2005年1月竣工。该项目总投资28.9亿元，占地面积24.6万m^2，建筑面积15.16万m^2，属上海市重大工程。主要生产车间有：

（1）车身车间：轿车的白车身拼焊，以电阻焊工艺为主。主生产线及机器人工位实行共线生产，重要的定位点焊、补焊和大焊钳使用处均由焊接机器人完成，而在难于施焊的点焊处则采用移动式的自动焊接装置。所有分拼区域根据主线装配位置，紧靠主线的两旁布置，以达到最短的物料流程和实现"一物流"生产。主生产线的大件输送用雪撬式输送装置完成，车身侧围采用自动单轨系统（AMS），各分总成大件借助于机械辅助装置，从各分拼区送至主线的装配区域；大件上料采用机械化辅助装置，车间整体自动化程度达到40%。

（2）油漆车间：主要任务是对轿车车身进行前处理清洗、电泳底漆、焊缝密封、防震隔热胶喷涂、中间涂层和面漆喷涂。为了保证涂层的质量，提高车身的防腐性能，并避免重金属对环境的污染，前处理设计采用以有机膜无铬钝化工艺取代有铬钝化，加上采用了无铅阴极电泳涂料，从而减少了对环境的污染。为了限制VOC的排放量，在国内率先采用了水性漆喷涂工艺。PVC密封胶工艺选用了无需凝胶就可直接喷涂中涂的材料。对底部特殊部位的喷胶、密封、喷漆，前处理设计采用国际上新型的双摆链机运工形式，45°的入槽角度，可减小前处理槽体的体积，降低设备投资和化学药剂的用量。烘房采用桥式整体框架结构，可减少能耗。烘房使用地面

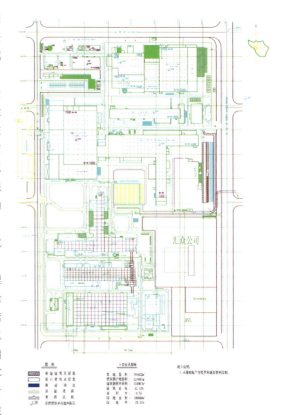

链式运输，较高温提升机运输而言故障率小而洁净度更好。在面漆线采用离子风和驼毛机，能平衡车体表面静电，减少车身表面灰尘，提高表面喷涂质量和产能。喷漆室采用国际上最新一代改良文式喷漆室，漆雾捕捉率

高达99%，大大减少了废气排放。

(3) 总装车间：整车装配内容有内饰装配、底盘装配和整车性能试验，以及车门、发动机等部件的装配及试验。设计对一期工艺作了进一步优化，减少了主线的工位数量和长度，将总装配工位控制在100个以内。在底盘装配线上，选用了新型的TTS柔性装配输送线。装配吊架和主要工装设备可满足不同类型车辆混线生产的的要求。采用"安顿"（Andon）和"看板"（Kanban）系统，通过计算机管理系统实施生产计划和指导各零部件供应商的生产安排。

(4) 车身分配中心：由一台高速运转堆垛机和众多的雪橇输送设备组成，设计生产能力40JPH，可储存96辆车身。通过对车型和颜色进行全自动控制排序，平衡三大车间车身、油漆、总装之间生产节拍差异。此外，由于设立了白车身和油漆车身装卸区，可调剂南北厂区生产能力，使整个厂区的柔性化生产提高到一个新的层面。

本工程设计从总体到细部进行了多方案的反复论证、比较，其中还对建筑消防、设备消防、地震、大风等自然灾害进行了风险评估。工程建设周期17个月，创造了整车厂建设周期的历史记录。本工程设计由于从平面到空间的合理布置，防火处理运用得恰到好处，并选用了经济合理的设计方案，以及用大量优质国产品牌的产品的合理应用，使土建、公用工程的投资降低了30%。

上海大众汽车有限公司发动机三厂工程

设计单位：上海市机电设计研究院有限公司

主要设计人：杨富强、赵东子、陶荣、胥珏、陆幸泽、曲晓波、崔福华、相虹、姚学洪、杨春苗、路世强

上海大众汽车有限公司发动机三厂工程，设计于2005年4月，2006年2月竣工投产。该工程位于上海市嘉定区城北路3598号，占地24.2万m²，建筑面积65418m²，年产30万套汽车发动机。项目总投资23.1亿元，属上海市重大工程。该工程设计具有以下设计特点：

（1）引进技术与自主技术互为依存：以本院雄厚的专业实力为坚强后盾，根据EA111型系列发动机的技术特点，高起点、高标准设计产品制造工艺，普遍采用世界发达国家发动机加工、清洗、装配、测试、试验以及精益生产的先进技术，并与上海大众实际生产情况紧密结合，中西合璧，优势互补，将轿车发动机工厂设计技术推向一个全新高度。

（2）经济与技术相适应：在确保工艺先进和产品质量的前提下，从节省工程投资入手，投入相当精力，时间拟订设计方案，从总体到细节、从结构到材料、从工艺到设备，精益求精，反复论证，使工厂现代化生产水平、质量保证体系、厂房设施等达到国内一流水平。

（3）节能措施与效果的不懈追求：遵从国家有关节能的法律法规，以科学严谨的研究态度全面审视本项目各个环节，将节能理念深深融入工艺、建筑、电气、动力、给水、暖通等专业设计过程中，采用各种切合实际和行之有效的节能措施，以取得最佳的节能效果。

（4）整体与单体相协调：基于发动机生产的特殊性质，优化厂区环境，体现现代化工厂风貌，注重整体布局与各个单体的高度协调。整个厂前区以大片绿地烘托白色建筑群体，形成宏大气势；办公楼与车间表现为联合厂房形式，呈前后排列，显得既厚实凝重又错落有致，富于整体感、现代感、连续感；能源中心与车间主

体建筑皆为块体风格，隔路相望，使厂区的整体与单体在空间、功能上相互呼应，浑然一体。

（5）生产与环境相匹配：在广泛采用先进制造工艺、生产设备、物流技术等以实现现代化生产的同时，充分体现以人为本、保护环境的原则，关注并展现独具魅力的企业文化氛围和形象，通过挖掘有效的技术渠道和应用各种设计手段，高标准投入环保治理，达到设施配备齐全，各项措施到位的标准，实实在在给员工创造良好的工作、生活环境，如优化制造工艺，采用自然采光，实施空调通风，推行大片绿化，设置休息场所等。

（6）近期与远期有机衔接：设计中在充分考虑近期产品生产的同时，通过深化工艺、设备选择和布置、厂房结构设计、公用动力设施设置等各方面多方案比较，合理并最大限度地预留场地，为企业持续发展打下基础。

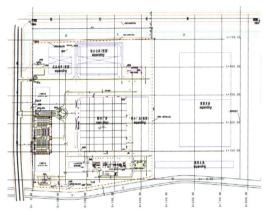

220kV复兴变电站

设计单位：上海电力设计院有限公司

主要设计人：汪亚伦、唐宏德、曹林放、朱涛、丁笑非、马晓元、高晓华、汪筝、金昀

220kV复兴变电站工程位于上海市南外滩开发区内，处白渡路以南，外郎家桥街以东，毛家路以北的拆迁区内。地处市中心黄金地段，为充分利用土地资源并使变电站建筑更好地与周围环境相协调，经上海市有关部门批准，决定将本工程作为高压变电站与高层民用建筑结合建造的试点项目。

本工程由一座220kV变电站与两幢18层塔式住宅综合大楼组成。两幢住宅大楼沿基地东侧南北向前后布置，以争取良好的朝向。两大楼之间的裙房为变电站主要设备用房。变电站的3台主变压器并列布置在基地的西侧，面临外郎家桥街。主变室与大楼裙房之间有10m净宽的通道，通道上有过街楼将主变室与大楼裙房相连。大楼的底层布置了变电站的一些小设备。大楼的2层、3层因部分被裙房遮挡，不适宜作住宅使用，因此考虑作为变电站内部用房。大楼的3层与4层之间设2.2m高的隔离层。

住宅人流的入口考虑在两幢大楼的东侧，由门厅引入中间的电梯厅。两幢大楼的底层西侧还设有专用门厅作为变电站工作人员的出入口。并且两幢大楼的1~3层各增加了一座楼梯，作为变电站内部用房的专用楼梯，与住宅部分完全分开。

综合大楼的3层及以下，包括裙房等为变电站用房。计建筑面积：6832.9m²。变电站的建设规模：最终为3回220kV进线；3台240MVA主变压器；110kV出线9回；35kV出线30回。本期规模为：2回220kV进线；2台180MVA主变压器；110kV出线6回；35kV出线20回。

综合大楼的4层及以上均为住宅，共120户。住宅总建筑面积12213m²。由于结合建造，使得原来体形臃肿呆板的变电站建筑变得丰富多彩，建筑的外立面运用典雅的现代风格，线条简洁明快，色彩淡雅宜人，弥补了变电站体量大、立面单调的缺点，使它与南外滩的环境融为一体，保持了景观的一致性。

大楼本体采用剪力墙结构，墙厚250mm、200mm，抗震等级三级，楼、屋面板现浇。裙房采用框架结构，抗震等级三级，框架柱800mm×1000mm、600mm×800mm二种，楼面采用井格梁。

大楼本体与裙房均采用ø700钻孔灌注桩。本工程于1995年8月立项，1997年10月确定为结合高层住宅楼建造。工程于2002年1月正式开工，2005年4月21日主变投运成功，目前，住宅部分已全部对外销售完，业主也已入住。

作为结合建造的试点项目，设计必须兼顾变电站与住宅两部分在规划、消防、环保、卫生、绿化、交通等方面的不同要求，妥善解决两部分之间可能产生的干扰和矛盾，并确保变电站的安全运行和住宅的安全。由于本工程在设计过程中，进行了大量的调研工作，对该地区的规划、环境等作了周密慎重的考虑。因此，关于本

工程变电站部分在运行期间可能产生的对周围环境的影响已经有关部门几次评价并审核通过，实际运行近一年来的情况反映良好。

由于本站为全户内布置，而且变电站与住宅大楼结合在一起，因此在设计中特别注意消防及环保的有关要求，在选用设备时除了主变压器、接地变之外均选用无油化设备。主变压器采用水平分体式布置，满足了二类地区环保要求。此外，为了适应变电站与大楼结合的需要，解决空芯电抗器的漏磁通问题，35kV并联电抗器第一次选用了三相铁芯干式并联电抗器。

为使变电站能与大楼有机地结合，尽可能减少占地面积，变电站在设备选用上均采用了技术先进、可靠性高、占地面积小的SF6 GIS设备。

本工程的设计建设成功，不仅具有良好的社会、经济、环保效益，也为大城市的规划建设、电网建设提供了成功范例，为大型变电站与其他用途建筑的相结合设计开创一条新路，为此已受到国内同行、同业和规划、城市方面的广泛赞许和关注。

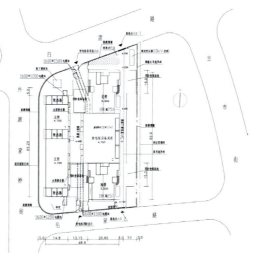

上海滨江森林公园（一期）工程

设计单位：上海市园林设计院（阿特金斯顾问公司上海分公司合作设计）

主要设计人：朱祥明、张栋成、任梦非、庄伟、秦启宪、梅晓阳、王钟斋、谢震玮、陈彦楠

距上海中心城区40km的滨江森林公园，占地120hm²，以经营了20余年的苗圃为基础，经3年生态调整恢复，改造成为公众休闲活动场地。并已于2006年10月19日通过工程质量验收，2007年3月28日开园迎客。设计阶段从2004年6月至2006年12月，二年半的工程结束。公园的主题是："自然、生态、野趣、保护、创新、发展"。

我们对森林公园的设计指导思想作了一些研究和深化，"生态保护，生态恢复，自然多样"的生态学理论在公园规划设计过程中得到了运用和实践检验。其中"生态保护"理念在规划设计中得到了广泛的运用。

项目以原有苗圃为基础进行拓展和改造，在详尽调查基地现状后，对"保护"概念进行了提升。

保护的内容包括：

（1）保护和保留各类原有次生态景观和植物群落（次生态林、杂木林及草甸植物群落、原滩涂湿地等）；

（2）保护和保留原有水系两侧的植被景观；

（3）保护和保留滨江西侧的植被景观；

（4）保留利用原有果木和原苗圃林区内的现有苗木。

现在公园竣工后，乔木、灌木、草本、地被等品种达344种，水生植物品种达34种，为植物群落化设计，植物多样性设计作出了一定的努力。

整个公园的路网特点是直线与曲线的叠加与融合。直线型园路主要源于对基地内现状石板路的选择性保留和修缮，对必要地段加以延续，完善园路系统。新建的园路以曲线型为主。

在湿地区、中心湖区、橘园区等处开辟景观水面。为了保留现状苗木，这些水域面积均相对较小。设计借

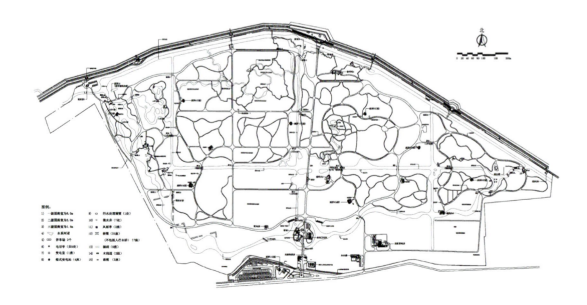

鉴江南园林的设计手法,以聚为主,以分为辅。

利用因保留现状苗木而形成的岛屿,通过障景的手法,扩大水面的景深感,使水系产生一种连绵循环、游之不尽的感觉。在橘园及其他园区,将景观水系拉长,以分为辅,减弱由于水面过小而产生的空间郁闭感。

以郊野森林公园为特性,建筑及小品成为景观环境的重要造园元素,设计将建筑按使用功能分为两类:①公共服务设施(公用、游憩、服务设施):有茶室、公厕、码头、休息廊亭。②管理设施:有办公楼、苗圃管理房、道班房等。

环保节能技术在公园建设中得到了较广泛的运用,其中给水设计中的中水系统和排水设计中的雨、污水系统与环保节能技术结合得更为紧密。

建成后的上海滨江森林公园改善了长江、黄浦江入海口区域内综合生态环境品质,是上海城市绿地系统规划"环、楔、廊、园、林"实施中的重要一环。节假日的日游人量突破10000人次,并且市民满意度非常高。

桃林公园（豆香园）工程

设计单位：上海市城市建设设计研究院

主要设计人：吴振千、高炜华、陈洁、徐瑞倩、周小平、张昭、陈知贤、王桦、张莺

桃林公园（豆香园）位于浦东陆家嘴地区，北靠灵山路，东邻桃林路，建设总用地面积36100m²。2006年6月建成对外开放。

豆香园既是一个以豆科植物为主角的特色公园，收集了乔木、灌木、藤本、草本等豆科植物近百种；更是一座满足休闲、游览、活动等各项功能的开放式社区公园。

豆科植物是植物界的一个大族，种类繁多，用途广泛。自古以来豆类食品概称"菽"，它和"稻、麦、黍、稷"并称五谷，是人民生活中不可缺少的粮食、蔬菜作物。豆科植物又有榨油、材用、药用、绿肥用、染料用、观赏用……等多种用途。故豆科植物是自然界的奇珍，人类生活中的瑰宝。弘扬豆文化无论从科学或文学艺术角度讲，都有深刻的意义。

整个公园设计以园林规划为手段，以体现自然地形景观为基础，将豆科植物作为公园植物的主要造景元素，把景观规划、种植设计、科普教育、娱乐活动、经营服务等内容与豆科植物的专类园融合在一起，集中展现我国博大深远的"豆"文化特色，并为人们的游憩休闲、老年人晨练、青年人运动交友、儿童娱乐游戏创造自然优美的景观环境。

豆香园规划充分考虑基地的地域特点，沿城市道路，结合地下人防设施和经营服务建筑，以现代化建筑材料和传统建筑形式及庭院空间相结合的手法，创造了传统与现代相融合的景观效果，满足了城市道路景观的需要，让人们感受到一种自然和谐的美。沿路建有的一些建筑，拟采取租赁、承包或自营等不同方式经营与"豆"有关的商业服务项目，如豆浆点心店、豆食饭店、豆类食品小超市、现制现卖的卫生豆腐，以及老式豆制品作坊展示等。

然而对一个社区公园的设计而言，不仅有与周围寻求协调统一审美的要求，更应满足附近居民避开城市水泥喧嚣，渴望绿色自然的心理需求。因此公园的总体规划，从沿道路空间规则式的庭院布局逐渐过渡到公园中间自然式的空间，以满足附近居民对自然绿色景观的观赏。

豆香园占地面积不大，为营造丰富多样的空间效果，竖向设计打破惯常小公园地形四周高的设计手法，将公园丘陵地形的高点距围墙稍远些，而一些休憩活动的空间则布置在丘陵地带和围墙之间，创造小中见大的空间效果，避免一览无余。

公园的植物景观以上海露地适生的近100种豆科植物为主，也配置一些其他植物，构成丰富多彩的植物景色，有自然式的群落如槐花坡、紫荆园、皂荚坪、龙牙湾；有规则式的豆科农作物展示区——豆香圃；有合欢路轴线干道，有紫藤花架长廊等。首次在公园内种植了花榈木、木蓝、金链花、金枝槐等豆科植物。

豆香园的建设是一个探索、一份尝试。

A30郊区环线（莘奉公路—界河）高速公路道路检测

设计单位：上海市政工程勘察设计有限公司

主要设计人：朱继武、瞿云、曹建军、朱德禹、魏国平、罗永权、王勇、顾汉忠、周志明

上海市A30（莘奉公路—界河）工程系上海市高速公路网中重要组成部分，全长50.7km，其中老路改建拟利用40.7km，包括混凝土路面约29.6km（现状为亭大公路4车道），沥青路面约11.2km（远东大道6车道），工程地点位于上海市奉贤区、南汇区，道路检测由上海市政工程勘察设计有限公司于2001年8月至2002年3月期间完成（施工配合至2003年5月），2004年12月工程建成，同月通过上海市工程建设质量检验站验收。

本项目弯沉测试40.7km，点数达到近4万处，是上海市近年来一次性进行的弯沉测试的最大规模。同时，一个项目内进行多达7项以上的检测项目，全面涵盖了老路检测的各方面内容，为改建高速公路设计的最优方案决策提供了翔实资料和充分依据。

对各项测试均进行了仪器标定检测、测前培训（及试作业）、测中自检、测后抽查等质量保证措施，检查结果显示外业数据可靠。同时，在施工期间的监理及施工单位复检结果也表明测试成果的可靠性。以我方施工前在2处试验段的弯沉复测成果为例，施工监理方随即反复复验，一致性达到94%，验证了我方测量成果的高质量。

针对海量数据的外业记录，专门编制了《PDA掌上电脑外业数据采集记录软件》、《路况调查外业软件》等，避免了人工记录的差错率，并现场提示测量数据的可靠度；内业编制了《弯沉测试及路况调查数据处理软件》利于自动传输的外业数据，自动计算并分析评价，避免了人工计算的差错，同时极大地提高了内业处理效率；《弯沉内业CAD程序》等软件更是创新性地自动将弯沉成果绘制成直观的曲线及图表，方便设计方、甲方、施工方的使用。

本项目申报发明专利1项（专利号200510110935.6；一种弯沉仪及测试差异弯沉的方法），实用新型专利1项（200520047046.5；一种用于贝克曼梁弯沉仪的头部装

置），并已获授权。

参与的设计科研：《混凝土路面加罩设计综合技术研究》2005年11月经上海市建委鉴定达到"国内领先水平"（道路检测成果为该科研重要组成部分）。

检测成果提供了全面评价及积极建议，深受设计方、甲方好评

在提供真实可靠的海量检测数据同时，还对路况等各项指标根据《检测规范》及相关《设计规范》、《公路检测评价规范》等进行了深入的分析评价，总结出《道路检测评价报告》，为老路技术经济设计和合理决策提供依据。尤其是针对白色路面的注浆加固处理设计方案，具体标定了需要注浆的板块位置，为直接指导施工服务。

《道路检测评价报告》及附属《弯沉专项报告》通过内业软件，自动生成《记录计算表》、《路段评定表》、《弯沉曲线图》、《加固处理（注浆位置）标定表/图》、《各种指标处理建议对比一览表》等，成果报告书内容全面、规范美观，获得甲方（市公路处）的高度赞扬，被定为日后同业的成果样板。

本项目是上海市首次在高速公路建设中大规模采用老路检测技术，根据检测成果，甲方及设计方确定了"对老路加固处理，合理、经济利用"的设计方案，同时测量单位对具体补强（注浆）位置等设计施工方案提供了可行的建议，为工程建设的顺利实施起到了积极作用。为项目节省造价500余万元，节省工期6个月左右，取得良好的社会效益和经济效益。

同时，该工程通车运行3年来，现场未出现明显反射裂缝，在类似工程的老路利用处理中取得了相对最优的质量效果。

中船长兴造船基地一期工程3号线测试

设计单位：上海岩土工程勘察设计研究院有限公司

主要设计人：宣霖康、唐坚、侯瑜玉、唐亮、朱光远、陈斌

工程位于本市长兴岛地区，主要配合长兴造船基地一期工程船坞设计与施工进行连续墙测试及复合地基载荷试验。总建筑面积为198000m²，本工程由中船第九设计院设计。

（1）连续墙测试

本次静载荷试验拟在两幅不相邻槽段上进行，其长度为5m，宽度0.8m，层底标高为-28.50m，墙底均置于第⑤1-1层灰色黏土中，每幅地墙钢筋笼预留3根墙底注浆管，伸入墙底土层内不少于0.5m，根据结构设计参考施工图设计预估极限承载力分别为7214kN及7277kN。

试验采用合适的反力装置进行慢速维持荷载法加载，最大加荷量取极限承载力的1.2倍，即8640kN（二幅连续墙的极限承载力均取7200kN）；按地下连续墙的受力性能及荷载传递规律，加载采用油压千斤顶，并通过在地下墙内埋设量测仪器读取数据。

（2）复合地基载荷试验

主要对船坞工程浮箱平台与横移区进行。

在船坞工程浮箱平台与横移区，均采用水泥土搅拌桩进行地基加固，加固深度5m。搅拌桩规格为ø700的双轴搅拌桩，其桩顶标高分别为-0.75m，及3.60m；桩底标高分别为-5.75m及-2.00m。试验时，载荷板采用6m×6m×0.6m的钢筋混凝土筏板，采用直接堆载法测试，最大试验荷载分别为3645kN和4000kN。

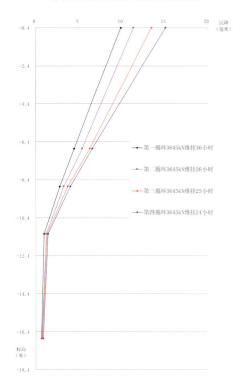

浮箱平台最大累计沉降量随标高变化曲线

试验时在载荷板下不同深度埋设桩间土压力计、桩顶轴力计、孔隙水压力计及分层沉降标，分别测试桩间土压力、桩顶轴力、不同深度的孔隙水压力及分层沉降。

1）试验难度大。对地下连续墙作静载荷试验甚为罕见，为勘察公司首次进行试验，但经过反复地计算、论证，大胆地采用了八锚桩加四根主梁的试验方案，实施过程中又对锚桩设计进行多方面的论证（包括直径、数量、配筋、平面布局等），且设计单位接受了试验方案，取得了较好的效果，试验结果也证明了该方案是切实可行的。

2）试验种类多。地下连续墙静载荷试验中除了进行墙身应力、墙体轴向力、墙侧摩阻力、墙端阻力、墙端承力的分布和发挥规律测试，还提供了墙侧各土层的极限摩阻力，埋设超声波检测及低应变动测，检测墙身质量。为设计单位利用地下连续墙作为永久性构筑物提供了试验依据。

3）试验要求高。地下连续墙进行埋管超声波检测的难点是地下连续墙的长度较长。经过反复论证最后的埋管方式取得了良好的效果（最大测试距离达3.45m）；由于双头搅拌桩截面积较大，无法购到现成桩身轴力计，用钢板、土压力计自制桩身轴力计，在试验中起到了很好的效果。

4）试验工期短。复合地基载荷试验：无论从载荷板的面积、荷载大小、埋设测试元件的数量及单个试验延续时间（最长达28天）等方面来说，均为勘察公司同类试验之最。

5）在横移区的试验方案设计时，发现设计单位的试验要求：载荷板边缘有许多搅拌桩一半在载荷板内，一半在载荷板外，这可能与今后使用时的工况不同（使用时基础面积要比载荷板大得多）；而且对于复合地基来说半根桩在载荷板内与整根桩在载荷板中单桩所受的力大体相当，因此建议设计单位减少载荷板边缘的桩数，以使试验与实际情况更加接近；设计单位采纳了建议，试验结果也证明了此判断是正确的（半根桩在载荷板中与整根桩在载荷板中单桩所受的力大体相当）。

上海铁路南站站房建筑工程勘察

设计单位：上海岩土工程勘察设计研究院有限公司

主要设计人：许丽萍、顾国荣、吴伟锋、池跃升、陈波、赵福生、陈晖、唐坚、孟庆俊

拟建"上海铁路南站"位于沪闵路以南，石龙路以北，规划中桂林路以东，柳州路以西，总规划面积为60.32hm²（含居住小区13.9hm²）。本项目为上海陆上门户的标志性建筑，也是上海市规划的重要对外交通枢纽和市内换乘枢纽。

本次勘察涉及的上海铁路南站主站房建筑为一直径260m的圆形建筑，建筑总面积为52870m²，主要由高架候车室、环形广厅、南北站房及部分商业空间组成，采用南北贯通、高进底出、高架候车的布置方式。地下室大多为1层（埋深约4.5m）。屋顶部分为大跨度大型钢结构屋面，荷载主要通过标高9.8m平台向下传递。

本建筑结构设柱时分环形柱及中柱，其中环形柱承受荷载较大，对变形及变形差控制较中柱严格。基础形式拟采用独立承台加桩基，承台之间设置必要的基础联系梁，承台的形式以不影响现有的南北地道及运行中的轻轨明珠线和沪杭线为原则。

勘察成果显示，拟建场地位于古河道边缘，除场区西北角局部为正常地层分布区外，其余地段均为古河道切割区。由于受古河道冲刷、切割，第⑥层暗绿色粉质黏土（俗称硬层）在场区大部分地段缺失，且拟作为桩基持力层的第⑦1-2层及⑦2层层面均有较大的起伏（其厚度亦有一定变化），总体上呈西北角浅，东南部较深分布特点。

本次勘察的站房建筑工程北与地铁1号线相接，南与运行中的轻轨站相连，东与规划中的轻轨L1线连通。

根据建筑物结构特点、初步地层条件及环境特点，精心设计勘察方案。

详细查明场地地层分布情况，对影响桩基持力层选择的关键土层（⑦层）作重点深入分析。报告中对桩基设计施工有较大影响的⑦1-2层及⑦2层层面标高分别绘制等高线。

成果报告中根据拟建建筑性质结合拟建场地地层分布特点，按四类地层情况对桩基持力层进行详细分析评价且具针对性。试桩结果显示成果报告推荐的桩基设计参数合理，并与报告所分析桩身进入⑦2层太多单桩承载力可能降低的论述一致。

本工程沉降及差异沉降控制严格。据已有的工程的建（构）筑物的沉降量实测资料分析对比：分层总和法计算的沉降量一般大于实测值；按Mindlin应力公式法计算的沉降量与实测值较为接近，故本报告根据设计提供的荷载条件，采用按Mindlin应力解，并考虑桩侧摩阻力为线性增加（Geddes积分解）模式的单向压缩分层总和法进行沉降计算，并在计算中引入科研成果，使得沉降估算与实测沉降更接近。

根据掌握的附近类似地层条件下的沉桩阻力的分

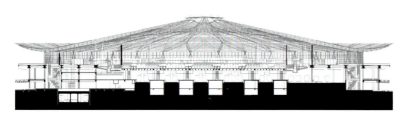

析,提供了预制桩沉桩阻力和与之匹配的沉桩机械,对沉桩的可能性分析更具依据。

对钻孔灌注桩的成桩问题,尤其是在正常地层区当钻孔灌注桩进入⑦2层太多,分析由于泥浆比重不足,易引起孔壁坍塌、桩身夹泥及孔底沉淤过大等不良现象发生,导致计算的单桩承载力与试桩结果实测值相差较大的问题,建议采用一定的施工保障措施(如注意泥浆配比、成桩后注浆),经实际施工检验是正确的、合理的。

本工程根据周边环境条件复杂,特别是沪杭铁路、轻轨尚在运行,且周边尚有在建地铁通过的特点,详细分析了周边的特殊环境与本工程基础施工之间可能产生的相互影响,并提出减少不利影响的措施。并在施工监测环节提出了具体的监测内容。

上海外高桥造船基地一期工程岩土工程勘察

设计单位：中船勘察设计研究院

主要设计人：金淑杰、梁德俊、马骏、周辉强、吕志慧、许丽萍、周知信

在浦东新区长江口南港南岸昔日的芦苇地上，矗立起一座气势恢弘的大型现代化船厂——上海外高桥造船有限公司。该公司由中国船舶工业集团公司、上海宝钢集团公司、上海电气（集团）总公司、中国船舶工业贸易公司、江南造船（集团）有限责任公司等出资组建，是一家强强联合、优势互补、多元投资的现代化大型船舶总装厂。

公司坐落于上海市浦东新区长江口南港河段南岸，现有面积146万m^2，岸线长1569m。一期工程总投资32.14亿人民币，于1999年10月开工建设，2001年11月投入使用，2003年10月竣工验收，年造船总量120万载重吨以上。

该项目一期勘察工作自1997年开始，到2000年底基本结束。拟建物包括2个船坞，拥有7个泊位的码头、陆域厂房机装、船装、舾装、电装工场30、集配工场31、上层建筑生产中心26-1、平直分段生产中心等等。其中一号坞长480m，宽106m，深12.3m，相当于8个足球场，为中国第一大船坞，可建造50万吨级超大型船舶；二号坞长360m，宽76m，深14.3m，适用于建造30万吨级原油轮和大型海洋工程。两大船坞各配置600t龙门起重机一台。拟建码头为高桩承台码头，码头从坞口驶向两侧延伸，上游码头长约640m，下游码头长约590m，码头宽度20m。陆域的钢板切割加工生产中心为中国现代化程度最高的，钢材切割中心、平面分段、曲型分段、分段涂装等生产中心具有国际水平。

拟建两个船坞采用钻探取样、现场原位测试和室内土工试验等多种勘察手段，来获取工程设计、施工所需各种岩土参数。针对本工程的原位测试手段包括：静力触探、标准贯入试验、十字板剪切试验、现场注水试验、旁压试验、检层法波速试验、地下水与地表水水力联系观测、承压水位观测。本工程大部分勘察区域位于水域，施工难度大，对环境和安全要求高，且考虑船坞及吊车道对承载力和变形要求高，故勘探孔深度一般孔为标高-70m，控制孔为标高-75m，并须进入⑨层密实砂层，勘探孔深度大更增加了施工难度。

由于船坞工程对水文地质条件要求较高，采用了原位测试（现场注水试验、地下水与地表水水力联系观测、承压水位观测）和室内试验等多种手段，为本工程提供了详尽的水文地质资料，并经施工验证所提供参数准确。

拟建码头区域均位于水域，采用了钻探取样、现场原位测试和室内土工试验等多种勘察手段，来获取工程设计、施工所需各种岩土参数。勘察中发现码头区域泥面变化大，对勘察稳定性要求较高，因受新大堤护坡及抛石的影响，水域近岸钻孔距新大堤约40m，为使引桥剖面完成，在新大堤内侧陆域增布了勘探孔。本工程为高桩码头，桩基除考虑承受垂直荷载之外，还须考虑水流、波浪、船舶撞击力或系缆力作用。另外为减少淤积，设计拟采用大跨度，并加大排桩间距，因此设计要求较高的单桩承载力。根据勘察成果，第⑧2层含黏性土粉砂大部分区段埋藏普遍较深，以该层为持力层，桩长大，水域沉桩难度大，且因层面起伏，难以确定统一桩长，故经综合分析建议以⑥1-1层下部或⑥1-2层作为桩基持力层，经过施工验证，该建议经济合理，提供参数准确。

拟建陆域场地地层较为复杂，有时同一建筑物跨越两种地质条件，勘察报告中针对不同区域、不同地质条件分别加以分析，分别提供设计所需参数，给出合理的建议，经过工程实践检验，建议经济合理，所提参数准确。合理的有针对性的建议为业主节约了建设资金。

东海大桥主跨巨型导管架RTK多机实时沉放定位工程

设计单位：上海岩土工程勘察设计研究院有限公司

主要设计人：侯敬宗、 郭春生、 褚平进、 张晓沪、 张洪光、
顾国荣、程胜一、付和宽、熊剑飞

东海大桥是上海市洋山深水港建设的重要部分，大桥全长30km，连接陆地与洋山港港区。为满足通航要求，中部主跨跨径430m，设双塔双索斜拉桥。

主跨总承包方采用了变水上施工为陆上施工的方案，在两个主桥墩位置各沉放一个预制钢施工平台。每个预制钢施工平台由4千个巨型导管架组成，导管架为Ø1000钢管焊接的26m×18m×19m的巨型桁架，通过测量指挥导管架沉放到位后，在钢管中打入管桩固定导管架，拼装作业平台。导管架沉放位置与主桥墩设计灌注桩桩位空间纵横交错，其沉放位置直接影响到灌注桩的施工。设计方对导管架沉放定位提出了平面及高程±10cm的精度要求。

上海岩土工程勘察设计研究院2002年10月受总包上海建工集团委托进行了方案设计，经调研比较，采用多台套GPS接收机，采用RTK的作业方式、实时联机作业的方案，2002年11月至2003年8月期间，完成了全部8只巨型导管架的定位。

该工程最近的施工控制点在芦潮港陆域及小洋山海岛上，工程位置离控制点距离分别约14km、16km，常规测量手段无法进行坐标定位。考虑到搭建海上测量平台的费用，并论证GPS RTK技术的可行性后，采用了导管架沉放定位的手段。

本工程定位不同于一般工程的单点定位，导管架为一巨型构件，吊装过程会产生平移、旋转、倾斜，沉放时要确保其空间姿态。并且沉放后由于底部陷入淤泥中难以重新起吊，故要求一次吊装到位。同时整个吊装过程在海上作业，导管架本身一直为动荡状态，测量人员无法立足导管架上。

吊装沉放作业是一个测量与姿态纠正的实时、连续过程，由于吊装沉放过程的平移、旋转、倾斜，决定导管架就位正确性的是其下部四个角点是否到设计位置，必须实时根据测量的顶部坐标计算其底部位置。另一方面，为减弱海潮影响，必须选择短暂的平潮时段完成沉放工作，都给测量带来较高的要求。

为方便控制沉降过程的控制，作业前还必须进行小洋山岛上加密GPS基准站、在沉降区测量海底地形等测量工作。鉴于以上特殊性，采取以下作业方案：

(1) 导管架焊接拼装时，在顶面四个角部预制一定高度的四个仪器台，并用全站仪测定其与导管架轴线的相对关系；

(2) 根据设计位置，抛锚定位吊机船和运输船的位置；

(3) 吊装前将基准站设置在岸上控制点上，将三台RTK流动站固定在导管架顶面吊臂影响较小的三个预制仪器台上，设置好工作参数，检测并确保RTK工作正常后起吊；

(4) 沉放过程中采用RS232接口，通过电缆线把坐标实时传送入计算机并实时计算导管架的三维偏差与纠正量，指挥沉放。

以GPS RTK 当时的技术水平，尚无法稳定地使用无线通信以使天线所接受到的卫星信号长距离无线传输到接收机中进行基线处理。采用的方案是将RTK接收机置于导管架上，RTK信号输出端口与微机之间通信均由RS232接口连线，然而考虑到施工必需的空间距离，每根连线需要达到100～150m的长度，目前直接使用串口通信还不能到这个距离。因此GPS端采用RS232转RS485信号，通过RS485传输，计算机端RS485转RS232，减少信号传输时的衰减，使传输距离可增大至2000m。操作中采用150m传输线。一般笔记本电脑最多配置一个串口通讯口，操作时利用PC卡插槽扩充两个串口以满足需要。

操作中，GPS RTK数据输出频率设为1Hz。为提高RTK定位精度，应尽量使高频对讲机远离GPS接收机，坐标转换计算前必须对三个RTK测量坐标作相对关系检测（检测空间长度）。导管架定位结束后经用采用了GPS静态观测手段对RTK定位结果进行了检测，较差均控制在10cm左右，达到了预期效果。

上海化学工业区热电联供电厂岩土工程勘察

设计单位：中国电力工程顾问集团华东电力设计院

主要设计人：陈昌斌、高宝生、高倚山、章虹、严文根、刘小青、余小奎、于荣林、俞萍

上海化学工业区热电联供电厂位于上海奉贤区漕泾镇上海市化学工业园区；建设规模为2套300MW级燃气蒸汽联合循环热电机组，每套机组由一台"F"级燃汽轮机发电机组和一台双压无再热的余热锅炉和一台双轴凝汽轮机发电机组成1拖1的双轴燃气蒸汽联合循环机组；本工程勘测工作于2001年1月开始，2003年12月完成，1号机组于2005年8月18日通过竣工验收，2号机组于2005年12月4日通过竣工验收。

本工程结构纵向最大跨度12.5m，横向最大跨度20m，主设备由GE公司提供，主厂房由美国BV设计公司设计，外方设计对沉降变形的要求极为严格，绝对沉降控制在25mm以内，差异沉降不超过1/500。为此，勘测工作有针对性进行，系统摸清了各土层特别是p2土的工程特性，为桩基设计、桩基持力层的选择以及桩进入持力层的深度提供了详细而准确的岩土工程资料。

本工程厂址区属潮坪地貌单元，原为杭州湾滩涂，1996年上海化工区统一进行了围海筑堤吹填，吹填厚度1~6m，该层吹填土主要为砂质粉土，极为松散，性质不均，虽然场地土在吹填土的压覆作用下，产生了一定的沉降，但下覆的淤泥质土固结沉降尚未完结，因此桩基施工和上部结构安装后，将对桩基产生负摩阻力，从而为桩基设计增加了难度，因此在勘察中采用多种原位测试手段获得了土层的物理力学性质指标，对分析负摩阻力对桩基的影响起到了非常关键的作用。

对荷重大、变形要求高的建（构）筑物采用PHC桩进行地基处理。为了获得准确的桩基设计参数、桩进入p2土（持力层）的深度以及打桩对周围土体的影响，在初步设计阶段进行了综合试桩，在试桩过程中，采用高应变进行跟踪检测，从桩进入持力层开始，每隔1m进行1次高应变测试，给出了桩进入持力层不同深度的单桩承载力，为桩基特别是桩长设计优化提供了可靠的数据。

工程场地浅部分布有吹填土、k1砂质粉土，在Ⅶ度地震作用下为液化土，场地液化等级为轻微~中等，液化土层厚度约10m，为了消除液化，采用碎石桩进行地基处理，在地基基础设计前分别进行了多间距碎石桩地基处理试验，通过试验给出达到消除液化目的的优化间距，从而节约了工程投资，降低了工程造价。

为了检测碎石桩地基处理效果，创造性地采用了瞬态瑞雷波方法，通过两道信号频谱分析和计算，利用频率、波长、波速之间的相互关系，得出相应频率的平均波速，计算相应的勘探深度，由此可得到平均波速与勘探深度的频散曲线，进而判断地基加固的效果，检测结果良好。该种方法的使用为碎石桩地基处理检测提供了比较快速的检测方法。

根据不同建（构）筑物的荷重和变形要求，在桩基设计时，利用勘察资料和试桩成果，并考虑负摩阻力的影响，对桩长进行了优化设计，整个工程设计采用的f600PHC桩总计约2000根，与未优化设计相比，按平均每

根桩节省桩长2m，每米桩单价（含施工费用）约250元计算，节省桩基费用约100万元。

在未进行碎石桩地基处理试验前，为了消除循环水管沟、化水车间等地段的砂土液化，原设计采用φ600碎石桩，正三角形布置，间距1.3m，深度10m，后来经过多间距的碎石桩地基处理优化试验，采用1.4m和1.5m的间距就能达到目的，可节省碎石桩量35%。循环水管沟长度约1500m，处理宽度15.2m，按此计算，仅循环水管沟地段就节省费用达90万元。

该工程建成后，大大改善了化学工业区的投资环境，促进了化学工业区的招商引资条件，避免了化工区内能源点的重复建设，提高了能源利用率，达到了为化工区内用户集中供热和供汽的目的。本工程的建设为化工区的建设、招商引资起到了积极、重要的作用。

南京西路商业办公综合大楼勘察

设计单位：上海申元岩土工程有限公司（华东建筑设计研究院有限公司合作设计）

主要设计人：林卫星、陈国民、王启中、钟建东、朱建锋、陈荣斌、王金龙、徐凤昌、窦国平

"南京西路商业办公综合大楼（现名：恒隆广场）"工程由2栋办公大楼及5层裙房组成。第一办公大楼为66层，最大高度为288m，建设时为上海浦西地区第一高楼，第二办公大楼为51层，采用框－剪结构体系。主楼、裙房下均设三层地下室，地下室最大埋深为16.5m。基础拟采用桩基。

本工程由上海恒邦房地产有限公司投资兴建；设计方为冯庆延建筑事务所（香港）有限公司及美国宋腾—汤玛少帝工程顾问有限公司，国内设计顾问为华东建筑设计院有限公司，于2001年5月竣工。

本工程于1994年7月—1995年10月进行了详细勘察阶段的岩土工程勘察工作，共完成取土标贯孔25个，总进尺3220.00m，最深孔深170m（创造了当时浦西钻孔最深的记录）；静力触探孔5个，总进尺425.00m；跨孔波速试验2组，总进尺324.00m；地脉动测试2组。考虑本工程地下室范围较大，埋深较深（达16.5m），勘察时在场地内进行了深达30m的钻孔降水头现场注水试验（直至测得第⑤1b层的渗透系数），共布置注水试验孔4个（试验段共12段）；十字板剪切试验孔5个，深度25.00m（共117点）；旁压试验孔4个，深度130.00m（试验点40次）。土工试验除了进行常规的物理力学性试验外，还布置了渗透、无侧限抗压强度、三轴UU、三轴CU、侧压力系数K_0、固结系数C_v试验、水质分析试验等。

本工程除具有勘察工作量布置合理，有针对性，测试手段多元化，内容完整全面，分析透彻，结论明确，建议合理可行等优点外，尚有如下主要特点：

（1）本报告的编写采用当时工程地质界先进的发展方向，即从工程地质向岩土工程领域延伸的理念，对报告中提供的各层地基土的参数进行了数理统计，对主要参数引用概率法进行保证率分析，使报告提供的岩土工程参数更为合理、可靠。报告根据室内土工试验提供的数据结合现场原位测试数据，对地基土进行了详细统计、分析。

（2）本报告针对主楼为超高层建筑的特点，利用多种原位测试指标、室内土工参数结合工程经验，根据拟建建筑不同的荷载对桩基持力层及桩型选择进行了详细的分析比较，推荐了钻孔灌注桩桩型，桩径不宜大于850mm，可采用ϕ800～850，改变了原设计方案有采用大口径桩的可能，推荐合理的桩基持力层；并综合考虑多种原位测试指标与室内土工试验参数提供的单桩竖向承载力值和沉降计算模量。设计时采用了勘察报告的建议，并经试桩检验所预估的单桩极限承载力与实际相吻合。沉降观测资料与采用勘察报告的参数计算结果相近。

（3）根据本工程基坑开挖深度大且地处闹市，环境条件敏感的特点，勘察报告中采用多种测试手段并结合已掌握的丰富经验，对野外原位测试、室内土工试验参数进行合理分析取舍后对基坑围护设计提交了一系列合理有效的地基土参数；同时针对施工也提出了许多合理可行的建议和应注意的问题，为施工起到了指导性作用。

（4）该工程勘察现场采集数据详尽、可靠，报告分析细致、深入，文字精练、简洁，图面整洁、清晰，数据丰富，结论正确，建议合理，满足设计和施工的要求。拟建工程在技术及经济上均获得满意的结果，为类似工程的设计及施工积累了宝贵的经验。

一等奖　上海优秀勘察设计 2007

上海市郊区环线北段岩土工程勘察

设计单位：上海市政工程勘察设计有限公司

主要设计人：陈振荣、高大铭、俞兰棣、曹军、黄星、杨雷、徐中珏、祁乐凤、周黎月

郊区环线北段工程位于上海市北部，起点位于沪宁高速公路、同三国道交界处，终点至宝山区同济路、双阳路口，长约39km，全线设高架桥2座、地道1座、大桥9座、互通式立交5座、跨线桥3座、中小桥18座及若干涵洞和箱涵。其中路基采用高填路基，填土高度一般为2.5～3.5m；桥梁部分上部结构一般采用板梁、T梁，部分采用预应力混凝土连续梁。下部结构以PHC桩为主，局部采用钻孔灌注桩。该工程从2000年起开始初勘工作，至2002年底完成详勘工作，2004年底工程竣工。

该工程线路长，地质条件复杂，跨两个地貌类型及一个接触带，涉及高填路基、桥梁、地道、涵洞、排水及附属泵站等不同性质的构筑物，其中高填路基对沉降控制要求，高填路基段均须进行软基处理，桥梁桩基除承载力、沉降要求外还涉及环境问题，地道段⑤2层微承压水对地道稳定性有较大的不利影响。

在勘察中根据工程性质不同分别采用相应的勘探手段，其中道路工程采用了钻探、标贯、静探、十字板剪切、坑探；桥梁工程采用了钻取、标贯、静探；地道工程采用了钻探、标贯、静探、扁铲、十字板、现场渗透、承压水观测试验、小螺纹孔等及相应室内试验等综合勘探手段，工作量布置合理，有效地查明了场区工程地质条件，并针对性提供了基础形式和处理意见，为工程设计提供了可靠的依据。

勘察报告根据地貌、岩相、地层将其分13个区段，并结合各工点工程特性进行了针对性的评价：

（1）线路采用高填路基，高填路基段不仅距离长，软土层发育且厚度变化大，各段土性差异很大，因此针对软基采用堆载预压法进行处理的设计方案，根据其淤泥质土层上下排水通道发育程度划分了9个区段，进行分段评价，提供了合理参数和施工建议，估算了路基沉降量，结果与实测较为接近。

（2）沿线桥梁段众多，线路上正常沉积地层与古河道地层相间分布，报告根据各桥梁结构对单桩承载力、沉降不同的要求，并结合周围环境推荐相应的桩型，分别建议持力层及桩长，并提供适宜的承载力计算、沉降验算等参数；

（3）地道段根据场区土层发育特征，重点评价了场区承压水对工程的建议，并根据计算对止水方案、抗浮措施进行了建议。

水清木华别墅小区

设计单位：上海中房建筑设计有限公司（日本矶崎新建筑事务所合作设计）

主要设计人：丁明渊、陆 臻、马林、白芳、丁勤、徐文炜、
　　　　　　刘志繁、黄思华、陈建新

上海证大水清木华别墅区位于上海市浦东新区"陆家嘴A-4-2"地块。该地块位于上海市浦东新区世纪公园东侧，地块东为已建设别墅用地，南为张家浜河，沿河岸有20m绿带（河南岸为拟建别墅区），西为芳甸路，北为锦绣路。地块占地约10.8hm²，大致沿东北—西南方向展开，呈四边形。根据开发商意图，同时应规划部门的要求，本项目共建独立式高档低层别墅51幢，商业配套一座，共计建筑面积2.85万m²，容积率为0.267。

规划形态完全源于基地本身所蕴涵的几何特征，即基地南北界线所存在的微小夹角。整个地块被分为外围沿周边区域和中间三个半岛区域，三个半岛分别垂直于南北边界线。半岛与周边之间形成一条迂回曲折的水道，从小区主入口开始，在结尾处与张家浜相通。

从每户别墅所拥有的环境资源角度来看，沿基地边界的地块都有或多或少沿绿带布置的优势，唯独基地腹地的别墅地块须依靠总体布局的变化，使之获得外部景观资源。而迂回曲折的水系和穿插其间的水边绿地、绿廊则恰好使几乎所有的腹地地块都有一面以上直接临水接绿，一下子使每个地块都拥有了可供汲取的外部环境资源。

别墅根据面积大小可大致分为四类。沿北面和东面边界的地块拟建相对面积较小的户型，三个半岛拟建面积适中的户型，沿张家浜的南侧边界，拟布置面积相对较大的户型，而在沿芳甸路的西侧边界考虑建一些公馆式别墅，面积最大。小区会所被设置在地块西南角桥堍下的位置。

小区内车行道路以交通组织最为顺畅的环形车道为主，针对三个半岛，适当结合少量尽端式道路。考虑到张家浜是一条景观河道，沿河20m宽的绿带是很好的健身、休闲、娱乐的场所，为了更好地与之相衔接，小区在地块南侧中间开设一步行出入口，其位置也正好与张家浜上一步行桥梁相对。

别墅的设计通过对传统江南私家园林的分析理解来体现中国式的空间精神，而以简洁的外观形象与现代的建筑材料来确保建筑在传统韵味与现代生活品质上达到完美统一。

在具体设计中，根据中式大宅讲究主客分区的空间传统，将别墅形体概括为两个L形（即两个功能分区，分别为家庭起居区与待客交际区）；在外部空间上，归纳为两个院落（即开放的待客前院与私密的家庭后院）；在人行动线上，则展现为对两条主要路径（家庭路径和访客路径）的安排。将路径与空间两者视为因果，互相衬托，安排好了两条路径，也就塑造出别墅的日常生

活;同时通过外部和内部的空间秩序的组合,力求体现出中式大宅所应具有的意境。

在深化设计过程中,除配合各专业设计外,建筑强调了外围护结构的节能设计,采用了30mm挤塑聚苯板外保温薄抹灰外墙饰面系统和断热铝合金框、中空玻璃门窗,局部屋面为种植屋面;同时重视细部节点设计,满足建筑对保温隔热、防水隔声、安全美观的要求。

本小区别墅建筑设计上借鉴中式院落住宅的空间意境,按不同的使用功能来布置各独立单体,各单体之间又通过高墙庭院或长悬臂遮阳板回廊相连,形成了高低错落的一组建筑群,部分单体又较为开敞和空旷。故别墅结构采用全现浇的钢筋混凝土剪力墙结构体系。各独立单体之间通过设置沉降—防震缝,使其满足现行的规范要求。

周浦5号地块

设计单位：上海中房建筑设计有限公司（上海结建民防建筑设计有限公司合作设计）

主要设计人：孙蓉、王皓、张心怡、黄涛、王妙芳、丁勤、余旸、王卉、林涛

基地位于上海市中低价示范居住区周浦镇基地的中部南侧，南面紧邻五灶港自然河道，北侧为规划路及居住区公建与公园。东西两侧为规划居住用地，西北角紧邻居住区幼儿园用地。总用地8.28hm²，居住区已有控制性详细规划。

充分利用南侧五灶港的天然河道，形成横向滨水景观带，同时利用横向集中绿地与纵向步行景观主轴相联系的景观系统，创造一个富有特色的滨河住区。尊重原有的详规理念，以条状多层建筑形成密实纹理，延续上海城区固有的传统空间文脉。

详规有两大特征，其一为建筑的排列方式呈现出一种肌理图案强化小区的空间形态；其二是小区道路曲折，并在转角处留有多个坡形绿化，达到道路空间的变化和围合住宅区的作用。本设计遵循了详规原则，住宅布局并非单纯的行列式，而是依据道路的曲折变化，采用不同的排列角度，三、四排成群，结合组团绿地创造出丰富的沿河、沿街起伏变化的空间形态。

本工程在西侧设小区主要出入口，东侧设次要出入口，以双向车行环道构成交通骨架。宅间路直接接入环道，使车行交通更为经济便捷。人行主入口设于北侧，结合纵向景观主轴及横向绿带，最大限度地实现人车分流。

小区设机动车位500辆，其中地下145辆，地上355辆。设置非机动车位2162辆。

小区自身景观优势明显，南侧为天然河道，东北角、东南角有规划的6000m²的坡形绿化，加上小区纵向生态景观轴以及滨水景观带、横向绿带，共同组成层次丰富的绿化体系，形成尺度宜人的宅前景观空间。

设计中，绿地率与停车率的矛盾是类似本工程的全多层小区较难解决的问题，尤其在小房型的中低价配套商品房中更为突出，通过较深入的方案比较，适当增加地下停车位的数量，在保证了较高停车率的前提下，实现了景观环境的最优化，绿地率达到35%。

根据详规要求以及小区形态，整合小区出入口空间，设置小区配套商业公建，并利用集中绿地设置两个地下机动车库。

住宅建筑单体全部为一梯两户多层住宅。平面紧凑，开间尺寸选择恰当，在合理控制套型面积的同时，做到日照、通风良好。并为房型之间的转换以及房型内部灵活分隔创造条件。

建筑造型规整、简约、大气，采用缓坡顶的现代立面风格，以明快的色彩，丰富的层次创造充满活力的生活氛围。

充分体现"面积不大功能全，造价不高品质高，占地不多环境美"的新型生活社区的原则。

本工程外墙采用胶粉聚苯颗粒外保温系统，屋面采用挤塑聚苯板做为保温材料，合理控制门窗洞口尺寸，外门窗采用节能效果好的塑钢门窗，从而最大限度降低建筑的空调负荷。

建筑材料采用节能、环保的材料。水泵等设备均采用低噪声产品，并设置减振装置。

一等奖　上海优秀勘察设计

中山东一路12号大楼修缮改建工程

设计单位：上海建筑设计研究院有限公司（美国建筑设计有限公司合作设计）

主要设计人：章明、张明忠、干红、李军、包红、邱致远、张国言、左黎

上海市中山东一路12号大楼建成于1923年，原系英商汇丰银行，1956年起至本次修缮改造前长期为上海市人民政府办公楼。该楼是上海市文物保护单位、上海市一级优秀近代保护建筑，且是国务院公布的全国重点文物保护单位——"上海外滩建筑群"中的主体建筑之一。

在建筑外墙清洗中，不是简单地采用传统的喷砂打磨或酸液清洗方式，而是通过反复配方和试验，以不伤害石材的中性配方为基础，采用了"药敷吸附"式方法清洗花岗石中的污垢。

在对底层八角厅穹顶上的陶瓷锦砖艺术壁画的复原修缮过程中，设计施工方共同探讨，精心摸索，最后得出了先敷后剔铲的施工工艺和程序，成功地掀去了覆盖于壁画表面的漆面和油腻子批嵌料。通过对底层大厅的原有吊灯的改造，在构造上分设了上下两个不同层面的照度和光源，从而使整个营业大厅不仅保持了原有的吊灯形式和空间效果，同时在建筑照度和环境氛围上更显银行营业大厅的靓丽温馨。

原有基础为钢筋混凝土筏形基础和12m长木桩。地面以上5层为钢框架结构，梁柱节点为半刚接，全铆接，结构延性较好。主楼夹层以下部分的外墙为厚度490mm的自承重墙。

通过加固等措施，维持钢框架-自承重墙结构体系。

对原结构尽可能少拆少敲，采用轻质内隔墙，主轴线隔墙根据总体要求设计成带有统梁和立柱的砖墙；改建后增加的重量控制在建筑总重量的4%以内；考虑到大楼向东倾斜，总体结构加载尽可能设在建筑物西侧。

主楼原设7个屋顶生活水箱，分散于屋面上。检测报告显示，主楼整体向东北方向倾斜，结构工程师建议屋面尽可能减少荷载。经多种方案比较，将主楼地下室、底层、夹层及北楼（即设备附楼）利用市政给水水压直接供水；同时主楼1~4层、塔楼等由恒压变频设备供水，取消了屋顶水箱。

改造、完善主楼的消防系统，屋顶设2个10t消防水箱。营业大厅及底层东南角的原市长办公、接待室，因其吊顶及四壁装饰均为重点建筑保护内容，故不设喷头，而在设计中加强火灾探测报警系统，夹层与营业大厅的回廊处采用加密喷头等设置。

本项目变电所设在独立的能源中心（即北楼——设备附楼内）。弱电机房设在主楼底层、夹层、二层。主楼内每层平面中充分利用回形走道转角处的暗房间设置配电间及弱电间，布置紧凑均衡。

泛光照明及室内照明设计，突出了原有保护建筑的视觉效果。并在重点保护部位——如底层营业大厅中，充分利用原有的灯具，通过多次试验，在不改变原有灯具形式和风格的前提下，改良光源，根据使用和效果的需求，形成向上向下两种不同的光源和照度布置，取得了较满意的建筑照明效果。

由于对于底层营业大厅这样的高大空间，其上部的藻井平顶又是不得破坏的重点保护部位，采用了红外对射报警装置，既满足了建筑装饰的效果要求，又解决了建筑消防的安全问题。

本工程为上海市一级文物保护单位，许多部分只能修复而不能拆除，经过对现场大量的调查研究后，结合现场情况，尤其对高大空间营业大厅的设计作了多方案比较，采用了内侧墙喷口送风，辅以外墙立式风机盘管（利用原有散热器壁柜），柜台下均匀回风，保证了大厅的舒适度，另外大厅的排烟亦利用原有玻璃顶棚葵花风口作为排烟口，既满足了高大空间消防的需要，又使大厅保持了原有19世纪30年代的风格。

中福会少年宫大理石大厦改造工程

设计单位：上海建筑设计研究院有限公司

主要设计人：费宏鸣、谢寿铭、张惠梁、陆振华、施蓓莉、唐海祥

中福会少年宫大理石大厦原名嘉道理爵士住宅，又名"大理石大厦"，建于1924年，为上海市优秀近代建筑，保护等级为Ⅱ级。大厦为二层砖、木、混凝土混合承重房屋，并有半地下室。大厦建筑设计庄重典雅，线条简练，尺度严谨，气度非凡，室内装修非常奢华，吊顶、地板、墙面等装饰各异，线条华丽精美。图案饰样多变，工艺流畅精湛。装饰风格大致为巴洛克风格。1953年该大厦改造为中福会少年宫艺术教学楼，为少年宫的标志性建筑。

本工程外墙修复包含墙面裂隙加固与修复，抹灰面的涂装，水刷石修补和防风化保护等工作，并使用对墙体损坏很小的化学注射方法修复墙体防潮层。

该大厦的大理石装饰极其精美，是整幢大理石大厦的精华部分。其装饰风格，线脚装饰，包括石材严格受到保护。本工程采用专用大理石清洗剂刷涂表面，等待片刻后用硬毛刷刷除污垢，再用水清除残液，最后等大理石干燥后，外涂大理石保护剂。局部地面大理石拼花损毁严重，则采用材质相同、花纹相似的石材拼装。尽量保持原有建筑风貌和装饰细部。

本工程对顶棚、内墙面进行嵌缝、批嵌、重新喷涂，力求恢复原来建筑的艺术氛围和意境。根据结构全面修复加固的要求，地板的木搁栅全部拆除，并重新铺设木搁栅和双层木地板（恢复原有地板拼缝花纹图案）。

基础加固：原地下室墙体强度很低，全部采用钢筋混凝土面层加固，地下室底（原为素土地坪）做整浇150mm厚钢筋混凝土底板，沿墙大方脚斜向伸至墙侧，与墙体面层连成整体。由于墙体两侧面层有拉结筋，从而使基础与墙体亦连成整体，提高了地下室的整体刚度，同时也改善了墙体原砖砌条基的承载能力。

底层楼面结构加固：底层木结构损坏情况非常严重，需要翻造（但有些装饰却要保留）。采用增加砖柱或小型钢柱的结构体系做木地板的支承结构，对原墙体的损坏减少到最小程度。

原有的混凝土结构一般采用粘钢或加混凝土套层加固，对不适宜粘钢加固又不能敲去重做的则采用钢结构支托加固。

原有给排水系统水管已老化，大量管道已堵塞，严重影响正常使用。在保护各装饰面外观的前提下，对原有设备和新增设备的水管敷设进行重新替换和调整。

在保护各装饰面外观的前提下，配合其余各工种的修缮工作，对新增机电设备和原有设备的配电线缆敷设进行调整替换，调整配电间内的布置，使之符合消防要求。灯具翻新或参照原有照片进行仿制。对屋面防雷装置进行调整，使其更安全可靠且外观更漂亮。同时增设消防自动报警系统、综合布线系统、安防报警系统、音响和灯光调节等智能化建筑所必需的弱电装置，使用功能更显丰富。

因原有风管均为家庭要求设计，尺寸远不能满足，而且明露部分基本已损坏，故本工程作了改动：所有活动室均采用VRV变频机组。少年厅是整个少年宫的精华，墙面的大理石及顶上的石膏花饰独一无二，但空调负荷相当大，所以需要用大风量系统。设计利用了原有的地坪洞口，设8根风柱，用上侧送风新型的锥形风口出风，可吹达12m的厅中心。风管采用超级风管有消声作用，所以听不到任何风吹动的声音。风管外由建筑做成灯柱，与大理石墙面统一，效果很好。

衡山马勒别墅饭店保护性修缮工程

设计单位：上海章明建筑设计事务所（上海建筑设计研究院有限公司合作设计）

主要设计人：章明、左黎、朱新民、胡敬明、秦荣鑫、赵峰、唐海祥、干红、李军

陕西南路30号衡山马勒别墅饭店为全国重点文物保护单位，建于1936年，原名马勒住宅，后作为上海市团市委的办公用房。2001年9月至2003年4月修缮工作完成。现属上海衡山集团，改为VIP宾馆使用。

马勒别墅基地5332m²，楼高三层，占地894m²，建筑面积3006m²，草坪2000m²，是一座挪威风格的建筑。它的外形与色彩极具特征，体型富于凹凸变化，造型复杂，四坡顶尖塔玲珑别致，色彩富丽堂皇。室内大量采用木装修，饰有精细雕刻和线脚，走进这座建筑犹如置身于童话世界。由于其珍贵和独特，它也成为中国唯一收入东南亚世界遗产名录的住宅建筑。

修缮设计依据现有的保护建筑的法律法规要求，按照修旧如旧的原则，恢复和保留马勒别墅原有的建筑及装饰风格，最大限度地实现保护的原真性。外立面均按原貌恢复。由于是私人住宅，当时没有保存设计图纸，必须对建筑重新测绘，对结构进行考察，重新绘制土建图纸。门窗损坏部位和小五金零件照原样加工补齐。外墙面污迹和灰尘用清洗剂冲洗。墙缝渗水经现场查出原因后提出了合理修补方案。塔顶修缮经测绘内部钢架结构和屋面材料后分析研究作出了可行的方案。建筑外观修复后，整体效果与细部完美地相结合，保持了原有的风貌。在原建筑平面布局中按接待贵宾的功能调整，并兼有对外经营的要求，底层设有接待大堂、会见、宴会、酒吧、影视、会议室、中西餐厅、美容美发室。将原有的厨房翻新，增加相应设备使其符合现代厨房的功

能要求。原有食堂侧门处另辟一条VIP通道，满足其特殊接待功能。二、三层为英国式、法国式、西班牙式、挪威式豪华套间及随员套间等，并设有若干餐厅、娱乐和服务用房。

马勒住宅地势较周围低40cm，地垄层长期积水潮湿、白蚁侵蚀。经新开地垄层排水沟和集水井，重新整理排水系统，恢复地垄四周通风口，有效解决了积水和防潮问题，使底层平面保持清洁和干燥。主楼为三层砖木结构，局部二层。基础为木桩加三合土垫层砖砌刚性条形基础。墙体为二砖厚度砖墙，砖强度等级MU15，墙体砂浆强度M10。房屋承重墙结构基本完好，仅极少数墙体有细裂缝，但不影响整体结构。楼面、屋面均为木结构。屋面上耸立斯堪的纳维亚哥特式尖塔，共有三座。一号塔楼为钢结构，二号塔楼砖结构，三号塔楼为玻璃角钢结构。修复重点是：底层架空层、木搁栅、木地板绝大部分腐烂、蚁蚀，全部进行重新翻建，改建成钢筋混凝土结构，上铺木地板或陶瓷锦砖面层，结合设备地沟做好墙基防潮处理；对二层、三层木搁栅、木地板、木装饰、台度进行白蚁查看，进行防治，按使用要求进行结构加固，构件调换，并纠正楼面倾斜度；屋面进行修补，对渗漏、霉烂构件进行调换、加固，重做屋面防水层，确保屋面不渗水；根据使用要求，承重处加设钢梁支承。局部房间在木搁栅下增加钢梁，缩短木搁栅长度，提高楼面承载力。

该楼经过修复，充分合理利用原有结构潜力，消除结构隐患，增强结构耐久性，提高楼面承载力，提高建筑物的使用期。住宅内部改造中最难得的是既要保留室内原有的空间高度和装饰风格，又要符合现代化星级酒店标准的功能要求，增加客房的卫生设备、空调通风系统、消防监控设施。为此对结构进行了重新加固，对木材进行了防腐防火处理；在结构之间空隙处加装了新的设备，将原来的壁炉管井改造成了空调和强弱电的竖井。

今天，这座建筑在其他高楼林立的现代建筑中形成了明显的反差——古朴雅致带有童话色彩的欧式洋房在夕阳下散发着梦幻般的光辉。

一等奖　上海优秀勘察设计

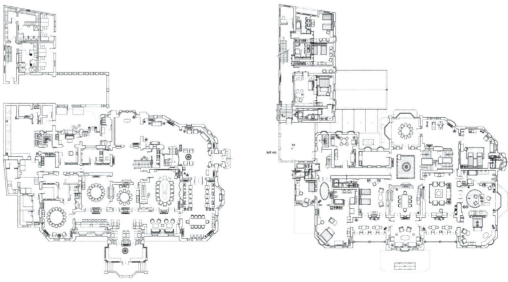

上海中山东一路18号改建工程

设计单位：同济大学建筑设计研究院（kokaistudios Hong kong, ltd合作设计）

主要设计人：任力之、吴杰、罗小未、孟良、林建萍、苏生、
蔡英琪、严志峰、包顺德

中山东一路18号楼1994年被列为上海市第二批优秀近代保护建筑。大楼建于1923年，原名麦加利银行大楼，曾为英国渣打银行驻中国总部，1920年由公和洋行设计；1955年银行迁址以来，更名春江大楼并经历多家单位使用整改而失去空间原貌。80多年后，承租方上海珩意房地产经营有限公司要求以最高标准来修复更新18号楼，使其成为商业利益与文物保护兼顾的范例。本项目由同济大学建筑设计研究院和意大利KOKAI建筑及柏诚机电合作完成。

建筑的历史性是城市的财富，需要科学的改建方案。该项目的方法是保留原有外观和特色空间及工艺，在尊重历史价值的前提下更新功能和加固结构，改建装修方案必须遵循原有的设计精髓。

中山东一路18号楼改建在设计概念上遵循当代历史性建筑保护的"原真性"和"可逆性"原则，按照Palmers & Turner Architects原始图纸和各时期使用单位改建后的现状图纸作为历史资料，尽量以传统工艺辅以当代技术，在发掘并尊重原有风格的基础上进行保护和更新设计，保证受保护部位达到修旧如旧的效果。新加建部分采用新工艺新材料反映当代特征，在大楼历史记忆与新功能之间维持平衡，实现古典气质与当代性的完美融合。

设计严格按保护建筑改造的程序操作，细分为前期准备、拆除工程、结构加固及改建、设备安装、室内设计5个部分。

在新的商业开发和文物保护矛盾冲突间寻求平衡点，是本设计的最大挑战；如何创造性地平衡功能布局与设备及结构空间的关系，是本案的特色。

（1）历史建筑最重要的特征是真实性：根据保护要求确定主要外立面和结构体系不动，通过采用阻锈剂、局部钢结构及碳纤维加固等新的结构改造加固工艺，重点保护室内门厅、进厅、大厅、主楼梯空间格局和工艺等有特色的装修。结合意大利式修复工艺，保存其真实价

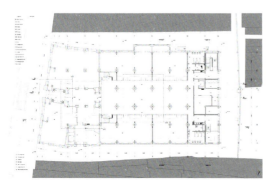

值以维护建筑整体的空间魅力。

(2)结合基地现状将机电用房布设于地下室及西侧背立面新加建的底层架空平台上,保证商业面积最大化,同时避免设备振动和低频噪声影响,架空的底层通道兼消防车道环通。室外环境整治还包括基地北侧与和平南楼比邻的绿篱设计和地坪整治,巧妙化解了杂物墙面的景观缺陷。

(3)室内空间的完善:拆除原一夹层,二夹层木质结构楼板,利用一层8m的高度,采用钢结构重建一夹层空间,支承钢柱或钢楼板均与老建筑结构完全脱开,甚至装修材质也均以留缝方式表达新与旧的分离。并使底层窗户留有空隙使其在外立面贯通;屋顶可拆式酒吧也同样结合屋顶整修采用此灵活的"可逆性"方式。为满足消防要求,建筑靠背立面增设两座钢结构防烟楼梯及一座消防电梯。

(4)机电和结构对层高的限制:为保持18号楼原有空间的高敞感和古典石膏柱头装饰的比例,建筑师留给结构加固钢梁高度是15cm且不连续,穿越其间的机电管线的总高度是25cm高,这对于大楼的现代化的空调电气等设施的协调改造极富挑战性。

18号楼以意大利历史建筑修复观念为基础,融合当代最新的改建技术和施工经验,保护了老建筑的文化精髓。为体现文物建筑的价值,设计通过每一处精益求精的技术和材料,实现了18号楼与以往其他整修工程的不同之处,从而成为人们理解高质量的范例。内容包括底层新铺大理石地坪的陶瓷锦砖效果,外墙石材的手工整

修,内墙仿大理石手工修复及主入口铜门的清洗修复等。

历经两年整修后的外滩18号,集世界时尚品牌旗舰店、国际著名餐厅、酒吧以及艺术展馆为一身的顶级综合商业楼,成为上海都市生活和文化的新地标。见证了上海沧桑巨变的外滩,将再次呈现令人叹惊的经典魅力。

2006年底联合国教科文组织将年度亚太文化遗产保护奖授予外滩18号楼。

上海音乐厅平移和修缮工程

设计单位：上海章明建筑设计事务所（上海建筑设计研究院有限公司合作设计）

主要设计人：章明、左黎、沈晓明、朱新民、陈绩明、余梦麟、唐海祥、李军、陈怀琴

上海音乐厅始建于1930年，原名南京大戏院，1950年更名为北京电影院，1959年改为上海音乐厅。2002年5月至2004年9月，平移和修缮工作完成。它是中国第一代建筑师范文照、赵琛设计的具有欧洲古典主义风格的建筑，1989年9月25日被确定为上海市近代优秀建筑文物保护单位。

2002年8月31日，为结合市政改造，上海音乐厅先是在原有基地上抬高后向东南平移66.46m，然后进行修缮。重点是要切实保护好原有建筑物的整体风貌和内外装饰的风格，并在不违背这一重点的原则下，适当扩充、完善当今演出实际需要的功能，使这一古老的经典建筑焕发出新的光彩。原建筑北面、西面紧邻住宅区的房屋，外观只有北、东两个立面，北立面为入口的主立面，为尊重原设计，保留了北主立面和东立面的建筑风貌。新建的西立面采取与东立面相协调的装修。南立面与北立面相称，使音乐厅的整体外貌保持完整、协调、庄重、高雅的建筑艺术风格。

原音乐厅的舞台面积及相关设施已不能适应现今演出的需要，因此增高南侧、西侧和地下室的空间，扩大舞台进深，并增设观众休息、演员休息、贵宾休息、演员化妆、排练和办公室等用房和现代设施。扩大了舞台面积，增加沉降乐池，新增座位。为扩大人员集散空间，增设南大厅，西侧增加观众休息厅，并与原有东厅、北厅贯通，形成四周环通空间使观众疏散便捷，又起到了与室外隔声的效果。底层，2层、3层增加观众西休息厅和贵宾休息厅，地下夹层增加演员休息空间、浴厕。3层、4层设置了办公、会议空间等。地下室除演员、化妆和休息室外还有乐队大排练厅、道具库房、职工餐厅、厨房及变配电房、冷冻机房和泵房等设备用房。增设七座电梯，改善垂直交通。观众、演员、贵宾及道具货运等各有专门出入口，互不干扰。增加4部封闭的疏散楼梯分置四角，可以安全疏散人流，底层观众厅有6个安全出口。音乐厅增加面积10216m^2。

建筑物平移方案确定采用大刚度的钢筋混凝土托盘支撑原结构，水平直线平移，两次顶升到位，降低平移时中心高度，控制瞬间加速度小于0.1g；原框架柱子与新基础接驳，采用钢筋焊接加长，加大新的基础柱子断面；对全部原有的柱子采用新混凝土外包柱的加固方式，并采用水平植筋的方式使新旧柱子形成整体；采用24台主频为5Hz的弹簧隔振器，支撑与周边结构分开的观众厅楼面结构。实测数据隔离效果可以达到90%，全频段总的隔离效果不小于70%。大大提高音乐厅的音响效果。

室内外装饰分室内保护建筑部分和新建部分。原建部分的维护修缮以恢复原貌保持原有的艺术风格为主，如北入口大堂、观众厅、休息厅等，其装饰线脚和弧形

顶、花饰平顶、原穹顶均用原来的材料按原貌修复，其表面精美的图案和凹凸面用金箔粘贴，并采用金色、灰蓝、淡米色为组合色调。北大堂16根钢筋混凝土欧式立柱采用白色仿大理石纹理石膏饰面，柱帽古铜色金箔贴面。北大厅楼梯、栏杆、扶手、走廊、扶壁等恢复了其优雅庄重的淡米色磨石子面层原貌。室内扩建部分的装饰也以金色为主调和传统的构图，使新建与原建的装饰风格能完美地协调。舞台大幕和观众坐椅的颜色探索性地采用了灰蓝色，较好地衬托出以金色为主调的装饰，更显庄重高贵，在保持欧洲古典风格特征上收到了良好的效果。观众厅保持原有的良好音质效果。如墙面、顶棚、地坪等，尽量选用原来的硬质装饰；扩大舞台空间，完善音乐罩功能，选择低透声率的坐椅面料；观众厅采用浮筑地坪，音质效果经空场测试；评议维护修缮前的混响时间为1.46s，维护修缮后提高为1.83s。

通过这次维修和功能完善，为上海完整地保留了一个传统的城市文化印记，提供了一个符合现代文化发展潮流，能够使更多人赏心悦目的音乐殿堂。

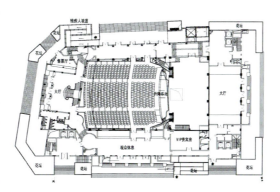

2007年度上海优秀勘察设计

二等奖

复旦光华楼

设计单位：中船第九设计研究院工程有限公司（P&H合作设计）

主要设计人：陈云琪、朱江、张国斌、孙文彤、周宏、史岚岚、金松

复旦光华楼位于复旦大学主校区——邯郸校区内，是由超高层双塔、附楼及地下室组成的集教学、办公、科研、会议、公共接待等功能为一体的超大规模综合楼，是为迎接2005年复旦大学百年校庆而建设的标志性建筑。整个建筑东西长186m，南北宽为48m，最高处142.8m。总建筑面积109876m^2，其中地上共30层，建筑面积98861m^2，地下共二层，建筑面积11015m^2。

光华楼于2002年初开始设计，2002年12月30日开始施工，2005年11月20日正式通过验收交付使用。

光华楼在总体布局上采用了强调中轴线布局手法，建筑坐北朝南，南面和东面设置广场。南侧的主广场面积约17000m^2，既能很好地衬托主体建筑，又可作为学校室外大型活动的场所。东侧的广场面积约7000m^2，作为东附楼报告厅的入口广场，同时也是建筑与国顺路的一个缓冲空间，亦为复旦东校门的入口广场。

复旦大学以文、理双科著称于世，光华楼主体为双塔，分别是文科、理科楼，预示着复旦的文、理双科将齐驾并驱，共同开拓复旦的未来。

主入口设置在二层中轴线上，通过南广场上的大台阶进入，气势恢宏，它与列于其上的柱廊一起，构成超高层塔楼的基座，十分壮观。双塔中间20m×24m的空间为无柱大厅，满足了门厅对大空间的需求。

建筑的中央——两条轴线的相交处2～4层设置了大型的中庭，为记者招待会及各种交流活动提供了一个充足的舞台。

一层双塔及其连接体部位为学生广场，既可封闭成为多功能厅，又可打开举行各种学生活动。

主楼结构采用框架-核心筒结构，部分梁、柱采用型钢混凝土结构；东、西群房为框架-剪力墙结构。主楼与东西裙房之间在地面以上设置防震缝，形成3个独立的结构单元，以满足有关规范在温度区段的长度和抗震性能的要求。

采用桩-筏基础，3个独立的结构单元置于同一个地下室上，地下室顶板作为上部结构的嵌固点。

主楼自16层以上分为两个塔楼，属于严重抗震超限的超高层建筑，东西群房亦属于多项抗震超限的高层建筑。设计中采用了多个空间结构计算模型，通过反复计算分析，不断调整构件布置和截面尺寸，并在抗震薄弱部位采取了有效的加强措施，满足了现行抗震规范的要求。

X1-7地块金融大厦（现名：花旗集团大厦）

设计单位：上海建筑设计研究院有限公司（日本株式会社日建设计合作设计）

主要设计人：贾晓峰、袁建平、陈民生、张明忠、项晓春、李军、邓俊峰

本工程位于浦东陆家嘴金融开发区临江X1-7地块，与正大广场、香格里拉大酒店、震旦大厦相邻，是一幢智能型金融办公大楼。大楼地上部分为41层主楼及3层裙楼，地下部分3层。建筑造型以轮廓清晰的整体通透体块构成，与周边的震旦大厦等建筑的曲面和屋顶装饰形成对比。

办公楼采用正方形的平面布置。无柱的口字形大空间办公既保证了75%的高效使用率，又可以适应各种企业规模的灵活布置。以信息通信为主的智能化功能可满足各种综合金融商务的需要，同时对热负荷最大的西南方向正立面着重进行节能设计与处理。

塔楼的基部裙房主要布置有大堂、银行大厅、商务会议中心等大楼公用设施及餐厅、商店等商业设施。上部为大空间的办公用房，顶部为金融家会所。

本工程主楼高度为180m，结构体系采用钢筋混凝土框架-筒体结构，属超限高层建筑。平面和立面简洁规则。基础采用钻孔灌注桩-筏形基础，主楼桩径ϕ850，桩长41m，持力层⑦2层。裙楼桩径ϕ650，桩长23m，持力层⑤1-2层。本工程最高混凝土强度等级为C60，并采取设置芯柱和箍筋加密的加强措施，以提高柱的延性。

整个消防系统分为高区、低区二个区，分别由高区、低区消防主泵服务于各个区的消防系统。采用"直接串联"供水系统，相对于并联供水系统大大降低了管网的承压等级，方便了管材、配件、水泵的选择及管道安装；屋面雨水排放采用了由不锈钢管道制作的虹吸式雨水排放系统。

本工程对风系统的控制采用了变静压方式的变风量控制，水系统采用了变流量控制。设计了物业管理网络，同时与智能化集成系统结合，实现了面向设备管理和物业管理与服务的网络化集成，是较完善的集成设计。安保系统中实现了电梯系统的智能卡控制，并实现了花旗银行专用智能卡与大楼出入管理智能卡的"一卡通"。

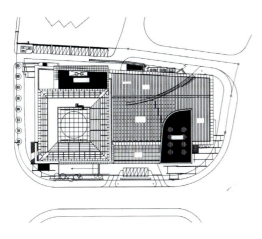

办公层在中心筒体两侧设置4个空调机房，各放置1台紧凑型空调机组，结合分区布置的高性能VAV变风量送风装置和自控系统，对各使用区域实时监测，控制输送所需的空调冷热风，同时在窗下墙部位敷设钢制串片散热器，以隔绝室内外空气的传热。由设置于机械设备层的送风机吸入新风，通过竖向风道送到各层的空调机房以供各层使用。

本工程冷源采用直燃型吸收式冷温水机组和电制冷机组相结合的方式，使用多种能源以达到节能和互为备用的目的。

苏州工业园区现代大厦

设计单位：华东建筑设计研究院有限公司（美国洛翰建筑设计事务所合作设计）

主要设计人：陆道渊、王浩、张欣波、穆为、杨裕敏、王珏、许明印

苏州工业园区现代大厦是园区的一幢管理中心大楼，地处苏州工业园区二区开发的核心区域，位于新的行政中心区域内南北轴线北侧，坐北朝南。大厦的北面是现代大道，西面是星胡街，东面是万圆街，南面是行政中心内的大型的市政广场，地理条件优越，位置显要。总体设计时结合市政广场的大环境，使人车分流合理，内外景观相融。同时沟通了人与建筑、建筑与建筑、城市与建筑之间的相互关系，给城市创造了一个新的都市花园，为使用者创造了一个充满阳光与景致的新一代工作、交流、休息和赏景的理想环境。

单体平面布置规整，主楼和裙房用连廊相联，使用方便、合理，互不干扰。为了不影响大厦的庄严感，以及达到人流车流的合理分流，我们把大厦的地下室入口设计在大厦的东西面靠北面。大厦的地下室的车流直接经环路入地下车库，垃圾集散区和大厦卸货区均设立在大厦的地下层。货车将从西面的坡道进入地下一层，货物的接收与运送都将在地下一层完成。南入口的中庭共享空间，高为18m，宽为26m，和北面的共享空间融合在一起，形成了一个富有震撼力的空间，它也标志了政府的开放性与平易性。中庭西侧的一站服务中心供外来人员使用，充分体现了交通流线的合理性和政府的高效性。中庭东西两侧设立了大厦的主要垂直交通核心，两组各5台高速电梯将把人流快速地运送到目的地。中庭北部裙房是另一个共享空间，在那里设立了大厦3层裙房的主要垂直自动扶梯。西面设计了一个近2000m²的展览中心，东面设计了一个150人的会议厅、信访室和一些大楼的服务设施。裙房其余楼层分设各类会议室、多功能厅及职工餐厅。裙房的辅助功能与主楼行政办公既独立又联系，便于使用。主楼4～19层为行政办公，通过连廊与裙房相联，其核心筒主要围绕东西两侧交通及卫生、机房等辅助用房布置，因此平面使用率很高。

大厦立面造型大气并细腻，体形简洁，经济实用，立方几何形体，加以幕墙竖线条，具有整体感。加之裙房以下部分以实面为主，与上部分玻璃幕的对比形成了稳重感，整体造型稳重、现代、总体、大气，体现了行政办公楼的特色。

上海国际汽车博物馆

设计单位：同济大学建筑设计研究院（德国AR.D.D合作设计）

主要设计人：任力之、张丽萍、孟良、麦强、杨民、王昌、顾勇

上海国际汽车博物馆是国内首个专业汽车博物馆，位于安亭国际汽车城核心区汽车博览公园内。基地面积11700m²，总建筑面积27985m²，建筑高度32.45m。设计时间为2003年12月14日至2004年10月11日，竣工时间为2006年10月24日。

总体设计将主要参观入口置于基地西侧，面向博物馆与汽车会展中心之间的汽车广场。内部道路系统在满足消防规范要求下，参观人流、办公人流、后勤人流互不干扰。

各个展览大厅分布在五个楼面上，整个建筑由以下部件构成：每层楼板提供了参观者展览的平台，混凝土交通内核提供了服务功能，电梯、楼梯和坡道作为垂直空间上的联系，中庭空间作为视觉上的联系。

外立面通过金属、玻璃的巧妙组合，竭力展现汽车的动感和速度感。细部处理强调舒展的水平线条，结合金属百叶，较好地体现节能与装饰的双重作用。同时，结合室外坡道曲线翻折的造型，运用金色玻璃和米黄色蜂窝铝板作点缀，在大面积透明玻璃幕墙与银灰色蜂窝铝板幕墙的衬托下，使建筑在充分表现力度的同时亦不失灵动，时尚的现代感。博物馆主入口上方两层展览大厅悬挑而出，建筑形态演绎刚劲有力的风格。

本工程为钢框架-混凝土筒体混合结构体系，地下室为混凝土结构。结构4、5层为大面积悬挑结构，悬挑最远端距角柱17.140m，利用第5层层高建立悬挑桁架，利用吊杆悬挂第4层外挑区域，平面及屋面结构中楼板加强区布置水平交叉斜撑。

空调冷热源采用超低噪声的空气源热泵机组。空调水系统为二管制一次泵系统，送回水总管设压差旁通。展厅等大空间采用全空气系统，小空间采用风机盘管加新风系统。中庭和展厅等高大空间无机械排烟条件，设自动排烟窗自然排烟。

公园内设有市政给水管及消防环管。室内排水为污废合流系统。屋面雨水采用虹吸式压力排放管路系统。室内消火栓系统为一个压力分区，成环布置。室内设自动喷淋系统，按中危险Ⅱ级设计。

强电采用二路10kV同时供电，同时使用。采用TN-S接地制式，按二类防雷建筑设防。根据博览建筑布展特点，照明设计设置了智能建筑控制系统（i-bus），使照明环境最佳。

弱电方面，结合博物馆的功能特点，着重考虑了通信及安防方面的设计。设有综合布线系统、安保系统、楼宇设备自控系统、有线电视接收系统、多功能厅电子会议系统、停车库车辆进出管理系统、火灾自动报警及消防联动控制系统、公共广播兼紧急广播系统、电子售票系统和智能化集成系统。

复旦大学正大体育馆

设计单位：同济大学建筑设计研究院 [韩国理·像(株)综合建筑师事务所合作设计]

主要设计人：丁洁民、钱锋、吴蔚、陆秀丽、冯玮、冯明哲、周鹏

复旦大学正大体育馆是复旦大学为迎接百年校庆，自我筹资建造的一座能够举办大型室内比赛的多功能综合体育馆。总建筑面积12111m²，主体建筑地上二层，附属看台局部三层，屋顶檐口标高16～25m。馆内可容纳固定席观众人数3529人，活动看席1362人。体育馆位于复旦大学南校区，与已建的游泳馆、标准田径场以及二期拟建体育训练馆共同形成一个体育中心。

体育馆设计要求有显著的体育个性，充分体现复旦大学百年发展的文化意义和日益发展的时代特征。在立面上以历史的传统性为基础，将"从澎湃的大海升起的逆动的太阳"这一理念融入到设计中去，以一个水平稳定的坚实基础撑起一个象征升起的太阳的椭圆形上部结构组成整个立面造型。底层立面以花岗石墙面为主，表现出朴实稳固的形象，二层以上使用钢拱、拉索、膜、铝板等高科技材料，表现出一个轻巧、新颖、向上的尖端建筑物形象。

平面布局上，一层平面为比赛场地，外围安排运动员及裁判员等候室、VIP室、药检室、医务室、采访室、记者室、会议室等各类辅助用房；二层平面为观众席入口门厅、小卖部、厕所等；三层平面均为观众席。所有流线清晰不交叉。

在空间上，为营造出一个明亮、舒适、和谐的环境，满足体育馆平时训练使用要求，设计将大量的自然光引入室内。二层观众厅以上外墙采用玻璃幕墙，外加水平金属遮阳板，以防止眩光进入场内。屋顶主要采用白色18%透光率的PTFE玻璃纤维膜结构。

结构设计采用大跨度钢桁架—索—拱空间组合结构，架立起65m×80m的比赛空间。为了提高空间感以及膜结构透光率，内部采用了不锈钢飞杆次结构，大大减少了结构构件，充分发挥PTFE膜材的功效。

屋盖上空的100m跨半圆弧大拱，跨越整个结构后落脚于建筑物侧边。施工制作与吊装考虑了大构件运输与安装、施工阶段稳定、拉索预应力控制以及高精度的要求，并对制作工艺严格要求。

设备专业采用市政压力直接供水设计，屋顶虹吸雨水排水系统，提高了节能、节水效果；观众席座椅下送风，过渡季节开启顶部百叶并利用热压实现良好的自然通风等提高了空调通风的节能效率；体育馆内的照度设计、电力供应等充分考虑了体育比赛—集会—平时训练变换的特点，低损耗、高效率设计，实际运转证明能满足节能的使用要求。

体育馆2005年8月竣工使用至今，已运用于体育比赛与教学实践，并举办多次演出、集会，反响良好。体育馆设施完备、环境优美，已成为复旦大学南校区体育中心的重要活动场所之一。

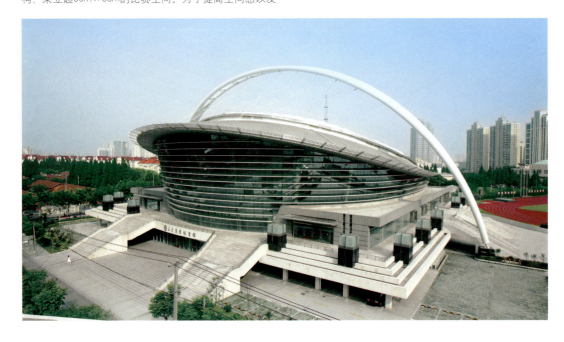

上海汽车会展中心

设计单位：同济大学建筑设计研究院（德国AR.D.D合作设计）

主要设计人：陈剑秋、汪铮、肖小凌、周争考、龚海宁、潘涛、钱大勋

上海汽车会展中心位于上海国际汽车城核心贸易区汽车博览公园内，建筑规模1566个国际标准展位，总建筑面积约61500m²，用地面积约39800m²，建筑高度30m，地上6层，地下1层。

上海汽车会展中心作为汽车博览公园内的核心建筑，设计的立足点是妥善处理建筑与自然之间的关系，体现人——建筑——环境的对话与交流，实现人与自然的互动。同时，总体布局、建筑形态的内部空间，无一不渗透着来自汽车的灵感。总体布局基于汽车博览公园的总体规划，与汽车博物馆在总体上相呼应。会展中心与博物馆之间形成汽车主题广场，成为建筑的主要公共活动空间。基地北侧为停车场，南侧为预留地区总部办公用地。内部功能区由南展览厅、北展览厅及中部六层会议综合楼三部分组成。建筑空间以丰富多变的入口大厅形成序幕，舒展奔放的异形体、熠熠发光的云石墙体、现代材料、构图与光影，形成了令人过目难忘的大厅空间感受。大展厅空间开阔，55m宽，120m长的现代化无柱空间，成为汽车的最佳展示场所。

结构设计中将建筑分为南、北展厅和会议综合楼三个不同的体系进行设计。南、北展览楼均为55m跨度单层无柱大空间，采用单跨三角形钢管桁架结构，K形节点相贯焊缝，屋面桁架一侧弯曲落地形成三角形钢管格构柱，另一侧采用外斜的单钢管柱，柱底与基础刚接，柱顶与桁架铰接。屋面支撑采用圆钢交叉柔性支撑，以花篮螺栓张紧。屋面沿长向两边各设置一道纵向水平支撑，沿短向与柱间支撑相对应的位置设置横向水平支撑，形成屋面封闭支撑系统，提高屋面平面刚度。基础采用柱下桩承台，桩型为PHC桩。会议综合楼为总高度29.5m的高层建筑，结构体系为钢筋混凝土框架剪力墙结构，利用东西两侧楼电梯间适当设置混凝土抗震墙，以调整结构整体刚度及协调X和Y方向的刚度。混凝土结构抗震等级为剪力墙及连梁二级，框架三级。基础采用柱下桩承台。

空调设计把南、北展厅和办公楼分成三个独立的系统。给水系统设计为二个压力区：大面积的展厅的生活和工艺用水以及用水量大的空调冷却水的补水由城市管网压力供给，会议中心的楼层给水由变频调速泵供给。

强电设计方面，本工程按一级负荷要求供电。弱电设计方面，参照甲级智能化设计标准要求，在数字化、网络化方面重点考虑信息网络系统的设计，在消防报警方面重点考虑大空间的火灾早期报警。在安防方面重点考虑会展场地的全方位监控，设备控制方面考虑所有的机电设备均纳入楼宇自控系统。

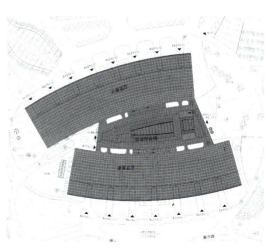

格致中学二期扩建工程

设计单位：同济大学建筑设计研究院

主要设计人：郑时龄、章明、张姿、张晓光、姜文辉、石优、邵喆

本建设项目位于上海市格致中学校址内，处于上海市中心地段，东临浙江中路，南临北海路，西临广西北路，北临广东路，占地面积13157m²。

设计目标力求从立意、标准、气质、文化个性、细部等各个方面突出现代化教育建筑的高水准与高品位，借鉴国外现代化教育建筑的成功经验，实现建筑的功能与形象要求的统一与和谐，体现百年学府格致中学的新时代形象。

整体分为功能明晰的六个分区。在形象设计上，力求延续原有格致中学的建筑格调与高雅品味，结合一定的现代建筑的表现元素使得整个建筑折射出超然出众的文化气质，承传着"百年格致"的风韵。格物楼(教学楼)主体造型工整严谨，一层、二层架空配合立面的设计，整体虚实对比表现得很强烈。学术交流中心和艺体

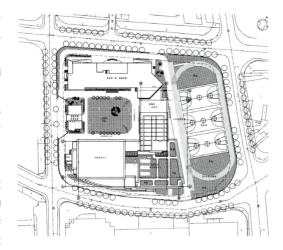

活动中心的造型强调纵向与横向体块的穿插配合，并赋予立面以活跃因素，以较现代的手法传递出丰富的视觉信息。

立面设计，注重纵向与横向线条。墙面主要由赭红色的面砖贴面，以大方稳重的石材柱饰与轻巧灵动的玻璃配合使用，注重虚实对比与体块穿插、变化，使高贵典雅与变化多姿相得益彰。柱饰上细致的刻划，于细部中见品位，既端庄高雅又不失开放与活力。

本建筑平面形式为不规则的L形状，并且楼层高度差异较大，在结构初步设计时将整个建筑分为3个结构区块。分块情况如下：区块一：5层钢筋混凝土楼面，5层上为篮球馆，挑空3层上接钢结构屋顶；区块二：3层钢筋混凝土楼面，2、3层为大台阶教室，楼板开洞，错层情况较多，屋顶为花园；区块三：8层钢筋混凝土楼面，屋顶上有混凝土装饰构架。该区块与已有建筑相接，采用柱内退，悬挑梁板做法与原建筑相接。三个区块在1层连为一体，共同地下室。

篮球馆和大小礼堂分别采用屋顶热泵式空调机组，气流组织均为上送侧回。地下室餐厅采用分体风管式空调机组。游泳池设置散热片采暖系统，采暖管道采用同程布置。

地下室设置一锅炉房,采用2台0.4MW的常压燃气热水锅炉,供淋浴、泳池加热和泳池冬季采暖用。

给水系统：地下室至二层生活用水采用市政管网直接供水方式。二层及以上各层用水采用市政给水管网→地下水池→加压水泵→屋顶水箱→用水点的供水方式。

校园内10/0.4KV变配电系统：空调、水泵及消防等动力配电系统；照明配电系统；建筑物防雷及接地系统等。所有消防设备电力，重要场所（如电话总机房、消防控制中心等）照明及疏散照明，消防控制中心等用电设备均为一级负荷，其余为二、三级负荷。

新时空国际商务广场

设计单位：上海天华建筑设计有限公司

主要设计人：黄向明、黄峥、蔡爽、符宇欣、徐永芊、杨军、许洪江

新时空国际商务广场位于长宁区中山公园附近，基地北侧为长宁路，东侧为汇川路，西侧隔凯旋路和轻轨明珠线相邻。基地呈北大南小的窄长三角形，总体布局上根据基地形状及四周道路的交通特点，设计将两幢高层布置在汇川路一侧，并在汇川路上设置一进一出两个出入口。

机动车停车库设于凯旋路一侧，为满足大量停车的出入需求，设置两个机动车出入口，通过贯穿基地东西的道路到达凯旋路及汇川路。本方案平面布置上为南北两幢，两幢高层的立面设计采用超现代主义手法。该手法将建筑分解成机能、空间、结构、自然光、材料及周边制约条件等因素，然后将这些因素进行再构筑，使美学、功能的标准二者统一。弧形墙面相互穿插，高低错落，形成丰富的体量关系。在大面积的玻璃与铝板中使用水平线条和垂直构件。使两幢楼成为一个统一而和谐的整体。

办公楼和公寓式办公楼基础采用的钻孔灌注桩桩径为850mm，桩长63m、63.6m，桩端持力层为⑨灰色粉细砂层，单桩竖向承载力设计值为5950kN，抗拔承载力设计值为2550kN，因邻近地铁2号线，设计按照有关部门要求将基础的沉降量控制在10cm以内，主楼和裙楼采用长短桩方案结合设置沉降后浇带，以有效地减少基础的不均匀沉降差。本工程地下室平面尺寸较大，设计考虑采用每隔40m左右设置一道后浇带，分块施工等措施以减少混凝土收缩产生的不利影响。

两栋塔楼分别独立设置冷热源，办公室部分风机盘管水系统分内外区设置，主机分设。办公区域新风机组集中设置于屋面，经过滤和冷却或加热加湿后送由新风总管送入每层各房间。公寓部分每层设置两台新风机，安装在走廊吊顶两端，将室外空气处理后送入各房间。

集中空调水系统为双管闭式机械循环。夏季供回水温度为7~12℃，冬季供回水温度为40~45℃。集中空调水系统在系统最高处设置一个膨胀水箱，自来水通过浮球阀自动补给。水箱设有液位报警仪，将信号反馈到值班室。给水系统方面由一、二层商业及餐饮厨房生活用水利用市政余压供给，其余楼层采用水池—水泵—水箱—用水点方式供水，水泵房设置在地下车库内。排水系统方面由室内废污合流，卫生间设专用通气管，厨房废水立管采用螺旋管；室外雨污分流。餐饮厨房排水至室外，经隔油池隔油后排至室外污水管网；地下车库设置沉砂隔油池，废水经沉砂隔油后排至室外污水管网。

本工程按照甲级智能化系统标准，将通讯、计算机和自动控制技术运用于建筑，通过有效的信息传输网络、各系统的优化配置和集成，向用户提供方便快捷的信息通信、安全舒适的环境、高效便利的物业管理。

华东师大一附中迁建工程－教学综合楼

设计单位：上海民港国际建筑设计有限公司

主要设计人：许谦、劳沘荻、武文翔、蒋玮敏、沈耀、张东、张萍

上海虹口区华师大一附中因现有的校址已无法满足发展的需要，故将虹口区华师大一附中从原校址迁移至虹口区瑞虹新城8号地块。于2003年开始设计，面积47079m²的学校边建边用，已建成学生宿舍楼、教学综合楼及行政楼，田径场和文体中心在建，2005年10月学生宿舍楼、教学综合楼正式投入使用。

教学综合楼功能齐全，涵盖了实验室、图书馆、普通教室、语音教室、计算机教室、办公等功能，充分体现了对师生的关怀，将各功能空间结合在一起，提供学生多功能发展的空间。并在地下一层设置了约容纳1100辆自行车的半地下车库，通过高窗采光、通风，以方便学生们停车。

将教室抬高至三层以上，满足日照、采光及教室间距的要求，同时将辅助教学空间设在一、二层，流线组织立体交叉，节约用地，在二层设屋顶花园，与一层内庭院绿化呼应，形成一个立体的绿色环境，两个内院和两个中庭的设置，保证教学楼布局紧凑而不觉拥挤，空间丰富而不失视觉中心。

教学楼中庭尝试一、二层架空，楼板开设通风孔，以玻璃顶棚、遮阳卷帘、自动百叶、东、西向外遮阳及建筑自身结构体系，形成一个有效的能源循环系统，使四季的室温在自然状态下保持平衡，同时在中庭中设置中央吸声体和墙面吸声解决中庭在下课时回声的问题。

在立面上强调建筑的"虚"、"实"对比度与节奏感，突出其时代特征，并着重于比例的推敲和细节的设计。

教学综合楼的建筑平面复杂，结构设计根据建筑的功能在教学楼与实验楼间设置了沉降缝兼防震缝，楼间的连廊处设置了抗震缝，使各个单体建筑平面趋于规则，以利抗震。基地内留存了一些人防工事及原6层住宅的老地基，东侧遇上了古河道，地基情况十分复杂。与新基础重合部分全部挖除，并分层回填粗砂和好土后夯实，并采用不同桩长且结合局部承台深度的变化，使单桩竖向承载力基本取得一致，使用下来沉降情况良好。

生活给排水、室内外消火栓系统布置合理完善，并采用新型节能管材和节水型洁具、水嘴；学校的供配电系统安全、节能、可靠；校园计算机网络使得教学手段更丰富和更有效。

上海市长途汽车客运总站

设计单位：华东建筑设计研究院有限公司

主要设计人：向上、谢耕、盛峰、吕燕生、赵枫、王竣强、王玉宇

上海长途汽车总站选址在铁路上海站北广场西侧，即恒丰路以东，中兴路以南，孔家木桥路以西，交通路以北。地块呈三角形，东西最长处362m，南北最宽处140m，规划用地面积2.9476万m^2。基地东侧是铁路上海站北广场，有16条公交线路在广场内设终点站，轨道交通3号线在北广场设站。长途客运总站作为北广场建筑群的组成部分，其道路交通条件也与广场的道路交通条件密切相关。

由于车站的功能与大规模商业融合，建筑的各种入口与基地周边环境的契合成为设计关键，我们对基地条件进行了详细的分析。

基地北侧为中兴路，旧城改造后，道路将拓宽1倍，成为闸北区重要的城市干道，为了保证长途车进站时不与城市车流混流，我们在临中兴路一侧基地范围内设计了长途车专用通道。

基地以东为孔家木桥路，孔家木桥路通向铁路站北广场，为了便于交通换乘，在靠孔家木桥路一侧开辟一块广场作为进出车站人流的缓冲场地。

基地以南为双车道交通路，交通路以南为轻轨和铁路轨道区，有围墙隔离，在基地范围内的路段上没有其他交叉路口，也没有行人经过，因此在交通路上开设客车出入口是比较合理的选择。

基地以西为恒丰路高架，位于三角形基地锐角的端部，此处用地狭小，因此我们结合设计内容，在最西端设置了一处加油站，并沿南北向在基地内开出一条通路，将加油站和主要建筑群分开，此路同时满足了加油站对外经营以及增加车站备用出口的要求。

我们在总体的构图中运用了三角形、圆形、矩形等多种具有明显几何特征的体量，首先对应基地的三角形特征，把裙房沿中心路一侧平行展开，使所有的商业活动融于三角形裙房之中。三角形的金属卷棚连续地盖过候车厅，直接成为遮挡风雨的二层候车雨棚，极大丰富了建筑的第五立面。应对主广场以圆形体量作为起点，突出入口形象，将售票、问询、行包托运、办公等后勤服务用房沿环带布置。将矩形体量的候车带插入服务圆盘，使之成为简捷、高效的客运部分。100m高的综合办公楼，作为垂直向的限定，成为城市中导引性的地标，折面外墙作为一种戏剧化处理手法得到了充分体现，亦是对于周边环境文化性的折射隐喻。

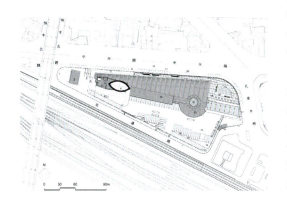

安徽省电力公司电网生产调度楼

设计单位：华东建筑设计研究院有限公司

主要设计人：张俊杰、牛斌、岑佩娣、黄良、俞勤潮、张富强、张伯仑

安徽省电力公司电网生产调度楼工程是2000年中标项目，系原创设计。建筑面积42185m²，高99.20m（顶部构架标高为116m），23层，地下一层，裙房四层，系安徽省新建电力调度指挥中心及本公司办公用房，位于合肥市中心南面，地处黄山路与桐城南路转角处。合肥市被誉为"城中有园，园中有城，城园交融，浑然一体"，是全国著名的园林城市，本工程在设计中对于总体布局、室外环境绿化、建筑密度等方面必须注意以上城市特点，使之融入这个城市并与之相协调。因此，本工程总体沿两条城市道路展开，正方形平面主楼沿主干道黄山路布置，并后退红线35.4m，形成主广场，配置绿化、铺地、小品，以烘托主入口气氛，强化城市广场的意象，并突出这栋建筑在城市景观中的主体地位，同时使主楼各个角度均有良好的视觉效果，裙房沿桐城南路一字形布置，便于底层招商银行的使用，主楼与裙房平面形成了近似"L"形格局，并与城市道路转角关系也较为贴切，在总体上围合了内部南广场绿化，并与主干道上的北广场相互呼应的和谐关系，强调了南北入口的中轴线关系，增强了入口空间的方向感，总体布局与城市设计互为增色。

主楼平面根据使用要求和工艺布置（大楼内调度室采用新工艺无须宽阔调度室，微波天线在另处，由光纤传送至大楼），主楼采用正方形平面（34.6m×34.6m），标准层面积1141m²，芯筒面积249.64m²，占标准层面积的21.8%，标准层走道宽1.85m。

主楼与裙房能有机结合，流线合理，主楼与裙房之间展厅、门厅大堂及公共部位的过渡空间等从建成后的效果看，比例恰当，空间尺度气派宜人。

在主楼平面中不设角柱（得到结构支持），使各层转角办公室无视线遮挡，转角的通透玻璃有利于削弱建筑造型的体积感，使建筑更具轻盈挺拔向上的感觉。

在主楼平面中，景观好的部位，如7、8层，11、12层，14、15层上下二层贯通，为休息空间，使原来比较呆板的平面顿觉生动而富有变化。

办公室外墙为双层中空玻璃幕墙，走道内隔墙采用玻璃隔断，室内开敞通透，具有现代化景观办公楼的风格。

立面形体简洁、现代、端庄、竖向线条为干挂花岗石，使主面挺拔而坚实，玻璃幕墙和铝板有良好的虚实对比，同时设置铝材线条的细部使立面不失为简约而丰富，顶部层层收分，强化造型向上的力量，加之泛光照明的配置使凹凸有致的建筑夜景更为熠熠生辉，丰富了这幢建筑的个性。

建筑标准掌握恰当，决算投资2.2亿人民币，造价合5210元/m²，在概算投资控制范围以内。

2006年9月竣工验收，甲方及业内人士反响均较好，外观、室内及与城市的关系在合肥目前建成的大楼中首屈一指。

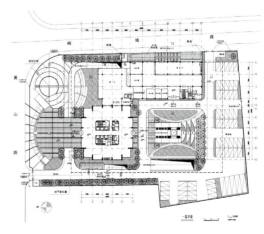

武钢技术中心科技大厦

设计单位：同济大学建筑设计研究院

主要设计人：戴复东、吴庐生、李国青、梁锋、王笑锋、徐本平、戴茹

武钢技术中心科技大厦是武钢技术中心系统工程的主体，为一类高层科技建筑，总建筑面积31462m²，地下1层，地上16层，建筑高度为73.85m，副楼报告厅2层。地下一层为6级人员隐蔽所，平时做车库（共56车位）和设备用房。主体除地下一层为钢筋混凝土结构外，均采用钢管混凝土柱和H型钢梁，报告厅地上部分则全部采用钢结构。钢材均采用武钢自己研发的、具有国际领先水平的耐火耐候钢WGJ510C2，这在全国还是首次。主楼采用在上、下中庭两侧布置用房的方式，但在5~12层将中庭用作接待、会议、档案等用房。报告厅及相关会议、交流室与主体脱开，以符合报告厅结构的特殊需要。主楼与副楼二者结合创造出高低组合、刚柔并济的整体形象。主楼布局以1层作档案库；大厦入口、门厅及展厅位于2层，室外设大台阶及行车坡道到达；3层为图书馆及网络中心；4、5层为科技服务及对外窗口部门；2~4层为中庭，作展厅、交流使用；5~12层为各科研部门，不用中庭；13~16层为研究院及科技中心的管理中心，具有中庭，作内部集体活动使用。上、下中庭在西端有两部观景电梯，富有活力和特色。这样较好地解决了功能安排、交通组织、建筑面积、建筑高度、消防要求、内部空间塑造、外部造型需要等难题，在国内尚属少见。科技大厦位于园区中心，正对主入口，其头角峥嵘的新颖外观突出在整个园区内的核心地位。它与园区主入口及入口大广场一起，气势磅礴，反映了武钢集团欣欣向荣的发展前景。武钢技术中心是武钢的一面旗帜，设计中力求创造出腾飞向上的建筑形象。充满现代科技感的建筑轮廓，挺拔的斜线处理显示出武钢不断向上的发展势头和迅速增长的科技成就。形态独特的柔和扁圆桶形报告厅外包金属铝板，与主体的刚劲形成对比，体现出建筑美、结构美、工艺美。整个主体建筑外墙材料以双层中空LOW-E透明玻璃为主，局部饰以深色镀膜玻璃，陪衬银白色金属蜂窝铝板，白昼与夜间都显示出钢结构的灵巧；门厅、展厅与报告厅外立面均采用点式玻璃幕墙，以显示内部的展品和氛围。主立面上方有一圆形点式玻璃幕墙，隐喻武钢技术中心如冉冉升起的一颗恒星，同时，也会令人联想起炼钢炉前的观察窗，折射出武钢的科技成果不断地由观察窗中涌现。科技大厦的施工图在2004年10月份交出，但已在节能上作了措施，外墙采用了双层LOW-E中空玻璃（6+12A+6），和外贴20厚蜂窝铝板、内贴8厚硅钙板。这在武汉地区是第一座。科技大厦空调全部采用可变冷媒流量空调系统（简称VRV系统）热泵型，节省运行费用；使用了全热交换器，节约了能源。室外机全部装在屋面上、绿地中；室内机装在吊顶上，节省了机房面积，建筑全部采用VRV系统，这在武汉尚属首次。

中共上海市宝山区委党校

设计单位：上海工程勘察设计有限公司（上海市地下建筑设计研究院合作设计）

主要设计人：张惠良、陈冬菁、包云峰、李旺巧、赵素英、李京捷、张也行、唐婧

上海市宝山区委党校位于上海市宝山区盘古路410号，总建筑面积24855m²，由上海工程勘察设计有限公司于2003年11月开始设计，2006年11月竣工完成，已成为一个具有时代感的地标。

党校主要由教学办公主楼、会议中心、后勤保障楼组成。该组建筑以教学办公主楼为中心，会议中心、后勤保障楼为两翼，形成了庄重、雄伟的对称式布局。教学办公主楼位于这条南北向的轴线上，前面是100余米长、70余米宽的中心广场。东侧布置了会议中心，主入口面向中心广场，这一横一纵两条轴线，与外围的圆形道路一起，寓意着天圆地方这一中国传统文化的精髓。后勤保障楼包含了餐饮、住宿、办公、活动等空间，安排在沿西侧道路，基地北侧布置了标准网球场，便于对外使用，内外兼顾，提高了使用效率。

教学办公主楼、会议中心、后勤服务楼这三座建筑，各自具有独特的建筑个性。教学办公主楼多为大型的教室、讨论室以及办公室为主，6层是大空间的报告厅层和阶梯教室；会议中心强调大空间概念及尺度的把握；后勤服务楼布置的是餐饮、活动等较为开放的服务性功能。

在结构上教学楼为6层钢筋混凝土框架结构，建筑标高为22.80m，抗震设防烈度为7度；后勤服务楼为三层框－剪结构，建筑物抗震设防类别为丙类，抗震设防烈度为7度；会议中心为地下一层，地上三层框－剪结构，抗震设防烈度为7度；网球场地上主体结构为单层，辅助用房三层，结构形式为钢筋混凝土框架结构，主屋面为钢结构网架。

市政有一路DN200的生活供水管接入校区，所有单体的生活用水均由设在门卫附近的地下生活水泵房内的生活变频恒压供水设备供给；室内污废水分流；室外污、废水合流，雨、污水分流的形式排出，分别接入市政的雨、污水管网。

电气专业在地下一层设置10kV变电所，采用2路10kV电源供电，分别设一台2000kVA及一台315kVA（备用）。火灾自动报警按二级保护对象设置探测器，其中舞台采用红外线对射探头。温、烟感探测器均为吸顶明装，指示灯朝门口方向。

暖通专业在网球馆内辅助用房及办公室采用风冷热泵变频VRV空调系统，自带能量调节系统，可根据室内机组运行情况调节室外机组的运行。网球馆采用的风冷热泵式冷热风机组，自带能量调节系统，根据回风温度调节机组制冷、热量。舞台、观众厅、门厅和会议室均采用集中式全空气空调系统。

上海市胸科医院新建住院楼

设计单位：华东建筑设计研究院有限公司

主要设计人：黄磊、葛东霞、傅玉龙、陈娴、严晨、张磊、王宇虹

本工程位于上海市淮海西路241号，用地面积26230m²，总建筑面积26293m²。住院楼由裙房和主楼组成，住院楼裙房5层，另加1层设备层，总高度23.6m；主楼15层，另加1层设备层，为框架-剪力墙结构，总高度59.9m；地下室一层，建筑层高4.5m。主楼采用白色的面砖，裙房采用红色面砖，住院大厅为玻璃幕墙。

新建住院楼在流线设计上遵循医患分流和洁污分流的设计原则，护理单元的设计引入功能区域划分的理念。在机电设备配置上，充分利用部门诊楼的资源优势进行扩容或改建，体现能源共享、节约资源，从而节省了宝贵的建筑面积及建设资金。

在规划布局上，新建住院楼位于医院用地的西南角，主楼退离淮海西路较远，以减轻对不宽的城市道路的压迫感，与门诊楼、老病房楼形成围合，以便让出更多的集中绿地，美化医院环境。其朝向平行于老病房楼，避免与西侧高层住宅产生视线干扰，同时面向番禺绿地，充分利用得天独厚的环境优势为病人争取最佳的景观效果。新建住院楼是医疗功能中重要的一环，在功能设置上除安排了内、外科等各个科室的病房外，还设有不同净化级别的手术室及胸外科、心外科的重症监护室、DSA治疗室等系列用房，使病人从手术室到ICU到病房这一治疗流程在住院楼中得以快捷而有效地实现，另外住院楼与门急诊医技楼之间的连廊设置也大大方便了住院病人前往医技科室检查治疗。通过连廊将门诊、医技、住院三者有机地串联起来，达到医疗流程的畅通与快捷，并在新建住院楼地下室内预留了地下通道为未来"十一五"建设的可行性和医疗流程合理性作了铺垫。

每个楼面均做到洁污分流，污物电梯贯穿于病房、手术室、ICU、太平间等各楼层，所有污物都经由专用污物电梯送出。最大程度地为病人、医护人员提供方便及保障，这使"以人为本"的理念得以涵盖病人、医生、护士等所有人群。住院楼的设计注重对人的关怀，这个人包括病人和医护人员。宽敞明亮的住院大厅给病人于舒适和信

赖感，人性化的服务设施配置，如茶座、花店、超市等等为病人带来方便，高标准的病房配置及病房朝向，为病人提供现代化的诊疗环境。建筑平面布置紧凑，各类用房在有限的空间面积内安排有序，取得平衡。交通组织线条分明、流畅，凝聚视觉焦点的观光电梯作为医院未来标志性"塔"的形象，引导着建筑形体的展开。

在建筑外形设计方面，以简洁的形体取得最大的实用效果，并与淮海西路沿线的建筑风格相协调，在色调处理上除了与门急诊医技楼及周边环境相呼应之外，又突出新建住院楼的标志性与象征性，为成就未来胸科医院的新形象作好铺垫。

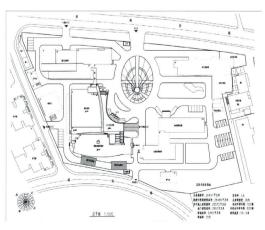

松江新城方松社区文化中心

设计单位：同济大学建筑设计研究院

主要设计人：周峻、施政磊、巢斯、邵晓健、张颖、鞠永健、邵喆

松江新城方松社区文化中心坐落于上海市松江新城区中央绿化带上，是一座以街道、乡镇为依托，为社区居民提供文化、体育、教育、科技、信息服务的多功能设施。整个中央绿化带长达2km，宽约330m，由一条蜿蜒收放的水系贯穿，只有少数低矮的公共文化建筑才允许建造在绿化带上，方松社区文化中心便是其中的一座。

基地四周视野开阔，环境优美，中央绿化带两侧为大量的社区高层住宅，为建筑提供了广阔的"看与被看"的视角，也对建筑设计本身提出了更高的要求。

设计的难点在于：由于历史原因，造成了基地红线范围极不规则。而由于开发权分属两家建设单位，建筑还要求被分为既彼此联系又相对独立的大小两部分。与大多数其他建筑不同的是，本案的基地轮廓线将在建成后消隐在环境中。建筑设计既要受制于基地范围又要最大限度地溶入更广阔的环境中。

面对种种苛刻的限制，建筑师试图抹去所有设计过程中"挣扎"的痕迹，通过呈现一个简单的结果来回应复杂的设计条件。设计灵感师法自然，取意于自然界中常见的"蝴蝶"形象，并通过建筑语汇加以提炼，以唤起人们对自然环境审美上的联想与共鸣。

一对非对称的"蝶翅"最大限度地适应于基地轮廓并和环境形成了呼应，建筑本身也得以最大限度地面向环境开放。"蝶翅"由一系列黄金分割比的椭圆弧组成，其长轴分别指向基地周围的湖面和广场两个主要构图中心，使整个形体达成一种看似随意却又稳定的和谐之美。主入口则设于两个"蝶翅"中部，形成一个由玻璃拱顶连接的绿化中庭。

建筑北侧下沉式广场的设计为地下空间提供了良好的空间感受和通风采光，而建筑南侧的架空设计则使得绿化坡地可以渗透到二层架空楼板的下面。"蝴蝶"也得以"最轻微地触碰地球"，和自然环境融为一体。

应对复杂的建筑形体，结构设计通过整体结构的合理布置和加强结构薄弱环节使结构具有良好的整体受力性能。屋面部分的大跨度（约24m）和大悬挑（约11m）采用两根圆形截面钢斜柱和箱形截面梁形成钢架，最终达到了预期的效果。设备专业运用虹吸式屋面排水等一系列技术措施，实现了技术与艺术的完美结合！

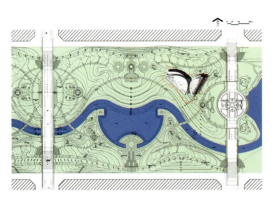

华东师范大学闵行校区文史哲古学院

设计单位：上海建筑设计研究院有限公司

主要设计人：刘恩芳、梁飞、朱毅军、陈思力、陈逸芝、梁庆庆、李玉劲、季征宇

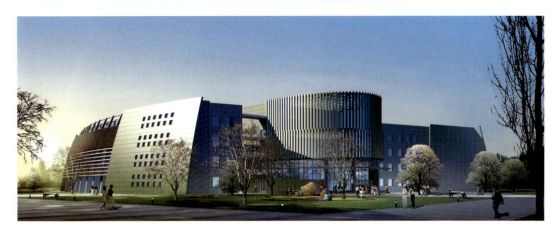

华东师范大学新校园规划以绿叶的经脉和形状作为总体规划的主题形态，结合基地内原有的河道水系，布置十字形中央绿化轴及各组团建筑，形成以绿化自然景观为主的校园形态规划。文史哲古学院是华师大中文系、历史学、哲学系及古籍研究所共同办公科研用房，本楼的地理位置位于校园南北景观主轴东侧的学校文科分区内。

本单体以"外圆内方"的中国古代哲学思想来构建建筑基本形态。五个单体由架空廊道连接围合成一个矩形的内院。每个小单体内部均形成内廊，围合成露天的小庭院，使得整个建筑成为大小院落相结合、开放院落与封闭、半封闭院落相结合的多重嵌套的庭院建筑。建筑从底部向顶部沿弧形轨迹收小，顶层建筑平面向外一侧退台形成屋顶花园。在通廊两侧形成六段双曲面的弧墙，弧墙之间由横向格栅相连，形成建筑整体形象。

本工程为4～5层现浇钢筋混凝土框架结构。在各连廊与主体连接部位设置滑动铰支座，形成5个较规则的抗侧力结构单元，以满足抗震要求，同时减小温度收缩效应。

基础采用预应力管桩加独立承台的基础形式，桩持力层为⑦1层，采用桩径400mm和500mm两种桩型。

华师大校区内供水方式为：设几个集中泵房供各自组团内建筑用水。文史哲古学院的给水系统由设在文科教学楼地下室内的变频供水设备供给。

消火栓系统与文科教学楼、法商学院及外语馆合用，泵房设于文科教学楼地下室。从消防泵房引两根出水管接至文史哲古学院并形成环网。

本工程由公司变电所提供4路低压电源。分别为2路照明、2路空调动力及备用。四个学院分别有1路照明、1路空调动力进线。

对应急照明及消防用电采用双电源末端供电。信息网络采用综合布线系统，供语音及数据传输用。有线电视网络为校区网络的一部分。各教室、办公室均提供有线电视终端，为多媒体教学提供了良好的条件。

采用变制冷剂流量多联分体式空气调节系统。在系统设置上，按文史哲古四个学院的不同使用要求设置四大变制冷剂流量(VRV)空气调节系统，在每个系统中使不同朝向的室内机连接在同一空调系统。变制冷剂流量多联分体式空气调节系统（VRV）可以根据系统负荷变化自动调节压缩机转速，改变制冷剂流量，保证机组以较高的效率运行。

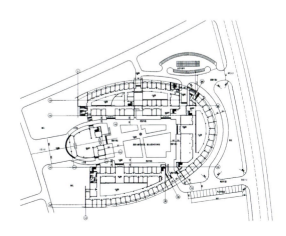

交通银行数据处理中心

设计单位：同济大学建筑设计研究院

主要设计人：曾群、文小琴、王英、彭宗元、刘毅、包顺强、李维祥

交通银行数据处理中心是新一代高效率银行信息交换系统重大项目。其使用功能要求特殊，具有很强的安全性、信息化和高科技要求。该设计在总体上布局合理，采用了园林式的建筑布局，为生产办公提供自然化的景观，体现出了生态型、高科技建筑的主要特征。

交通银行数据处理中心位于上海市浦东新区上丰中路318号，设计起止时间为2004年2月–2005年3月，于2006年8月竣工交付使用。总用地面积为90020m²，总建筑面积为79483m²，其中地上71882m²，地下7601m²，容积率0.79，绿化率41%。建筑高度为34.2m，地上7层，地下1层。

交通银行数据处理中心功能布局合理，建筑造型富有内涵，设计引入了数码、信息等元素，塑造出了具有银行数据处理中心企业形象和行业特征的建筑风格。

根据项目作为大型集中式数据中心的要求，在实际使用中的安全要求及形态上不宜呈"对外开放"的特点，设计以半围合的布局，反映了行业"以内为重"的行业特征，同时形成优美的内部庭院式的空间，充满活力。

本工程是具有高度安全性、可靠性，同时具有高科技特征的企业。行业特征的体现在建筑中主要反映在沿街立面处理及屋顶的设计上，立面中采用了大面积的条形码式的竖向不规则分隔，利用肌理的排列，形成对外的防护墙，表情冷静的表面给人以稳定、可以信赖的第一印象，同时体现行业信息、数码意向。

本工程对外呈现其严谨、安全的一面，给人以信任感。对内则反映其充满生机与活力的人文建筑特点，以

体现交通银行一贯秉持的开拓创新、稳健内秀的风格。同时，科技庭院设计引入集成电路板的平面构成，形成流动、渗透的建筑空间，暗示建筑群体严谨沉稳的外表下充满生机和活力的内部企业形象，同时也反映出高科技的行业特点。

港汇广场续建工程OT1、OT2办公楼

设计单位：华东建筑设计研究院有限公司（新创机电工程有限公司、香港茂盛顾问公司合作设计）

主要设计人：陈瑜、项玉珍、薛磊、许栋、闵加、印骏、徐扬

本工程引入高品质商务楼的设计理念，建立以人为本的人性化设计，以信息服务管理为一体的智能化设计，以徐家汇城市副中心商圈的集聚化设计，以对能源和环境的保护的生态化设计为主流的设计思想，使之成为徐家汇现代经济发展的重要载体。

徐家汇作为上海市商业副中心，港汇广场OT1、OT2两栋超高层办公楼作为最高建筑物无疑是地标性建筑，这就要求对功能、形态、经济等要表达出其地标作用，为设计带来一定的挑战。

因港汇广场整个工程不仅有OT1、OT2两栋超高层办公楼，而且还有一座酒店式公寓，两栋高层（100m）住宅，六层裙房有商业、餐饮、电影院，三层地库有超市、商场、停车库、地铁换乘中心，加上周边为繁忙中心区，交通种类多且繁杂，这均给总平面设计带来一定的难度。

为融入徐家汇中心的建筑环境，并使之形成徐汇区标志性建筑，两幢224.5m超高层办公楼沿华山路与虹桥路对角轴线对称布局，形成两座遥遥相对的双子座建筑，与徐家汇中心的建筑群体有机结合并相协调。

基地中的中央大道与L形的消防通道与虹桥路、华山路形成一个便捷的交通网络，使之人车分流与周围的交通环境协调，紧急消防通道平时作为步行街，丰富了建筑的商业气氛。

港汇的地下二层将形成的轨道9号线、1号线、11号线的换乘中心与周边道路系统。地下空间、公共交通、慢行组成的五大系统使港汇办公楼具有了更高品质的交通系统，形成了良好的交通环境。

OT1、OT2办公楼的平面设计遵循生态化的准则，以最简练的两个方形平面达到最节能的体型系数。外幕墙

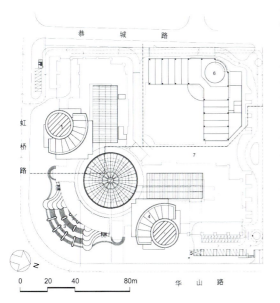

选用节能型材料并尽可能考虑自然通风和排烟，使之在运行时的能耗降低。

在平面设计中，与结构、设备紧密配合，合理的芯筒布置仅占标准层面积的25%，使办公有效面积得到充分利用，同时在设计中充分考虑到办公使用的灵活性，装修设计和排烟设计中均考虑了大空间办公及分隔为小空间平面的平面应变能力，以适应现代化商务办公组织体系的不断调整和不断更新。

在竖向分隔上，港汇广场办公区域分为高、中、低三区，其中中低两区各五台客梯，高区为四台客梯，另有两台消防梯贯通各楼层。因为分区明确，使办公人员能快速、便捷到达各楼层。

港汇设计过程中特别强调公众利益和环境保护，对环境作了评估，尽量采用低噪声设备，考虑空气净化，使用清洁能源等环境保护措施。

简洁的几何形体和纯净的幕墙立面用材组成224.5m高的双塔形成直指云天的升腾力和动态美。全幕墙的虚化处理减少了对较为狭小的徐汇中心广场的空间压抑感，使之融于环境之中。

港汇的夜间照明采用了四个面以简洁线条勾勒，顶部宛如中国式灯笼的内光外透的方案，以传统的语言、独特的夜间泛光照明景观成为徐家汇中心的标志性建筑。

千岛湖开元度假村

设计单位：上海建筑设计研究院有限公司（美国WATG建筑设计公司合作设计）

主要设计人：张行健、李磊、陈绩明、董明、刘毅、冯杰、孙刚

以峻山秀水闻名于世的千岛湖是建造高级度假村和小别墅的一个理想场所。基地背山临水，风景优美，建筑空间的设计、环境景观的规划以及设施设备的齐全令度假村有着高贵的品质，并将保持一种经久不衰的风韵。与自然山水有机的结合更是设计的特色，尽可能多地保留基地原有的自然风貌。从总体平面到建筑单体形式，协调统一，建筑随着地势的起伏高低错落，相映成趣。

酒店位于整个度假村基地的西面，沿别墅而设的低区道路向半岛的南山脊蜿蜒伸展直至酒店。它位于两个突出的湖岬之间，并背靠岛内最高的山峰。本着"自然、典雅、精致"的主题，酒店建筑沿山麓地形蛇形展开，是一组顺应地势的小尺度建筑，拥有232间客房，合理的朝向设计使得大多数房间可以欣赏壮美的自然景观。

本工程的框架柱及短肢剪力墙下的基础均采用钢筋混凝土独立基础，独立基础间采用基础梁拉接，在局部区域根据实际情况也采用了条形基础及筏板基础，基础的持力层均落在中风化粉砂岩层。

酒店-公共活动区部分：6层现浇钢筋混凝土框架结构，有局部地下室；酒店-两翼酒店部分：6层短肢剪力墙结构；别墅：2~3层砖混结构为主；3层宿舍楼：砖混结构。

生活给水由市政管道上接，水表统一置于路旁以便抄表。在半山坡设30m³水池，并设变频水泵供高坡别墅用水；低坡别墅用水由市政管网供水。生活污废水按建筑功能分为四个区域，由污水管道收集后，分别经四个污水处理池处理达到当地污水排放标准后排入千岛湖。排水管道严格按照规范要求设计排放线路，在落差大于最大坡度时采用跌水井，确保排水线路经济、安全、合理。

本项目由市政提供二路电源，酒店设两台干式变压器。别墅南块设三座箱式变电站，别墅北块设三座箱式变电站。变电所设置深入至各负荷中心，大大缩短了供电半径，对别墅箱式变电站采用环网供电方式。

本工程的能源根据当地实际情况，采用电力和轻油并用。热源由蒸汽锅炉提供蒸汽通过板交获得热水；冷源由冷水机组提供。酒店采用集中空调系统和新风机组加风机盘管系统。别墅采用新风机组加风机盘管系统。

大楼设对空调系统的集中监控系统。冷水机组和水泵及冷却塔连锁控制，一一对应。冷水机组由自带电脑控制，机组可自动卸载，达到节能效果。

复旦大学新江湾城校区一期图文信息中心

设计单位：上海华东建设发展设计有限公司

主要设计人：罗凯、刘云、皮岸鸿、李晓静、胡仲祥、毛亚平、陆继东

复旦大学新江湾城校区图文信息中心位于复旦大学新江湾城校区的中心区，其南面为校区的中轴景观大道，东临校园的景观湖——五纬湖。图文信息中心用地面积为18240m²，总建筑面积达到了19690m²，地下一层设休闲吧及设备用房，一层设校史陈列厅、网络中心、监控中心、读者沙龙、报告厅等，二、三层设中外文书库及阅览室，四层为办公室、会议室、善本书库、专家文献阅览室等。图文信息中心藏书量达62万册，是一座集藏书、阅览、办公及报告于一体的、拥有先进设施的图书馆。

图文信息中心平面布局为变异的"日"字形，采用双弧线形体，形体特别复杂且结构超长。综合考虑到室内空间及外部造型等多方面因素，建筑不设变形缝，但在结构上采取了可靠措施，同时建筑做好了屋面保温处理。平面功能上通过中庭及门厅的组织，营造出既有相对独立的藏书书库，又有宽敞明亮的阅览室，并设有250座独立报告厅的图书馆。

由于其所处的中心位置，图文信息中心在平面人流组织上做了精心思考和设计：一是从中心广场进入的外部人员，通过入口景观旱桥进入门厅，由三层通透门厅向前可以直达目录大厅，方便查阅，通过两侧的楼电梯则可以到达各图书借阅处，各主要门厅入口都设有门禁系统。二是在经五路上设带采光顶的灰空间，作为建筑入口，从这里通过可以到达200座报告厅及各阅览室。三是图文信息中心还处于中心广场与沿湖绿色景观的连接段，又是校区主干道与景观大道过渡地段，因此在建筑内还考虑到了穿行于彼此间的"十"字交叉形空间，室内外空间相互渗透交织。四是北面沿经五路设内部图书入口。图书经分类与编目后，从这里通过货梯可以方便

快捷地运送到各层各专类书架上。

复旦大学新江湾城校区建筑群总体是一种古朴，庄重的新古典风格与氛围。图文信息中心与校园内其他建筑力求统一、和谐。整个建筑型体虚实对比，高低错落有致，与周围建筑相得益彰。尤其考虑到图文信息中心的特点，采用双弧线形体及灰空间的设置，内部空间采用外部立面造型手法处理，体现出生动而内涵深刻的个性建筑。

上海张江高科技园区小型智能化孵化楼（三期）

设计单位：华东建筑设计研究院有限公司[SIBC Project Consulting (Shanghai) Co.,Ltd.合作设计]

主要设计人：万千、施昀、吴宏炯、李自强、赵枫、俞旭、冯晓春

本工程满足SOHO所应提供的功能四要素，即：简单高效的工作空间、由聚集而形成社区、社区内服务、亲切和谐的生态环境。

智能化孵化楼的若干单体在基地上的匀质分布，这些相对较小的体量因相互关系的作用而构成了一个整体，以一种不同于周围环境的肌理给人以十分鲜明的印象。

考虑到年轻公司迅速发展壮大的可能性，总体设计预设了多种单元划分的可能。每一幢SOHO的建筑，既可以自成一个单元，也可以通过形态灵活的联系体，将相邻的两三幢建筑组合成一个共同的单元。建筑能够伴随使用者团队的生长而生长。

设计采用了一条贯穿基地的U形道路，各单体都与这条道路直接连接。除了东北角的集中停车和东侧的扩展停车区域外，各智能化孵化楼都沿道路就近解决停车问题。基地的一套步行系统使各单体可以更好地与中心绿地及孵化楼中心楼联系。集中的自行车停车场被安置在了孵化楼中心楼架空部分的下面，充分利用了这一仅具有覆盖的灰空间，而环绕停车场的灌木床提供了良好的隐蔽性。

亲切和谐的生态环境成为工作与生活的重要部分。设计用大面积的集中绿地、水面来创造整个基地的环境体系。孵化楼中心楼成为视觉的焦点，并通过水面与中央由四幢单体围合出空间的整和；而在另一个方向上，对于绿色的视线可以穿过中心一直达到行道树，通而不透，丰富而有趣。南北向的小区步行路贯穿其中，使每幢智能化孵化楼的用户可以直接到达中心绿地。

智能化孵化楼基本单元平面是以1.3m为基本轴网的长方形，长向是28.6m，短向是13m。智能化孵化楼基本单元南向及西向设外走廊，其目的有二：一、外挑的楼板在夏季可以遮蔽日光，以降低建筑物的能耗；冬季太阳位置低，仍然会有充分的阳光射入室内。二、走廊提供了一个交流休憩的场所及人工环境与周围自然环境过渡的灰空间。

孵化楼在平面设计上将竖向交通和公共设施集中在一起，以保证标准层平面使用空间的完整性。使用户可以对办公空间进行灵活分隔。顶层平面可以作为办公室，也可以作为公寓来使用，提供加班人员、外驻人员的临时住宿。高至3.9m层高的标准层设计，为将来的网络布线、设备管道等提供充足的空间，并且适合进行二次装修与改造。

统一中有变化是孵化楼立面设计的基本立意。为达到统一的意向，立面上再现了平面的基本轴网，在每个立面上每隔1.3m开1.3m的落地窗。1：1的实墙和窗的比例严谨地定义出立面统一的气氛。

从单体模式上，仿清水砖暖色高级面砖配以清水混凝土及哑光不锈钢栏杆的使用，立面含蓄的细部处理和阴影使建筑更加细腻和多样。

孵化楼中心楼朝向街坊路，两层高。做为小区中公共功能的建筑物，它从形式上和尺度上与智能化孵化楼有相当的区别。它独特的位置及其与小区中心绿地的密切关系，使它对小区起到界定的作用；对外又有极强的识别性。一层的立面外加设了一道用淡绿色U形工业玻璃粘结起来的立面，并在两层立面中辅以照明。其明亮柔和的光感使二层体量更加脱离开来并带有动感。而一层的体块也因此富有空间感和吸引力。

世博会浦江镇定向安置基地1街坊大卖场

设计单位：上海现代建筑设计（集团）有限公司

主要设计人：朱望伟、孙璐、季征宇、陈飞舸、蔡春辉、程岭松、陆毅

浦江世博家园（世博会浦江镇定向安置基地）是为配合世博会园区土地前期开发而建设的大型居住社区，主要用于安置黄浦区和卢湾区的动迁居民。为了让老城区居民生活方式上有一个最大程度的延续，我们在规划设计1街坊时，运用了动态的新城市生活理念，力求把更多的城市生活元素融入设计中，将区域里分散的建筑物如卖场、饭店、旅馆、多功能影院、办公楼、酒店式公寓等结合起来，形成一个热闹而又有凝聚力的地方，与城镇潜在的城市结构相协调，中间围合成一个规模较大的公共花园，并结合绿化景观设计下沉式广场、露天酒吧、地下停车库等，同时提供户内及户外相互交流的空间平台，人性化的环境为多样的社区带来了生机和活力，为社会提供更多的就业机会，带动周边地区的联动发展。

街坊大卖场位于整个浦江镇定向安置基地的入口处，作为浦江镇方便动迁居民生活的第一个大型商业配套项目，在用地极为紧张的情况下，卖场只能向空间发展，最终建成为一栋地上四层、地下一层的多层建筑，总高度为22.71m，总建筑面积为32400m²。造型上采用了雕塑的构形手法，根据周边不同的地理环境，创造了室内外交相辉映的视觉空间感受。卖场的四面由大面积的石材幕墙辅以玻璃和铝板幕墙穿插而成，开放式的幕墙设计使网状的石材呈现出极好的质感，各个面上不同的切割图案给人耳目一新的感觉。

由于本工程上部结构为大卖场，业主提供的楼面荷载要求达到800～1000kN/m²，造成结构质量重心上移，在抗震设计时结构位移较大，而建筑内部空间较空旷，可供布置剪力墙的位置有限，且少量的剪力墙对结构的抗侧刚度贡献有限，但由于程序的原因会造成其余框架的设计内力偏小，不利于结构整体安全。综合考虑及分析比较后，本工程采用纯框架结构，适当加大框架梁截面，特别是在结构外围设计了边框架梁，有效解决了结构的整体侧移刚度。

针对大卖场人员密集、发热量大等特点，考虑到为了过渡季节省能源和运行费用，本设计采取加大新风或全新风运行。

根据大卖场的用水特点，考虑其不规则性，采用三台变频调速泵(两用一备)供水，并配有气压罐调节。如此设置可使大卖场在用水量少时仅运行一台泵，以减少设备的日常运行管理费用，达到节能的效果。大卖场建筑跨度大，屋面面积大，故采用压力流（虹吸）雨水排水系统。

照明系统根据卖场不同功能区域采用不同的照度及灯具布置，照明、动力和空调配电方式为放射式。消防泵、喷淋泵、防火卷帘、生活泵、排烟风机、公用照明、消防中心电源均设一常一备二路电源，引至设备终端配电箱，自动切换后向有关用电设备配电。

上海市第一人民医院松江新院（一期）

设计单位：上海市卫生建筑设计研究院有限公司

主要设计人：陆毅、林安、施洪相、许崇伟、王正雷、章迎钜、严建敏

"松江新院"位于松江新区的中心区域，基地东侧为方松绿化带；西为龙兴路，东西长约740m、南北宽约360m，占地面积约270000m²。分两期建设，一期为600床位的病房及1200床位的配套用房，总建筑面积94000m²。2002年9月开始设计，2005年12月20日竣工验收。整个一期建筑沿中轴线由南向北展开，轴对称布置，由南向北依次为门诊、入口大厅、医技、病房及急诊手术楼。南侧通源路上设医院主入口及科教中心车行入口；北侧文翔路设污物出口、急诊及急救入口，还有医院供应入口。主入口门厅是整个建筑群的交通枢纽，向北沿中央通廊可到达病房楼及急诊手术楼，除病房楼为10层高之外，其余医疗建筑均为1～4层多层建筑，圆锥形的科教中心是整个医院乃至周围城市区域的标志。医院采用预约就诊和分科挂号收费体系，人流和物流采用立体交叉方式来避免互相干扰。每间手术室附设一间前室和一间后室。

结构设计时根据上部荷载大小及地层变化情况选择了不同的桩径和桩长。1到4层的门诊楼、医技楼和急诊楼采用现浇钢筋混凝土框架结构体系。设置在门诊楼和医技楼之间的连廊，长160m，宽18m，结构采用钢排架结构体系。病房大楼采用现浇钢筋混凝土框架剪力墙结构体系。

医技楼采用带热回收的变制冷剂流量空调系统；门诊楼、病房楼采用风机盘管加新风系统；科教中心采用顶送风座位下回风的气流组织；设有自动控制系统。

两路供水，院区生活和消防给水管合用，门诊、医技、急诊手术楼，为市政管道直供。病房楼、科教中心为市政管道直供和由地下水泵房主恒压变频加压供水，给水为下行上给式。室内污废水系统为合流制，污水均排入地埋式一级予处理。

两路10kV电源供电；医技设备集中采用630kVA有载调压变压器供电。全部采用高效节能电感整流器；手术室采用IT接地系统；室外照明增设就医导向指示灯；全院计算机局域网联网与电话系统综合布线；安防系统设监视、门禁、防盗探测等多种功能；病房安装呼叫系统；手术部设摄像示教系统。

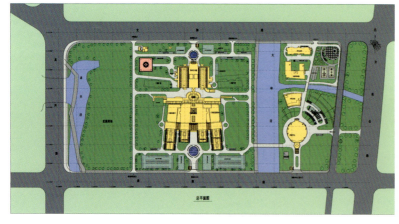

苏州金鸡湖大酒店（国宾区）

设计单位：上海建筑设计研究院有限公司

主要设计人：邢同和、裘黎红、范亚树、沈茜、邵雪妹、陆纪栋、王涌

苏州金鸡湖大酒店位于苏州工业园区内金鸡湖畔，国宾区为五栋别墅式宾馆，包括一栋总统楼和四栋部长楼及相应的配套设施。

在营建完整和谐的生态园区的同时，打造私密的空间，用自然的元素，区分总统楼与部长楼之间的空间区域，运用自然山水的设计法则，营造现代的园林景观——适当分隔，独立成区，形成一个安静的园林式国宾馆。

建筑布局采用自由与规整相结合，整体上和谐统一。如总统楼的总统区注重轴线对称格局，将公共使用部分放置于总统楼中轴线上，各重要功能空间沿轴线布局，大小空间收放结合、连贯有序，构成了总统楼的主体结构。总统与随从的使用区域呈南北分设，在保证了总统使用区域的独立性和完整性的同时又与其他部分形成紧密的联系。后勤行政部分位于总统楼西侧，依靠连廊与各使用部分相结合。

立面造型采用西式坡屋顶的造型处理，铺设暗红色陶瓦，以传统的材质与现代材质相结合，有明确的可识别性，风格典雅、庄重大方，充分体现了别墅式酒店建筑的特色。

本工程填土厚度为3.5～4.5m，且场地内因建筑要求多处堆土造坡，因此基础均采用桩-承台基础形式。桩基设计中充分考虑了填土可能产生的负摩阻力的影响。本工程各单体均为2～3层的框架结构，屋面大多为四坡屋面且建筑考虑不做吊顶，因此梁板布置和节点设计都存在着难度，结构设计时对此部分加强了计算和构造措施。

本基地由市政给水管网直接供水。由基地北侧引入上水管，在国宾区基地内连成环网供各用水点用水。厨房含油废水经隔油池处理后与生活污水合流直接排放市政污水管网。采用了低噪声高效率水泵、静音式坐便器、节能型容积式加热器等节能设备。

本工程两个电源供电。消防通道和人员密集场所等设置应急照明及诱导照明。潮湿场所如卫生间设置局部

等电位联接以保证安全。设置专用的远程网接入设备和接入光缆，提供高速便捷的远程接入的通道。大楼内设网络设备室，各楼层设弱电间，根据网络的形式，配置相应的主机、配线架及楼层网络设备等，形成先进适用的网络构架。

各建筑分别采用独立的冷热源系统。门厅及总统餐厅等采用全空气单风道定风量双风机空调系统，室内回风与新风按一定比例混合，经高品质的空气过滤、冷却或加热、加湿（冬季）后通过敷设于吊顶内的风管送入室内。办公、套房、客房等采用风机盘管加新风系统。风机盘管采用卧式暗装型；新风机组采用卧式L型组合机组，分别置于各机房内。

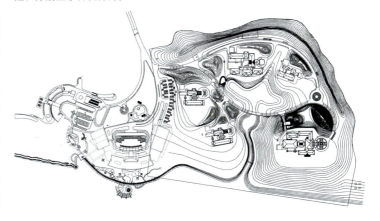

都市总部大楼（原名：黄浦区104地块总部大楼）

设计单位：华东建筑设计研究院有限公司（日本丹下都市建筑设计事务所合作设计）

主要设计人：张俊杰、邵坚贞、王非、张雁、张伯仑、张富强、鲁国富

本工程由于地理位置十分重要，对市中心区的公共空间有直接的影响，因此对建筑形体的推敲极为慎重。人民广场周边建筑风格各异，唯有简洁大方的形体才可能避免新的形式冲突，故本工程主楼采用个性平实的矩形平面，立面风格也力求朴实低调而富有内涵。基地南侧的工人文化宫为上海市历史保护建筑，新旧建筑高矮不一，比肩而立，为了体现城市环境的协调性和历史风貌的延续性，建筑基本采用了基座、主体、顶部三段构成的形式，且基座部分选用毛石贴面，用材上与旧建筑接近，基座高度与旧建筑等高，力求与周围的街景保持协调，主体部分的立面充分强调垂直与稳重，石材、铝、玻璃的选材组合，象征历史与现代的融洽。

本项目办公层均设智能化架空地板，为以后的智能化发展留有余地；主楼设有10部进口电梯，保证了垂直交通的顺畅，标准办公层考虑了弹性分割的灵活性，以及整层使用时的二次创意布置；在20层还设有空中花园，使顶部两层的高档办公层拥有极佳的工作环境；本工程设计过程中对幕墙自然通风以及幕墙遮光板的利弊做了专题探讨，完善了外方设计师的方案。本项目完整、细致的各层面设计确保建成后的建筑达到了预期的效果。

都市总部大楼因业主强大的经济实力、特殊背景及地处上海市中心人民广场这一重要的地理位置而备受关注，业主历经多年多轮的方案国际竞赛及专家论证，最终定位于"境外跨国企业总部办公"的顶级办公建筑。在此定位下，本项目设计中对建筑的安全感、舒适性及与周边环境的和谐性进行了充分的研究，对建筑的层高、地下室的层数设置、机房布局、停车库设计、建筑细部及设备系统选择等进行了诸多细致的探讨。

本工程地处黄金地段，寸土寸金，用地极为紧凑，设计不仅在狭小的用地上使建筑的出入口、车道、退界都符合使用与规范要求，而且尽可能将塔楼向云南中路一侧移，从而刻意设置出正面广场，力求与人民广场保持空间的连续性，形成一个与周围绿化相适应的友好、亲切的空间环境。

上海复旦高科技园区二期工程（原名：四平科技公园二期配套用房）

设计单位：上海建筑设计研究院有限公司

主要设计人：贾晓峰、姜世峰、苏昶、李军、邓俊峰、张明忠、陆雍健

基地位于国权路东侧的复旦大学南校区。建筑平面采用弧形和X形的相结合，既减少了对南面校区建筑气氛的干扰，又保证了城市景观的内外渗透。总体布局以最具有生命科学代表意义的染色体为母题进行设计，主体建筑的设计围绕此母题发展、变化。

星级宾馆的附属设施包括门厅，大堂，中西式餐厅及厨房，咖啡酒廊，展示/多功能空间，室内游泳池，健身美容等。在19层还设有校长俱乐部。客房部分布置在4～18层，共计323套，且保证每间有充足的采光通风。内部办公设在主楼2、3层。

赤釉陶土板的运用创造了大厦宾馆建筑温暖环境的特征语言，屋顶运用富有个性的网状细密金属材料以表达新技术的特性。而主楼中部隔层挑空的中庭又大量运用Low-E玻璃和白色彩釉玻璃的交互处理，既达到节能效果，又形成了鲜明的独特性。

基础采用桩-筏板基础。主楼采用φ800钻孔灌注桩，桩长48m，持力层⑧2层，地下室局部为六级人防，采用梁板结构，除裙房采用框架结构体系外，主楼上部结构为框架-剪力墙结构体系，标准层平面呈细长"Z"字形。另外为了大堂的美观，大堂部位采用了大跨度的斜钢柱、斜钢梁，宴会厅采用了大跨度预应力梁结构。

本工程裙房游泳池用水、空调冷却塔补水直接采用市政水源，而宾馆客房和裙房其他生活用水须经砂过滤和活性炭吸附处理。裙房游泳池用水、空调冷却塔补水由地下一层生活水池-变频水泵供应；宾馆客房和裙房其他生活用水由地下一层自来水原水池-砂过滤-活性炭吸附-生活净水池-生活水泵-屋顶塔楼生活水箱供应；塔楼屋顶设置变频恒压供水设备一套，保证16层以上宾馆套房的生活用水的压力要求。

由于本工程宾馆部分属于五星级的标准，在变电所低压系统中柴油发电机应急母线段增加了全部地下室潜水泵负荷及一台客梯负荷。为火灾时保证消防负荷，在此两配电箱进线总断路器处增加分励脱扣装置，同时在消防报警系统中此配电箱处增加非消防电源切断控制模

块，当消防报警信号确认时切断电源。

空调设计除注意选用低噪声设备外，还注重降噪吸声处理：空调机房建筑维护采取吸声、隔声处理。设备采取隔振、避振措施。对高大空间，空调设计注意气流组织的安排，采用分层空调等方式，既保证空调自身效果，又充分节能。裙房平铺面积大，内区空间多，根据季节负荷特性分析与全日负荷特性分析结果，采用四管制水管路系统，分别满足内、外区不同的空间需要。

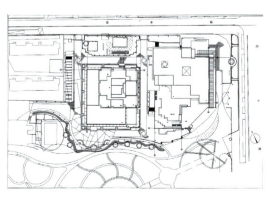

格林风范城会所

设计单位：上海中房建筑设计有限公司（UFA天社建筑设计咨询有限公司合作设计）

主要设计人：张继红、王皓、姚宏椿、徐立群、陈建新、姚健

本工程由上海格林风范房地产发展有限公司建设，是一幢综合性建筑，包含有室内外游泳池、SPA会馆、餐饮、娱乐、健身等多种功能，平面布置复杂。基地用地东南临走马塘，东北临格林风范城一期普罗旺斯风情街，西侧临公共绿地，会所用地面积9058m²。此会所主要为格林风范城业主提供休闲、娱乐等配套服务的场所。在该建筑作为会所功能使用之前，作为临时售楼处使用。

虽然会所的风格定位在"普罗旺斯风格"，但设计时主要是在色彩、大的轮廓线条及局部建筑符号来体现地域特征，并不是完全照搬中世纪的古典建筑风格，重在提炼原始的普罗旺斯元素并在建筑中得到合理而完美的体现。

会所的横轴意在加强建筑横向沿河景观的延展性。从建筑南立面上可以感觉到建筑总体形态大致分成两部分，水面及连廊有机地将两大体块联系在一起。两大体块中间的空间延伸到河岸边的平台形成了该建筑的纵轴。纵轴引导视线到达公共绿地，玻璃体块的建筑是视觉通道的前提，使建筑更具吸引力。

根据平面布置、建筑功能的变化、结构荷载的平衡设置沉降峰，分隔成各自独立的三块：室外游泳池，室内游泳池等健身区，SPA会馆、餐饮、棋牌等娱乐区。根据竖向荷载的变化，设计了不同的桩型。不同的建筑功能决定了结构的布置，由于建筑平面布置极不规则，不同的建筑空间出现不同层高，按常规设计平面出现了严重扭转。本工程中采用了较多长宽比比较大的矩形柱设计，有效控制了平面的扭转。较多的结构大跨度设计采用了普通钢筋混凝土宽梁与钢梁。

本项目建筑特点使得结构设计难度较大，经过精心设计、反复计算、反复调整，最终把各项结构设计参数控制在了合理的范围内，达到了传力明确、分配合理的要求，并且最大限度地满足了建筑功能要求。

采用空调采暖及热水采暖。大空间为低速全空气空调系统，其余房间采用风机盘管加新风系统。给水系统方式为恒压变频给水系统和市政管网直接供水结合。室内采用污废水合流制，室外采用雨污水分流制，屋面雨水采用重力流排水方式。

会所室内设消火栓系统和自动喷水灭火系统。火灾自动报警系统保护对象等级为二级，采用集中报警系统。

本工程按不同建筑区域及功能，由电业变电站采用低压电源，分别供电及计量。

复旦大学国际学术交流中心

设计单位：上海建筑设计研究院有限公司（美国MG2建筑设计事务所合作设计）

主要设计人：侯彤、任玉贺、胡伟、冯蔚、沈培华、李健、余梦麟

复旦科技园二期地块位于四平路，场地北面临国泰路，东面为四平路，西面已有建好的多层复旦大学宿舍楼，并和复旦科技园一期相连，南面为四平科技公园。

辅楼共有5层，部分为办公会议功能。主楼底层为展示大厅及公共服务用房，二层以会议中心为主，三层为部分会议用房，四楼以上为科技研发办公楼，23、24层逐渐跌台，形成不同标高的空中花园。

主体办公楼以点式布置于地块的核心位置，平面采用九方格的布局，中心设置核心筒，三层高大方柱直落地面，形成大面积的灰空间，又和中心花园形成连续的休憩场所，5层以上以纯净的玻璃体块向上延伸，强化的九个体块参差错落，形成强烈的向上趋势。建筑外墙采用竖向玻璃外肋幕墙体系，将长向巨大的玻璃曲力完全赋予竖向的玻璃构件，在不同光线条件下呈现复杂多样的视觉效果。

基础为桩—筏基础，主楼采用φ500预应力混凝土管桩，桩长37m，持力层为第⑦层，裙楼及抗拔桩采用400mm×400mm预制方桩，桩长35m，持力层为第⑥层。主楼筏板厚2100mm。主楼上部结构采用框—筒结构体系，周边框架柱根据设备布置设计成长形柱，其余则设计成普通矩形柱。楼板采用井式楼盖，转角楼板对缺角的结构处，增加二道斜梁，确保缺角楼板的整体刚度。

本工程水源从市政上水管上分别引二路上水管，进入基地形成环网，供基地生活、消防用水。在环网上再引一路管，供基地生活用水。

24层的办公楼，生活给水系统采用了水池－水泵－屋顶水箱－减压阀－用水点的供水方式。5层的商业楼，生活给水采用了恒压变频供水方式，确保用水点的压力及用水量的要求。

由电业分别提供二路专线供两个变电所。两个变电所分别位于主楼地下一层，分别供主辅楼用电。

本工程设置一套电能管理监控系统。该系统由微机保护单元、微机后台监控系统、网络仪表等组成，并要求断路器具备通信接口。还设置工作照明、室外景观照明及照明控制系统。公共区域照明由BA控制。

主楼裙房采用空气源热泵型冷温水机组，提供全年空调冷热源。主楼标准层采用空气源热泵型冷温水机组及热泵型分体变频多联式空调系统，提供全年空调冷热源。

主楼裙房大堂、大会议室等大空间区域采用低速风道全空气系统；小空间会议和办公用房等采用风机盘管加新风系统。主楼标准层办公采用(VRV)热泵型分体变频多联式空调系统加新风系统。辅楼商场、餐厅等大空间区域采用低速风道全空气系统。

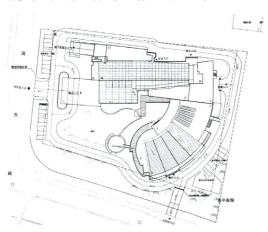

援苏丹共和国国际会议厅

设计单位：上海建筑设计研究院有限公司

主要设计人：袁建平、陈玻、潘智、周春、赵俊、干红、李军

新国际会议厅位于苏丹首都喀土穆城，建于原苏丹友谊厅的东侧，新建筑通过连廊与友谊厅的宴会厅部分相连，形成一个整体建筑群。

一层包括一个2500m²的主会议厅、一个贵宾厅、多功能厅和宴会厅等主要使用空间。其中主会议厅可同时提供64个国家的代表参加会议，一次性共可容纳的总开会人数达498座。二层主要为小会议厅和会议服务空间。地下一层为空调机房、发电机房等设备用房。

建筑立面以大面积的实体为主，结合深凹条窗、遮阳格栅等处理方式，在细部设计中注重从历史传统中汲取精华，在尺度划分上注重文化品位的塑造，整座建筑给人以端庄、典雅的现代之感。

苏丹喀土穆的气候环境特殊，设计中运用了一些生态设计的原理和方法，以求在降低成本和能耗的同时，创造一个良好的小生态环境。

本工程采用现浇钢筋混凝土框架结构体系，主会议厅屋面采用钢网架结构。本工程建造在非洲的沙漠干热地区，气温高，湿度低，为了严格控制结构裂缝，屋面设置了两个方向的伸缩缝，在楼面设置后浇带；建筑四角附近的柱的配筋量增加较大。

本地基在9m范围内存在膨胀土，基础设计采用桩基，桩型为钢筋混凝土钻孔灌注桩，桩直径为600mm，桩基持力层为强风化泥岩。为了减少膨胀土的影响，对于地下室外墙以及承台的底部及周边，换填非膨胀的砂性土。

本工程生活用水采用恒压变频供水系统供给。室内外均采用污废水分流方式排出，其中废水直接排入市政原有排水管道，污水则先经过化粪池处理后，再排入市政原有排水管道。

本工程设有2块独立的室外水景，其中北侧水池内设有树冰水景喷头32个。为保持水质清洁，在地下室水泵房设置一套水处理设备保持水景的水质。

本工程由当地电业提供一路电源。变电所设在局部地下室，电源供至变压器，同时设置一台柴油发电机作为第二电源。此外还设有工作照明、应急照明、会议厅大空间照明及照明控制系统，设有火灾自动报警及消防连动控制系统、建筑设备监控系统、通信系统、有线电视及卫星接收系统、安全防范系统、电子会务系统等。

苏丹是一个干热带非洲国家，空调系统只须供冷。由于经常会受到沙尘暴的袭击，因此对新风取口进行了处理，采用相对集中的竖井、静压箱和设电动阀，使气流有所缓冲，既保护了设备又方便维护。采用闭式冷却塔使系统免受沙尘暴的袭击，保证系统正常运行。

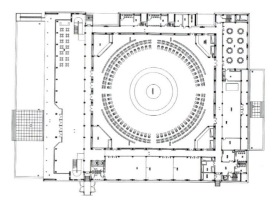

温州医学院新校区－图书馆

设计单位：上海核工程研究设计院

主要设计人：李彦锋、张文、庄源、卓裕杰、唐登广、郝建春、李欣

该项目所在的温州医学院新校区位于温州大学城，图书馆处于校园主轴线尽端，是整个校园建筑群的规划控制点。

图书馆总建筑面积约2.5万m²，高8层，是一座功能完备、设施齐全的新型大学图书馆，设计藏书量100万册。设计完成于2001年7月，竣工于2003年5月。

建筑由主体与报告厅两大部分组成，其间以连廊连结，共同围合一个圆形的中心广场，建筑主入口面向广场设置，设计将一层平面升高围绕广场形成弧形台阶，以衬托出建筑的恢宏气势。

图书馆入口大厅是一个4层通高的共享大厅，起到组织集散交通的作用，兼具图书查询功能。大厅天顶使用节能采光玻璃，并在采光顶周边设置通风设施，良好解决了共享空间设计中的节能及凝结问题。

建筑主体采取了交通核心中置、辅以四角疏散垂直交通的做法，围绕中心交通核，犹如蝴蝶状设置前后各两个分翼。前面两个分翼为4层建筑，主要功能为图书馆管理、行政办公以及网络阅览室；后面两个分翼为8层建筑，是图书馆的主要部分，设置100万册图书的书库、出纳、阅览、以及各类研究室等主要功能。图书馆主体采取开放阅览的形式，方便师生阅览、学习，提高了图书利用率和周转效率。

考虑到使用便利以及人员疏散的问题，380人报告厅单独设置于主体西南，通过连廊连结，报告厅平面呈螺旋形，并在空间造型上呈现出向主体建筑示意的谦虚姿态。

图书馆建筑外观设计与整个校园风格一致，均采用砖红、乳白相间的主色调，立面设计为典雅严谨的三段式布局，外表面主要采用石材、涂料以及玻璃等建筑材料，通过柱式、穹顶等元素的运用，使建筑整体具有古典人文情怀，符合学校教书育人氛围的营造要求。

本工程主楼采用钢筋混凝土框架结构体系，大厅上部局部采光顶采用网架结构，主楼屋顶上部的穹顶部分下部采用内衬钢模板兼做受力钢筋，上部铺设180mm厚的钢筋混凝土板，板中加设构造预应力钢筋以控制其裂缝。

本工程的空调采用VRV风冷热泵型分体空调系统的舒适性空调设计。考虑到能源的充分利用，报告厅的新风和排风采用全热交换式换气机进行热回收。

本工程给水由校区给水管网供水。设置独立的消防水池和生活水池。考虑图书馆的使用性质，为避免误喷而产生的水渍损失，采用干式喷水灭火系统。

本工程电源引自校园总配电站，共四路进线，其中每二路进线满足二级负荷要求，二常用互为备用，中间设联络开关。

本工程弱电系统主要为火灾报警系统、有线电视系统、综合布线系统、广播系统。

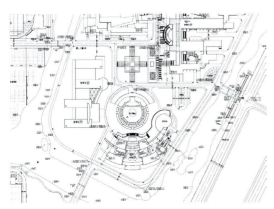

华东师范大学新校区数学统计楼

设计单位：同济大学建筑设计研究院

主要设计人：甘斌、沈辉、王忠平、章静、李维祥、刘毅、蔡玲妹

统计系源于数学系，是其分支。建筑师从这种渊源关系入手，用贴切平和的建筑手法，用现代的建筑语汇，演绎了数学系与统计系藕断丝连的现状。

两系源于一个由面砖包覆的实体，在外力作用下逐渐解体和变形，形成分而不离的状态——两楼由平台连廊联系在一起。

数学统计楼位于中央景观大道西侧，北面为公共教学楼，南面为物理馆，西面为校区主干道，图文信息中心位于本工程东北方向。统计楼位于南侧，共三层，数学楼位于北侧共四层，两楼有连廊联接。研究生用房位于统计楼东侧。两楼基本平行布置，均有良好采光通风，东西方向均可方便进入两楼之间的狭长庭院。此外建筑师打破传统办公建筑一条走廊，两面房间的单调形式，在空间处理上积极与环境对话，运用建筑形体的变化，组合出若干处于不同标高的室内外平台，平台不仅提供了师生交流的平台，而且为紧张工作和学习的使用者提供了一个放松身心的场所。

统计楼沿内庭院设置敞开式玻璃中庭，折线形走廊穿插其中，具有步移景异的空间效果。数学楼有内中庭，局部走廊朝内庭院打开，局部往北面打开，借景图书馆，避免了内走廊的单调感觉。两楼在三层有天桥贯穿，活跃了内庭院的气氛。统计楼为内、外廊结合式建筑，房间大部分朝南，一层布置门厅、各行政办公室、缺编教师用房、研究生教室，二层布置研究生工作室、研究生教室，三层布置教师工作室、实验室以及发展用房。数学楼为内走廊双面布房，内有狭长中庭，底层布置门厅、各行政办公室、缺编教师用房、资料室，二层三层布置教师工作室、实验室，四层为研究生工作室、发展用房。任务书中所要求的房间大部分为16m²左右的办公用房，因此采用进深4.8m，开间6.6m的钢筋混凝土平面柱网，局部大房间如资料室与研究生教室采用6.6m进深，7.8m开间。层高3.6m。空调采用定频多联机系统，室外机置于屋顶，不设新风系统。数学楼中庭回廊部分设置自动喷淋与火灾自动报警系统。

立面主要使用高级外墙涂料及面砖，局部使用铝合金玻璃幕墙。

九百城市广场

设计单位：华东建筑设计研究院有限公司[室内设计公司(香港)凯达柏涛有限公司，美国捷德国际建筑师事务所合作设计]

主要设计人：郭建祥、赵伟樑、张建华、姜文伟、薛磊、邵民杰、林水和

九百城市广场位于上海静安商圈，西临静安寺，南临南京西路，总建筑面积9.4万m²，南北方向长132.7m，东西方向宽105.2m，地下1层，地上9层，高48.95m，为集商场、办公、餐饮于一体的综合性商厦。该项目由美国捷得国际建筑师事务所与华东院合作设计。通过南立面的弧线形及退台造型设计，很好地处理了建筑与寺庙的关系，在形成连贯的城市立面的同时，形成了立体城市广场，室外退台及室内中庭轴线与街对面的静安公园相互呼应，步行街衔接小寺庙与大百货。整个项目是对原有地区环境的进一步优化。由外部立体多层次的城市广场进入建筑后，内部商业布局围绕中庭分层展开，分为主力百货及零售。

美方在设计中充分发挥了创造性和想象力，体现了其事务所一贯的设计风格，设计方案无论是内部空间还是外部造型都非常复杂，给施工图设计及结构、设备的配合增加了很大的难度。

美方设计对结构体系考虑较少，大量的问题在施工图设计中反映了出来，比如，很多柱子均无法落地，需要采用斜柱转换、三角托架转换和大梁转换等方法。在与结构工种的配合中，建筑专业设计人员多次提出建设性的意见，采用合理的处理手法，在满足结构要求的前提下，尽可能地体现原设计独特的空间理念。

九百城市广场内部的中庭空间设计摒弃了传统的直上直下的简单处理，加之各层均有回廊，空间相互穿插，带来了很大的消防设计问题，无法用常规的防火卷帘简单地进行分隔。因此，在设计中，建筑密切与美方合作，参考了大量资料及同类型的建筑设计中的消防处理，并多次与消防局官员沟通，最终提出的一份消防设计综合报告，对九百城市广场的防火、防烟分区进行了综合设计，并采用性能分析方法对消防安全系统设计方案进行了分析与研究，采取了综合消防措施。既保持了原设计的风格，又满足了规范要求，使设计消防审批顺利地通过。

九百城市广场中有一处玻璃顶棚，平面为圆环形，在立面上要求有两个方向的倾斜。根据美方的原设计，玻璃实际上是扭曲的。虽经多次与美方设计师沟通，他们仍提不出有效的解决方案。最终，经过大量的计算机建模，提出了将其设想为一圆环柱体被一斜面所切的方案，顺利解决了玻璃扭曲的问题，同时也圆满体现了设计要求。在项目中的弧形空间曲梁处，也是如此，利用椭圆公式模拟，使弧线保持了光滑。

九百城市广场的大多数幕墙与混凝土结构之间都有较大的距离，因此，需要有钢结构的幕墙支撑体系。在与幕墙公司的配合中，建筑充分运用结构知识，提出合理的结构体系，改固接为铰接，同时，对各个节点、杆件均仔细推敲，在满足结构要求的前提下，体现钢结构体系应有的美感。

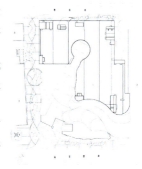

上海交通大学农学院

设计单位：中船第九设计研究院（法国何斐德建筑设计公司合作设计）

主要设计人：徐峻、沈峻、奚玲、林海蓓、邢朝霞、张晓明、陈建新

本项目位于上海交大闵行校区内，用地面积为26755m²，建筑面积为19984.4m²，占地面积为5453.2m²，建筑层数为4层（局部5层）。2005年5月完成施工图设计，2006年12月竣工。

总体规划设计上做到功能分区合理，道路交通组织便捷，室外环境优美。以基地的南北轴线为基础，引导人流和车流，根据基地的建筑布局及出入口位置分别设置了广场，为展示学院整体风貌提供了很好的室外开敞空间。

建筑西面为入口大厅和行政办公区，并与3栋南北向的实验楼和设备用房相串连。南侧布局相对独立的实验教学中心和植物学科大楼。这两栋楼有自己独立的出入口，又与农业大楼有桥相连，可分可合。各学科及行政办公功能分区合理：行政办公流线，试验教学流线，货物流线等流线布置简洁科学，具有高科技的内涵。

建筑立面造型在尊重校园整体形象的同时，还延续交大的历史人文特色，充分反映专业特点。特别在色彩和材质，采用砖红与纯白相结合，有机搭配，并配以波纹板和透明玻璃，既反映学院理性高效特色，又能体现上海交大的深厚文化气息。整个立面造型方案根植于建筑的比例关系，寻求雕塑般的外观，虚实对比强烈，造型简约纯净，轮廓起伏有致，以现代建筑语汇形式回应校园纯朴人文气息。

由于该建筑物为实验室大楼，使灵活性最大化就成为设计的关注点，本设计在设备及结构方面也贯彻了这个想法。结构在实验室区域内均采用标准化柱网，以形成灵活性的实验室内部；楼、屋面采用现浇钢筋混凝土井字梁，可适当减小框架梁高，以充分利用空间。机械系统考虑了最大数量的通风柜，即在开始就提供了为未来通风柜服务的垂直管道井。实验室的每层楼面在交通枢纽处设置了数处特殊废液收集洗涤室，内设三根废水排水管道，以便排除三种不同的特殊废液（强酸、强碱液，各种染料染液，病原培养液）。在电气方面，由于计算机，电话和设备的额外需要，电力和数据线通常需要在建筑使用期内经常延伸和改动，故本次设计电缆槽进入实验室内，均在试验台上沿内墙环绕一圈以方便使用。

国际汽车城大厦

设计单位：上海建筑设计研究院有限公司

主要设计人：钱平、曲宏、张伟程、栾雯俊、俞俊、李颜、王湧

本项目建于安亭墨玉路东侧，南面与沪宁高速出入口遥遥相对，为综合办公楼。

为突出汽车城主题，设计时修改原有道路，采用圆形道路环绕建筑物展开，圆形道路的调整简化了主体建筑物与周边环境的关系。道路采用广场砖铺地，局部辅以花岗石和植草砖。

本项目包括：地下一层机房及停车库，并预留地下接口与南面公共地下停车库相通。地上1层为入口大厅、商业用房及消防控制中心等；2层为多功能厅、商务中心、茶座、厨房等；3层则以布置餐厅为主；由四层向上均为标准办公用房。各个功能空间与立面形体结合紧密，并充分利用建筑各个部分的优势加以组合。

建筑外形及表面材质设计——灵动的体型，金属与玻璃的视觉冲撞，节能措施的综合运用。

基础形式为桩基－筏板承台。裙楼及塔楼部分桩采用ϕ600预应力混凝土管桩，桩长58m，桩端持力层为⑧2层。由于本工程地下室有较大的外挑部分，因而对建筑物的沉降控制较为严格。

1～3层为大楼的裙房，采用钢筋混凝土框架结构体系。南侧主入口设有三层高共享空间大厅，采用了空间钢结构框架，曲线形的钢梁、柱与建筑造型完美结合。主楼和裙房之间不设置防震缝。

主楼上部结构形式采用框架－核心筒结构体系，因为主楼建筑立面19层以上逐渐内缩，上下层的框架柱无法对齐，设计采用了斜柱方案。

本基地生活用水由市政给水管网供水。上水系统分为三区，一至二区采用水池、水泵和水箱联合并通过减压阀减压后供水，三区由屋顶水箱直接供水。地下一层机动车停车库的地面排水均排入沉砂隔油池经处理后再排至污水管网。

本工程光源采用光效高的T5、T8细管径荧光灯、节能灯，灯具采用高效节能直接照明的配光形式，荧光灯配有3C标志和安全认证的高功率因数电子镇流器。

变电所靠近负荷中心，选用难燃、低噪声、高效低功耗的节能型变压器。选用新型节能型电机，根据控制要求对风机、水泵配置变频控制，以便节能。

空调设计采用冰蓄冷空调冷源系统。空调热源采用真空燃气热水锅炉，同时还包括水泵、膨胀水箱等辅助设备。本工程空调水管路为两管制变流量闭式循环系统。冰蓄冷系统内包括两级乙二醇溶液泵和空调冷冻水泵，其中两级乙二醇溶液泵为定流量运行，空调冷冻水泵为变流量运行。冰蓄冷系统可满足多工况运行，包括边蓄边供、联合供冷、冷机供冷、融冰供冷、制冰等工况。

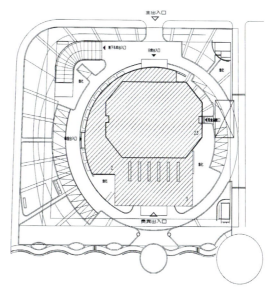

台州国际饭店一期

设计单位：上海建筑设计研究院有限公司

主要设计人：唐玉恩、费宏鸣、张焕梁、路岗、栾雯俊、戴建国、何钟淇

该工程为五星级酒店，390间标准客房，50多间套房，以及总统套房。主楼27层，裙房4层，地下1层。

酒店东南角对着台州市市民广场，为主入口；主楼沿市民广场布置，和对面的新台州大厦分列市民广场中轴线的两边，在中心城区形成独特的城市氛围；餐饮主入口设在沿市民广场一侧；后勤和货运入口设在西北面远离商业区；各功能和流线复杂但布置合理，功能分区清晰。

舒展优雅的立面设计——铝板和玻璃组成的立面，以高贵华丽开敞高雅建筑格调与都市环境相协调，既突出酒店现代高档的商业个性，又表现了建筑晶莹高雅的色彩和曲线，现代化的金属构架顶部造型，以其优美梦幻般的曲线和尺度凌驾于周围建筑之上。

主楼采用钢筋混凝土框架-核心筒结构体系，裙房与主楼间不设置防震缝，主楼与裙房设一层地下室，基础采用桩-筏基础，持力层为⑨1、⑨2层。商场部分采用柱下桩-承台基础，框架结构体系；宿舍及西餐厅、综合楼也采用柱下桩-承台基础，框架结构体系。

上水系统竖向分为五个区，地下室为一区由市政给水管网直接供水，1~4层为二区由恒压变频水泵供水，5~11层为三区，12~18层为四区均由主楼屋顶水箱通过减压阀减压后供水，19~27层为五区由屋顶水箱直接供水。

由电业提供二路电源电缆，一用一备。变电所内设四台干式变压器。工程内另设应急柴油发电机组。消防设备等应急负载采用二路电源末端自切的方式，通信、安保等系统设备采用二路电源供电。

配电电缆采用低烟无卤阻燃交联电缆，导线选用低烟无卤阻燃铜芯导线。消防设备配电选用低烟无卤耐火交联电缆。冷冻机配电设单独的低压计量；大容量动力设备采用可编程的软启动器；配电、控制系统均预留BAS和FA监控接口。

冷冻机组选用能效比较高的离心式机组，另设一台螺杆机组。设有空调自控系统根据空调负荷变化及气象条件对整个空调系统进行自动控制，过渡季节低负荷时也能平稳运行。门厅、多功能厅、大餐厅空调箱采用变频控制，可以灵活调节空调房间风量和风压。客房部分新风系统设有干蒸汽加湿系统。

浦东桃林防空专业队民防工程

设计单位：上海市地下建筑设计研究院

主要设计人：周性怡、徐洋、陈振丽、柴铮、陆众杰、林一申、刘益智

上海浦东桃林防空专业队工程位于浦东新区源深路以东，桃林路以西的豆香园地下。工程属单建式人防工程，总建筑面积5566m²，平时功能为商业娱乐和社会停车库。商业部分3441m²，车库部分2125m²，平时可停小型车53辆。战时人防功能为两个二等人员掩蔽部和一个防空专业工程队工程。商业娱乐层高4.8m，顶板面标高为-0.7m，顶板底下净空4.15m，净空3.0m。车库层高4.8m，管底下净空3.2m。工程于2004年6月开始设计并于2005年1月完成，施工建设竣工于2006年8月9日。

该项目是目前浦东新区首个在上部是景观公园的条件下运用下沉式庭院活跃空间，引入绿化以利于商业开发的单建式人防工程。将覆土要求小的地面建筑、道路、广场等布置于地下工程一侧，并采用花池等多种形式抬高绿化，减小了埋深。地下空间大面积的开窗引入阳光、空气，有效降低了运营成本。风井及楼梯间与园林小品结合减少对地面景观的影响；车库部分采用了5700×6300的轴网，净高4.15m，可停战备车辆，同时为工程将来升级为机械式车库留下了空间。

设计将地下建筑的柱网上伸至地面建筑的面层下，高出顶板面10cm做两个方向的框架梁成为一个结构转换层，再在框架梁上按地面建筑的需要布置柱子。避免了由于上部建筑的荷载引起的顶板裂缝等问题。下沉式庭院计算时，为了减少底板的计算跨度，考虑把抗浮桩集中布置在两个方向轴线的交点处，使之成为底板的计算支点，减小底板的厚度；采用了顶、底板均为无梁楼盖的结构形式减小了层高；

消防上设快速响应喷头，火灾热释放量减小40%，从而减小了风管截面，降低了建筑层高。商场部分采用集中处理的低温送风加风管末端小风机系统，夏季冬季空调器进最小新风，过渡季空调器进全新风充分利用室外冷源。考虑到工程特点（三级负荷较多，一二级负荷较少），引入一路高压（10kV）市电电源作为工程常用电源，引入一路低压（220V/380V）市电电源作为备用电源；平时照明与战时照明灯具合用一套。选用节能型日光灯作为照明灯具；在车库区域的灯具布置上采用1/2的配电方式。今后可根据需要调节照明照度。

南京市城东干道九华山隧道工程

设计单位：上海市隧道工程轨道交通设计研究院

主要设计人：张毅、曹文宏、高英林、林涛、傅怡、胡云峰、蒋卫艇

南京市城东干道九华山隧道工程为南京市快速内环东线的重要组成部分，道路等级为城市快速路，设计车速60km/h，匝道40km/h；全线主线规模为双向6车道。玄武湖立交范围内主线则为双向4车道，匝道均为单向2车道。工程主线全长2795.973m，工程主体隧道长2718m。另包括玄武湖地下立交1座。此外，还有接线道路、机电设备系统和新庄车辆管养基地和消防站等。工程于2004年10月1日开工，2005年10月1日竣工通车，工程总投资约14亿多。该项目是国内最大规模的明挖法隧道之一。

设计采用了W型隧道纵坡，有效规避施工风险和降低工程投资；射流风机巧妙避开湖中浅埋段，将射流风机布置在隧道较深处，充分利用上部的覆土空间，以进一步减少隧道埋深。

设计采用折板拱箱涵形式，以充分利用侧向土压力的有利作用，改善整体结构的受力状况；中间上凸部分既减少了顶板覆土荷载，也提供了纵向射流风机的安装空间，可使风道畅通；两侧及中部下陷，可增加覆土厚度。底板下设置钻孔灌注桩，解决结构抗浮及整体稳定。由于减少了结构断面尺寸，还减少了土方开挖和结构浇注施工工期，也避开了大厚体积混凝土浇注工艺的难题。由于隧道跨越整个湖区并延伸至陆地，沿线地质构造复杂。设计采用钻孔扩孔桩沿结构墙身轴线全线布置的结构方案；可减少纵向不均匀沉降，作为抗拔桩，又可解决结构的永久抗浮问题；本隧道底板位于液化土层，不能满足抗震安全的要求，设计了抗拔桩，使桩基作用在不液化土层，故无需采取抗液化处理。桩基的存在，可以为隧道的浅埋、结构优化减量提供结构抗浮安全的有利条件。

本工程大部分都采用局部围堰干湖大开挖施工方式。考虑到施工要经历四个季节及施工工期紧等不利因素，设计在混凝土配合比中采用了"双掺"的方案，以减少水化热的影响；同时，设计提出并坚持了主体结构混凝土施工采用纵向约15m间隔的"跳仓"浇筑方式，以进一步减少混凝土收缩对结构的影响。自2005年10月开通至今，在隧道全长范围内未发现有结构收缩裂缝。

将玄武湖东西向隧道管理中心大楼内中控室的改建成为九华山隧道隧道管理中心大楼，并在湖东近新庄立交地面处整合并集中设置玄武湖东西向隧道和九华山隧道的车辆管养基地和消防站，实现两条隧道的统一管养，降低工程造价和隧道运营养护费用。

上海市轨道交通明珠线二期工程蒲汇塘停车场

设计单位：上海市隧道工程轨道交通设计研究院（上海铁路城市轨道交通设计研究院合作设计）

主要设计人：宋贤林、张也萌、周湧、许维敏、顾品玉、郭洪声、张秉佶

蒲汇塘停车场是上海市轨道交通明珠线二期工程的配套项目，承担明珠线二期工程配属车辆的运行、管理和检修任务，以及各系统工程设施和运营设备的运行、管理和检修任务。工程场址选定在上海市徐汇区和闵行区交界处，明珠线二期工程宜山路站西南方向的蒲汇塘地区，位于中山西路，规划的柳州路以西，桂林路以东，吴中路以南，蒲汇塘及高压走廊以北，工程规划用地约17hm²。停车场于2001年8月开展设计，至2005年5月结束。2003年11月开工，2005年10月竣工。

停车场设计规模为停车列检32列位，双周双月检4列位以及临修1列位；预留停车列检8列位和定修1列位的扩建条件。停车场采用尽端式布置。

场址中部设置由停车列检库和主车库，主车库南侧设置洗车线和洗车库。备品库、综合楼设置在主车库西侧，站场咽喉区北侧设置联合车库、平板车棚停放线及露天材料堆放场，工区材料备品库，汽车库、易燃品库和信号楼设置在场地东北角。咽喉区南侧设牵引、降压混合变电所。场内道路分别与桂林路、规划柳州路连通。工程用地约12hm²。

停车场场址北部为预留发展用地，其中预留了4线8列位停车列检库和1列位定修库的扩建条件，东部预留堆场。在本线客流突破预测客流前，停车场北侧约5公顷用地可以暂做他用，充分提高土地利用率。

停车场主要设计特点如下：

采用"八"字出入场线，分别接入上海体育馆站和宜山路站，列车在运行中自然完成转向作业。停车场内不设列车转向设施，减少工程用地和投资，并降低运营费用以及避免额外的车辆轮缘磨耗。

因地制宜，在地铁停车场设计中首次采用列车双周双月检和临修一线二列位布置，减少工程占地。

根据轨道交通车辆结构特点和维修保养的需要，列车停车列检列位设柱式检查坑和低位工作面，采用架空库线；双周双月检列位设双层工作台，形成多层工作面，为停车场运行、维修人员创造良好的工作条件。

采用车库内各列位架空触网的带电状态分别控制，避免不同列位作业的相互干扰。双周双月检列位的上车顶平台入口设置电磁锁，并与相应触网隔离开关联锁；该列位设置起重设置起重设备的电源，亦与相应触网隔离开关联锁，确保运行中的作业安全。

停车列检库采用大跨度预应力设计，屋顶绿化面积达32700m²。

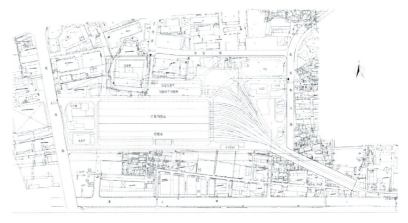

上海外环隧道工程

设计单位：上海市隧道工程轨道交通设计研究院

主要设计人：申伟强、乔宗昭、陈鸿、杨志豪、贺春宁、王曦、朱祖熹

本项目位于上海浦西泰和路—浦东三叉港，为目前国内规模最大的沉管法隧道。1999年7月设计，2003年6月竣工。外环隧道是外环线北段的越江节点，为双向8车道沉管隧道，设计车速80km/h，工程全长2882m。江中沉管段长736m，分7节管段，管段外包宽43.0m，高9.55m。横断面采用3孔2管廊的布置形式，中孔通行2车道，通行净高5.5m，边孔各通行3车道，通行净高5.0m。

本项目工程区段河床断面东西严重不对称，西侧岸边有深槽、深潭。设计中，将深潭处管段顶高出现有河床3.61m，仅这一个举措，可缩短隧道长度近100m，减少江中开挖、回填土方量，同时也大大减少了浦西高覆土段的施工难度。

由于工程河段处于黄浦江北港嘴弯道上，深潭紧靠浦西侧，最深处标高为−22.2m。为避开该部位，经多方案比选后，设计选用了半径为1200m的曲线从深潭中心下游侧穿越。这样隧道线路较短，沉埋段长度适中，曲线半径较大，可见视距>110m，满足行车安全的要求。

通过对交通组织、交通功能、工程造价、施工周期等方面的深入比选，确定了3孔2管廊的隧道横断面设计方案。中孔采用了适应潮汐式交通的可变向车道的设计。

本项目系统地提出了管段混凝土结构自防水体系的多项技术指标；以简化紧固装置，强化特殊部位防水为目标，针对管段与岸边段之间的差异沉降，对不同接头部位OMEGA止水带的可卸式装置，以及隧道水下最终接头防水作特殊设计，确保隧道整体的密封防水。

沉管段与岸边段分界、连接的确定，是沉埋隧道设计的关键技术难题之一。针对浦西段隧道埋深特大（24~30m）的情况，经多方比较，决定临江侧围护墙采用了φ1190带咬口的钢管桩作为挡水、挡土结构，并在满足结构安全同时在基坑开挖面以下10m采用φ1100钻孔灌注桩与钢管桩相连接；连接段基坑采用钢筋混凝土支撑和钢支撑组成的混合支撑体系；连接段为高覆土结构，在隧道上部增设一层空箱结构，使之成为双层结构体系。结合半逆筑施工，一方面为基坑开挖阶段提供强有力的支撑，同时也减小了正常使用阶段结构上部的荷载，减少了结构纵向不均匀沉降；由于浦西基槽最大开挖深度达29m，经多方案比选，岸壁保护采用以地下墙构筑的格构式重力挡墙作保护结构，并专门设计了不同地下墙接头形式。

东海大桥港桥连接段颗珠山大桥工程

设计单位：上海市政工程设计研究总院

主要设计人：张剑英、袁建兵、艾伏平、沈洋、黄虹、袁慧玉、周兴林

东海大桥港桥连接段颗珠山大桥地处杭州湾、长江口和东海的交汇处，位于颗珠山岛至小洋山岛的小城子山之间，是东海大桥和洋山深水港的连接段，也是洋山深水港工程的重要配套工程之一。

颗珠山大桥主桥工程全长710m，设计车速80km/h，双向6车道规模，主桥斜拉桥宽度为35m。过渡孔宽度为32m，为两幅分离式上、下独立桥。设计荷载等级为－汽车超20级，验算荷载等级为挂车－120，校验荷载等级为全桥集装箱重车（总重550kN）满布，车辆轴距为10m。大桥按地震烈度7度进行抗震设计。设计基准期为100年。

颗珠山大桥工程主桥无通航要求，但主槽深达40m，且水流速度较快，施工困难较多。经比较主桥采用大跨，主孔一跨越过深槽。跨径组合为50m（过渡孔）+139m（边跨）+332m（中跨）+139m（边跨）+50m（过渡孔）的双塔双索面和混凝土叠合梁斜拉桥。

叠合梁主梁采用双钢主梁加钢横梁断面。双主梁间通过间距为4500mm的钢横梁连接，每个主梁高2700mm，腹板间宽1700mm。钢梁节段采用栓焊结合工艺，标准节段长为9m，主梁节段间高强螺栓连接。

桥面板采用C60高性能混凝土，厚度为260mm，在其中设置了纵向、横向预应力钢束。在施工过程中通过反顶措施增加桥面板湿接头间的横向预压应力。

主塔采用造型别致的门字形主塔，两塔柱间通过3根钢管联系。较之大型混凝土横梁，海上主塔横梁的施工进度大大加快了。

斜拉索采用高强度镀锌平行钢丝束，冷铸锚。梁上标准索距9m，塔上标准索距2m，扇形索面布置。斜拉索锚固在钢梁中采用钢锚箱，钢锚箱和主梁腹板采用高强螺栓连接，在主塔处采用钢锚梁锚固。

大桥塔墩固接，主梁为纵向半悬浮体系，在塔梁处设有竖向支座，横向设有限位。在锚固墩处设有纵、横、竖三向限位装置，端横梁下设置球铰式滑动支座。

西侧主塔基础坐落在倾斜的基岩面上，主塔处岩石顶面在－15°～－35°之间变化，并且左右承台处岩面相差极大，为保证水平力作用下左右承台的水平位移相等，左右两侧分别采用φ3000和φ2500的嵌岩桩，通过调节桩长来满足安全和施工要求。东侧主塔岩面较深在－95m左右，水深近30m，为海上最大的深水基础。为使群桩有较大的水平刚度，采用桩径上段粗而下段细的变截面桩。

苏州绕城高速公路（西南段）京杭运河斜拉桥工程

设计单位：上海市城市建设设计研究院

主要设计人：周良、彭俊、宋杰、彭丽、朱鸿蕾、何晓光、朱敏

（南）京杭运河桥是苏州绕城公路西南段工程中的一座特大桥，位于苏州市吴江，其同时跨越京杭运河和205省道，桥梁全长548.6m。桥址场地位于长江三角洲南缘的冲、湖积平原，为松散沉积物组成的堆积平原地貌，道路沿线主要为农田和鱼塘。一般地面标高为1.03～4.42m。桥址区基本风速：10m高度处。

设计道路等级为高速公路，设计车速：100km/h，荷载等级汽车-超20级，挂车-120。道路横断面布置：0.5m×2（混凝土护栏）+15.75m×2（车行道）+0.5m×2（混凝土护栏）+3.0m（中央隔离带）=36.5m。抗地震基本烈度为6度；本桥设计提高1°按7°设防。桥梁位于道路平面直线段上，道路平纵断面竖曲线半径R=10500m，纵坡2.3%。该桥于2002年11月开工，于2004年10月竣工通车，决算总造价7200万。

桥位处运河面宽约90m，主孔跨径取105m—跨过河，以满足运河通航的要求。由于运河东岸平行于运河有205省道，所以东岸边跨需跨过省道，边跨布置为70m。西岸为空旷平原，只设置引桥即可。因此经多方案比选，推荐双跨独塔斜拉桥。（南）京杭运河桥主桥为独塔单索面预应力混凝土斜拉桥，主跨和锚跨之比为1.5:1。

主墩为薄壁箱—柱组合结构形式，中间部分为下塔柱（实心体）。主梁截面采用单箱三室斜腹板、大悬臂倒梯形式，结构为三向预应力混凝土体系，混凝土C50。

主梁内每隔6.2m设一道横隔梁，在锚跨密索区间距加密为3.1m，横梁间距与梁上索距一致。由于悬臂板长度达7.5m，板厚只有25cm，为了加强其抗弯能力，在每两道横梁之间增设一道顶板横向加劲肋，并外伸至外挑悬臂板下。在锚跨密索区22m范围内，两边室内填注铁矿混凝土作压重，以保证在最不利荷载作用下，锚墩不出现负反力。主塔为倒Y型的钢筋混凝土结构，高跨比0.5:1。塔为变截面型式，截面为H型。

本桥为单索面斜拉桥，斜拉索采用φ7高强平行钢丝，两端采用冷铸锚，索外包挤彩色PE防护套。由于桥下Ⅳ级航道通航的要求，所以主跨采用挂篮悬臂浇筑施工工艺。锚跨在岸上，故采用支架现浇的施工工艺。本桥主梁采用后支点挂篮，每个主梁节段纵桥向分两小段浇筑（3.7m+2.5m），横桥向整断面一次浇筑完成。

佛山市和顺至北滘公路主干线工程

设计单位：上海市政工程设计研究总院

主要设计人：王士林、陈红缨、宋华茂、严金奎、罗强、郝维索、董猛

佛山市和顺至北滘公路主干线工程既是规划"佛山一环"的东环，又是广佛都市圈的中轴线，北接广州新机场，南连广州新火车站和南沙港，是广佛都市圈内重要的南北通道和经济走廊，也是珠三角西部、南部区域进入广州的最快通道。本工程具有公路及城市道路双重功能，主路为一级公路兼城市快速路，双向8车道，设计车速100km/h；辅路为城市主干路，双向6车道，设计车速50km/h，全长24.63km，沿线设互通式立交6座，横向分离式立交3座，大桥6座，涵洞21道；出入口14对，通道12处（其中人行天桥8座），工程总投资约47.7亿元，其中建安费约32.2亿元。本工程于2004年6月正式开工建设，于2006年11月竣工。通车运营后，本项目在很大程度上缓解了佛山市区的交通压力，推动了佛山市经济增长。

（1）根据预测交通量、沿线地形地物及规划路网状况对总体方案进行了多方案比选，确定了以"地面主路+地面辅路"为主，部分路段采用"高架主路+地面道路"的断面布置型式，部分节点近远期结合、分期实施，使工程总体方案技术经济合理。

（2）针对沿线软土分布范围广，厚度变化较大，具有埋藏浅、含水量大、压缩性高、力学强度低的特点，对桥头路基、箱涵段及特殊路段采用了袋装砂井、水泥搅拌桩、预制管桩、CFG桩等多种软基处理方式，很好地控制了软土地基的工后沉降。

（3）经多方案论证后针对该段岩质边坡采用了新型的TBS植被护坡方案，通过坡面挂网、客土喷播，有效地解决了岩质边坡绿化栽植及生长的技术难题，不但保证了边坡稳定，同时创造了优异的生态及景观效果。

（4）结合佛山地区高温多雨的特点，路面结构采用水稳定性好的水泥稳定碎石基层，通过严格控制基层强度、水泥剂量和含水量，有效抑制了水稳基层的早期开裂现象。主路沥青面层双层改性、辅路单层改性，并使用TLA天然湖沥青作为改性剂，增强了沥青路面的高温稳定性和抗水损害能力。

（5）开展了结构抗渗混凝土、高性能混凝土等材料的应用研究，使桥梁结构在国内同类结构处于先进水平。

上海市中环线——虹梅路立交工程

设计单位：上海市城市建设设计研究院

主要设计人：刘晓苹、王树华、朱波、陈曦、芮浩飞、兰昌荣、袁玲

位于上海市沪闵路、虹梅路口虹梅路立交是中环线重要交通枢纽，由4条空对空匝道与现状虹梅路立交桥、现状沪闵路高架桥连通。主线总长1.76km，标准宽度30.5m。桥梁制高点标高达41.241m，为目前高架桥梁之最。其中主线K1—K4、匝道K3—K4位于立交最高范围，并跨越现状沪闵路高架及其匝道，跨越地铁、铁路及其临时车站，跨越虹梅路跨线桥、人非地道铁路等。该项目从2004年2月18日开始设计至2005年4月28日结束，并于2006年12月28日竣工。

本工程设计创造的经济效益：

1. 下部结构大胆创新布置和设计，首次采用钻孔灌注桩与板桩结合方案，对现状φ2000污水管进行保护和维修空间设计，保证了该1km大直径污水管线不废除重建。

2. 线路布置产生的经济效益：

1) 线路定位夹在高压走廊和老桥之间，通过见缝插针布置立柱和布置旋转式立柱，通过新老立交桥梁平面投影重合，既避免了高压走廊移位又不需拆除现状立交桥梁，同时地面道路从立柱间穿行仍满足线形规范要求。至少保证了1~2个高压铁塔不移位。

2) 完全保留了多次改造的立交中第一次建造的约800m虹梅路高架。

3. 采用国产架桥机设备，实现高空拼装等集成创新技术。

4. 采取措施，避免增加施工工程量。

1) 通过反复研究，比选方案，首次因地置宜地发现和利用工地现成构件"蜡烛头"，进行"加固、锁定、释放"等处理。

2) 在不封锁交通的情况下，通过对老桥验算，确定适应老桥的支架位置和荷载控制，成功利用的老桥进行高空搭设支架，架设大跨径匝道钢曲箱梁。

工程创造的社会效益和环境效益：

1. NW匝道入口南移，使原本与住宅很近的桥梁远离，满足了环评要求。

2. 注重立柱外形尺度设计，减少立柱。并在不同节点处采用不同立柱外形，以与周边环境、衔接工程外形相协调；平衡多次改造拼接的立交桥视觉上的不良冲击。首次在上海高架中采用的尺寸较小的XQZ系列新型球钢支座减小了桥墩尺寸，达到巧补先天的目的。

3. 合理的交通组织和先简支后连续结构体系及地面桥梁分半施工方案，缓解了施工期间交通压力，增加了有效作业场地，加快了施工进度；减少了预应力长束的布置数量，大大提高了预应力束的施工质量。

4. 在复杂环境、特殊交通要求下，超高城市高架施工技术可解决城市高架工程所遇到的难题。

上海市中环线真北路段工程

设计单位：上海市政工程设计研究总院

主要设计人：袁胜强、徐激、俞明健、马骉、葛竞辉、唐红、朱廷

中环线真北路段（梅川路—汶水路）工程位于上海市普陀区，包括两个标段：中环线真北路、武宁路立交工程、中环线（铜川路—汶水路）工程。本工程高架道路双向8车道，设计车速80km/h，地面道路双向4～6车道，设计车速50km/h，全长约5550m，包括大型枢纽性立交一座（8条匝道），7条接地平行匝道，跨沪杭铁路桥一座。工程总投资约15.5亿，其中建安费约为8.1亿。

本项目的难点体现在两个节点的设计上：

（1）真北路地道节点：如何改造真北路地道，如何处理中环线高架和规划沪宁高速铁路、规划轨道交通的关系，是非常棘手的问题。通过多次征求意见，广泛听取各方想法。通过整体、分离断面比选；墩位合理设置；通过在复杂环境下控制施工，成功完成上海地区陆上φ2500钻孔灌注桩首次施工。该方案保留了真北路地道现状，同时高架距离路东西两侧建筑物的距离分别达12m之多，对两侧的居民生活影响都较小。

（2）真北路、武宁路立交：本立交是中环线和沪宁高速公路入城段的交汇点，也是"三环十连"快速网络系统中的一个重要节点。设计中，既要考虑快速系统的交通，还要考虑地面系统的交通；既要考虑尽可能保留既有立交，还要考虑新建立交能实现中环线和沪宁高速及武宁路高架（规划中）的快速沟通；既要考虑立交的整体功能满足交通需求，还要考虑减少征地拆迁、降低高架车辆噪声对附近居民生活的影响。经过多次方案优化设计，最终找到圆满的解决方案：保留既有立交转盘实现地面交通间的转换以及和地面交通、沪宁高速公路交通的转换，同时新建8条匝道实现中环线交通和沪宁高速及武宁路高架（规划中）交通的转换。桥梁设计过程中，桩位布设几乎无处落地，通过对现状立交墩位、地下管线、地面道路的多次定位、调整，合理地解决了该问题。本着新增结构与现存结构的一致统一原则，最大限度地改善景观效果，局部立交处采用拱形箱梁的设计替代原有的T梁，达到较好的效果。

另外，为体现中环线的特点，在施工图设计中采用上部结构以小箱梁为主，下部结构采用大悬臂预应力盖梁的桥梁形式。设计过程中对小箱梁进行详细计算分析，并通过实梁加载试验验证，最大程度地节约造价。在总体设计中，合理的优化主线纵断面设计，在保证主线通行净空的前提下，尽可能的减少匝道的长度，降低了工程造价。

沪青平高速公路（中段）工程

设计单位：上海市城市建设设计研究院

主要设计人：王树华、黄东、陈曦、陆元春、朱宏曦、芮浩飞、童毅

沪青平高速公路（中段）工程，主要位于上海市青浦区，是连接上海市区、江苏吴江和浙江湖州的全封闭高速公路组成部分。工程西起朱枫公路，东至中春路高架接口，全长约27.8km。

主线设计车速为120km/h，入城段为80km/h。朱枫立交一同三国道为双向4车道；同三国道一主收费站为双向4车道，预留6车道，既保证了远期拓宽的可能，又降低了远期拓宽成本和难度；主收费站一中春路段为双向6车道。工程设计时间为2000年7月至2001年12月，竣工时间2002年年底。工程设计概算12.36亿，竣工决算11.85亿。

本工程与高速相交设置枢纽形立交；与二级公路相交，结合收费系统，近期设置单喇叭立交，保留远期双喇叭立交可能；对于城市主干路，结合高架道路和铁路特点，采用菱形立交设置。全线共设置枢纽立交1座，单喇叭立交3座，菱形立交1座。其中对同三立交的特点进行深入研究，在高速两侧设置集散车道连接同三立交和外青松立交转向交通，形成有机组合枢纽与通立交。

通过地基土体沉降变形与路堤填筑高度的相关性，同时考虑路堤排水等因素，确定路堤的最小填土高度，降低了整条路线设计标高，既减少了路基沉降问题，同时又节约了大量的土方资源。

在软基处理上，针对各处理段不同的地质条件、填土高度和沉降控制要求，分别选用了堆载预压、超载预压+塑料排水板、井点降水+超载预压以及真空-堆载联合预压等处理方案。

为满足两侧地块的沟通，根据横向道路的等级确定设置分离式立交、汽孔、拖孔和人孔，横向沟通间距在500m左右。其中三孔设置尽可能利用桥孔，减少独立孔设置，支线尽可能上跨，既增加了横向联系，又降低了工程造价。

桥梁中小桥梁遵循安全经济、快速施工的原则，上部采用以空心板梁为主的结构型式，下部采用桩柱式或排架式，预制方桩应用在高等级道路桥梁的桩基。结合立交功能的特点，一般桥跨针对性地选用了后张小箱梁及先张空心板梁，在变宽处采用异性板拼接。基础采用预制打入桩，上下结构平行作业，保证了桥梁的施工进度；对于较小半径的立交匝道桥，上部则采用现浇连续箱梁，对部分大跨结构采用了钢结构（同三立交）。

在新材料的应用方面，部分台后填土改用EPS填筑，部分横向跨线桥上应用了垃圾混凝土作为道路基层，取得了良好的效果。

昆明市昆洛路改扩建工程

设计单位：上海市政工程设计研究总院

主要设计人：龚建峰、罗建晖、赵冬赉、葛竞辉、袁昆、李理、黄虹

昆洛路改扩建工程是连接昆明主城与未来昆明市级行政中心——呈贡新城之间的城市一级主干道，全长22.6km，红线宽80m，设双向10车道，主线双向6车道、辅道机非混行双向4车道，设计时速为60km/h，总投资33.9亿元，是迄今为止昆明市投资规模最大、等级最高的城市道路工程。

采用的西线方案，带动了主城东南的开发建设，提升了该地区的功能定位。针对不同位置、不同功能的立交，选用不同的立交形式。沿线立交桥3座：呈黄立交、广福立交、朱家村立交；跨线桥梁3座：昆玉跨线桥、兴呈路跨线桥、昌宏路跨线桥；地面桥梁8座；部队专用桥梁1座。桥梁总面积为25万m^2，桥梁类型有简支板梁和连续箱梁。其中朱家村立交跨昆石高速公路的采用连续钢箱梁，昆玉跨线桥跨昆玉高速公路的为主跨66m的预应力混凝土连续箱梁，为昆明市同类结构跨径最大。

针对不同路段、不同地质条件、不同地形地貌，选用不同的边坡处治技术，既有柔性的锚索框架护坡，亦有抗滑桩板加锚索护坡的综合边坡处治。第一次采用的锚桩结构高边坡技术处理边坡岩土工程，专业和技术上均有突破，已经成为处理同种类型边坡处治的标志性工程。路基路面处理技术结合当地实际的材料、施工机具、工艺及常规做法，形成了一套较成熟的适合昆明地区的通用做法，如根据现场耕植土弃土困难的实际情况，采用片石夯压法施工，为以后工程积累了经验。

与道路同步建设的综合管沟，管沟宽约4m、深

2.6m，将自来水，电力及通信各种管线全部纳入其中，为将来可能会有的各种设施预留了足够的空间，满足各行业不同设施的需求。

道路绿化设计强化"生态廊道"的景观，沿线运用乔木、灌木、地被植物，三层次的有机结合，绿化率高于35%。立交桥底层的人文绿化景观提高了城市设施与历史文化相结合的水平，景观设计达到了"现代、和谐、生态、独特、优美、宜人"等目标，充分挖掘了昆明独特的地域特征、文化特色。

工程于2003年8月27日开工，2006年5月23日正式通车，现在的昆洛路已真正作为连接昆明主城和呈贡新城的交通大动脉。

上海铁路南站南广场地下综合工程

设计单位：上海市政工程设计研究总院

主要设计人：包旭范、孙瑛、蒋力俭、陈沛、王蓓、张曦明、陈振海

本工程是南站工程的重要市政交通配套工程，是一个地下二层的大型综合体，是集地下公共步行通道、地下商业、地下停车库及地下变电所等为一体的综合性市政交通工程，建筑面积约47643m²，设计立足于市政交通工程的性质，将以人为本、科技创新融合在工程设计中，其中一些新技术、新理念均是在大型市政工程中首次应用。

建筑设计中本着以人为本的理念，从空间的组织、整合和变化等方面入手，以地下通道为主线，与周边火车站、地铁站、长途汽车站、公交站、及过街地道等交通设施合理连通，将人流引入地下，实现人流、车流相分离，使交通换乘方便有序，同时在通道两侧设置地下商场、地下车库等设施完善配套设施。设计中尽量将阳光、新鲜空气及景观引入地下空间，创造了舒适的地下空间环境和优美的地面景观。

结构设计结合本工程特点，将大型基坑"中心岛工法与部分逆作相结合"、新型扩底抗拔桩等设计新技术成功地用于本工程设计中。

由于采用了"中心岛工法与部分逆作相结合"的围护方案，在整个开挖过程中，除去结构楼板外，基坑内实际上未另设支撑，不但省去了支撑结构设置与拆除所耗费的人力、物力和时间，还使坑内土方开挖、出运变得非常便利。

新型扩底抗拔桩是首次在上海的大型市政工程中大规模应用，它的应用有效地减小了桩基长度、桩径、桩数及混凝土方量，提高了单位混凝土的抗拔承载力，取得了相当的经济效益。

环控设计中成功应用了冰蓄冷技术错峰用电，由于采用了冰蓄冷技术，减少了工程总的配电设备的装机容量，同时在冷冻水供回水温度上又采用了大温差水系

统，减少空调水的处理、输送及分配设备容量，不仅减少工程设备投资，而且大大降低了运营费用。变电所实现变电所自动化管理，配电间设备均可现场及远控，照明、风机的手动控制以人为本。

总之，本工程设计中始终以人为本和科技创新为宗旨，采用了较为先进的设计理念及较为可靠而先进的设计关键技术，布局合理，构思新颖，取得了较好的经济和社会效益。

220kV新江湾变电站进线段电力隧道工程

设计单位：上海市城市建设设计研究院（上海电力设计院有限公司合作设计）

主要设计人：戴孙放、王桦、严涵、薛丽伟、陈洪、余斌、潘国庆

新江湾城电力隧道位于上海市北部，自闸北电厂新扩建的厂内220kV电缆隧道起，至新江湾220kV变电站，全长约2.7km，设计敷设10回220kV电力电缆。

新江湾城电力隧道是在《上海市城市道路架空管线管理办法》颁布后为落实电力电缆入地敷设的情况下建设起来的，是上海地区第一条建成并投入运行的长距离大型地下电力通道，配合新江湾城变电站220kV电缆进线敷设，能有效缓解该地区的用电紧张状况。

新江湾城电力隧道为全地下工程，于2003年12月开始设计，2005年6月竣工。为使隧道对周边环境的影响降至最低，给周边地块的开发提供便利，除隧道主体部分以外，变电所、控制室、通风机房等配套用房也设置在地下。

电力隧道结构安全等级为一级，混凝土结构的耐久性满足二类环境类别，地下工程防水等级为二级。设计使用年限为100年。在两处地下管线较密集的地方，采用顶管法施工，管径为ϕ2700，长度分别为110m和80m；其余部分采用明挖法施工，矩形断面，尺寸为2400mm×2700mm，长约2500m。电力隧道每隔250m左右设电力电缆接头区，断面尺寸加宽为3200mm×2700mm，长14m。

电力隧道采用分区段通风换气，集中送排风的纵向通风方式，沿线设置6处低风井。该通风方式具有对主体工程规模影响小，通风井选址灵活且易于实施，通风设备相对集中，便于日常维护管理等特点。

电力隧道采用荧光灯照明，一般区段的照度标准为15Lx，缆接头区、控制操作室等局部照度标准提高为100Lx。照明供电采用相邻供电点自切的方式，以提高照明配电可靠性。

电力隧道采用集中供电方式，全线设1座地下10kV开关站，由2路10kV电源向隧道内供电。隧道内风机、水泵等负荷集中处设小型非晶合金干式变压器，提供低压电源。

电力隧道设有监控系统，实施通风、排水、照明、供配电设备的监视和控制，实施隧道温度监测、防盗报警等。电力隧道设有电话通信系统，提供隧道内巡检、施工时的通信手段。电力隧道监控系统设1处控制站，集中监控电力隧道的运行，具有远程数据采集、远程设备监视和控制的功能。远程控制单元以PLC控制器为核心，实现电力隧道内设备的就地控制。集中控制站与远程控制单元采用自愈型光纤工业以太网连接。

临港新城两港大道（一期）工程

设计单位：上海市政工程设计研究总院

主要设计人：李进、朱世峰、王士林、张焱、范丙臣、卢永成、张剑英

两港大道一期工程道路全长14.4km，其中含1.4km高架及沿线23座中小桥，双向8车道，道路远期规划为城市快速路，设计车速80km/h，近期按主干路标准进行管理，管理车速60km/h。

临港新城两港大道（一期）工程为临港新城范围内唯一一条规划为城市快速路的高等级道路，但封闭的快速路从某种程度上阻碍了地区的开发。因此，近期两港大道按主干路平交口的方式进行交通管理。设计上要求近远期结合来考虑不同时期交通的需求。

根据道路在路网中的重要程度，采用近远期结合的设计思路，对交叉口分别进行处理。横向道路为快速路的一次实施全互通立交；横向道路为主干路的近期平交，交叉口附近预留中央分隔带38m（北段为43m）跨线桥的用地，便于远期实施菱形立交跨线桥；横向道路为临时道路的，近期考虑平交沟通，远期封闭。预留空间而不是预留结构的分期实施思路为本工程的亮点。

工程地处南汇滨海地区，地势平坦，道路主要的受力结构层为砂性土，厚度较厚且地质条件较上海市其他地区好。设计上考虑在满足使用功能的基础上尽可能节约造价，在解决好路基排水的基础上一般路基不作特殊处理，桥头部分作适当处理。结合实际的地质情况因地制宜提出相应措施，主要措施有：超载预压、轻型井点降水、碎石桩复合地基等，在实际运营过程中取得了良好的效果。

两港大道穿越地区河网密布，对于中小跨、地面跨河桥，采用造价经济、标准化的先张法预应力混凝土空心板梁；对于高架桥段，充分考虑业主对美观的要求，采用预应力大挑臂斜腹板预应力混凝土连续梁，立柱则与上部结构形式相呼应，采用开花式造型。全线桥梁的选位、布孔、桥型结构设计等总体布置合理经济、简洁美观、规格化标准化，既方便施工，保证了施工工期。

两港大道一期工程自建成投入运营以来作为临港新城重要的干道已发挥了其应有的作用，取得了良好的经济和社会效益。

杭州经济技术开发区沿江大道及沿江渠工程

设计单位：上海市政工程设计研究总院

主要设计人：程庆术、金德、徐健、郑晨、徐则灵、李昕、陈丽娟

本工程位于下沙开发区的钱塘江北岸海塘边，是一条联系沿江各区块的交通干道，呈"V"型布置。项目西起1号路，东止高教2号路，路线全长约12km。同时在沿江大道边规划——沿江渠工程，工程起止点同沿江大道。

本次沿江大道规划与沿江渠的改造规划同步进行，力求使自然与人工协调统一，相互映衬，并体现钱江风貌的自然风光，从而将沿江大道的道路设计提升到一个新高度。

针对概念设计和社会调查情况，并综合分析沿江大道约12km的范围不同区块特点，还研究其历史脉络和空间结构，确定了以下五大功能分区：历史堤坝区、主题公园区、钱江观潮区、人文居住区、假日文化区。根据以上的功能分区诠释设计思想，指导各环节的设计，以力求协调统一。希望行人在游览钱塘江这个亲水环境的同时，在生态绿化中也能感受到亲土气息，实现与地气相通的概念。

历史堤坝区主要分布在1号路至11号路之间，从道路空间扩展上考虑把道路设置在钱塘江防汛堤的下面，充分考虑此段道路红线与现状水渠的关系，此段景观布置上原则延续湿地公园的主题，但堤坝恢复部分古石堤坝，在绿地系统中布置一些石阵。使驾驶者能感受到一种钱塘江海塘的历史责任，使步行者能在历史中穿越。

主题公园区主要布置在11号路至19号路之间，从道路动态布局上延续一种驾驶乐趣的概念，让驾驶者时而穿越水面、时而穿越微丘，并在曲线行程的切线方向布置视觉冲击点。

钱江观潮区主要布置在19号路至14号路之间，该路段刚好处于观潮视觉较开阔路段，道路的空间布置与钱塘江防汛堤在高度上错落有致，使驾驶者能感受到钱塘江的豪迈。同时在观潮时能感受到与潮水追逐的壮观景象。

人文居住区主要分布在14号路至迎宾东路之间，该区域的地块基本上已确定房地产开发方案，因此在该区段基本延续房地产的个性化，在道路空间布局上和视觉分析上注重房地产建造风格的张力。且保证居住在该区块的居民能够享受到休闲、购物空间以及生态空间。

假日文化区主要设置在迎宾东路至高教2号路之间，该区块在下沙整个布局上为文教区，如何吸引教师、学生来到钱塘江边上休息、交流成为该区块定位的主要线索。因此在空间布局上将道路设置在内河的西侧，既增加假日文化区域中亲水和亲绿的空间，还可布置一些体育文化设施以及露天演艺广场等，营造一种假日休息气息。

株洲大道改建工程

设计单位：上海市政工程设计研究总院

主要设计人：张春光、张斌、赵晓梅、胡海涛、邓日建、冯励凡、朱鸿欣

本工程位于湖南省株洲市天元区栗雨组团，原线位为天易高等级公路，现状道路为路基宽24.50m，路面结构为刚性路面，建成时间为2年左右。为配合发展需要对现有天易公路进行改建和两侧新建辅助道路。株洲大道既是栗雨工业园区对外联系的主要出入口，又是株洲市西大门一条标志性的景观道路。株洲大道改建工程道路全长3.72km，道路红线总宽度120~150m；主线双向6车道，快速路，设计速度60km/h；两侧辅道及5对主辅间匝道，单侧辅道路幅宽25m，3快2慢机非混行（双向交通），设计速度30km/h。为配合株洲大道的建设，同步实施栗雨园区中2条上跨主线的规划道路、3条下穿主线的规划道路和水系桥3座，另外还有14条规划道路分别与南、北辅道的平面交叉口（丁字型），工程造价约2.5亿。

天易公路既有路面宽24.5m，按快速路标准改造，天易公路路基需向两侧拓宽，这必然造成快速路处于新老路基上。因此，在工期短和资金紧张的情况下，提出拓宽路基同步实施、增加车道路面视交通需求再行建设的分期实施方案。

考虑到车辆行驶的舒适性和尽可能减少光污染，设计对既有天易公路及现有桥梁路面加罩处理。桥梁工程中黄河北路和珠江北路跨线桥桥位处景观要求较高，同时为提高结构的经济性，并充分利用梁底净空，采用连续梁桥，连续梁均采用变截面箱形截面梁。黄河北路跨线桥为13m+38m+13m的三跨连续箱梁桥。中支点梁高2.3m，边支点及中跨跨中梁高1.2m。桥墩为Y形弧线墩柱，墩柱曲线与变截面梁梁线形顺接，外形美观；珠江北路跨线桥为22m+36m+22m的三跨连续箱梁桥。中支点梁高2.2m，边支点及中跨跨中梁高1.2m；下部结构采用圆端形墩身，受力性能良好。箱梁和下部结构组成的整体构造合理，外形简洁。上述两座桥梁均进行了特殊装饰设计。

株洲大道的景观设计结合道路特征，重视对时空环境和视觉形态的研究，取得"路移景异"的效果；植物造景为道路景观设计的主要部分，通过春、夏、秋三季特征明显的景观，比喻高新区崭新的现代文明；因地制宜，在满足交通功能和结构安全的前提下尽量减少硬质毫无趣味的砌石护坡，采用绿色景观手段，使之与自然融为一体。

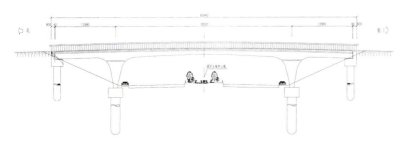

上海市松江区玉树路跨线桥工程

设计单位：同济大学建筑设计研究院

主要设计人：倪立群、邵军、郝峻峰、周海容、徐浩、徐波、翟东

本工程为上海市松江新城区南北通道玉树路的一部分。工程全长1178.83m，包括跨沪杭高速公路桥梁和相关的道路工程等。工程按城市次干路标准设计，规划红线32m，设计车速40km/h，桥梁荷载等级为城－B级。

2002年3月完成工程图设计，2003年9月完成施工，竣工验收后即投入使用。

在总体设计中，经多方案比选，采用机动车桥上跨沪杭高速公路，而行人与非机动车设计为专用道路，下穿沪杭高速公路（高架桥）桥下空间的方案。由于减小了跨线桥结构宽度，适当加大专用机动车跨线桥的纵坡，从而有效减少了桥梁结构的建设规模，节省了工程投资，同时也使行人和非机动车不必"爬桥"，体现人性化设计理念。

跨线机动车桥是该工程中的主要结构工程。桥梁总长498.92m，其中主桥为（32＋70＋32）m的三跨空腹式连续拱梁组合桥形式。引桥为经济实用的多跨预应力空心简支板梁结构。

主桥结构设计中，依据近代"拱梁组合结构"桥梁设计理论，创造性地改变了同类桥梁中"空腹段"的结构形式（多立柱），使"空腹段"中无一立柱，从而使该桥型更好地体现"拱－梁"组合的结构在建筑美学上"线条流畅"、"轻盈美观"、"富于动感"的现代建筑特征。

主桥施工巧妙地利用"拱梁组合结构"水平内力自平衡的特点，采用转体施工，即将主桥自中孔跨中一分为二，分别在高速公路的两侧支架上现浇施工上部结构，然后各自以主墩为转轴转体约90°，并完成合拢。本桥在完全不影响高速公路正常运行的条件下，安全、快速、确保质量地完成结构施工。

主桥建筑造型采用了传统桥梁结构的基本元素——"拱"与"梁"，构成线条流畅的"拱梁组合结构"。主墩处空腹段无一立柱，使立面更为通透。拱形下弦杆表现出结构的"跨越动感"和韵律。高挑的"拱门"造型和空间感，有效地改善了车辆穿越一般"平直"跨线桥的"压抑感"。

该桥建筑造型总体特点是"秀美、流畅、简洁而富于动感"。而且为当时国内首创。

结合桥型对"转盘"、"滑道"、转动力矩和平衡状态等关键技术和工艺进行了优化设计，使施工更平稳、更安全、更快捷。本桥的施工曾被评为2003年下半年度"上海市优质结构奖"。

整个施工过程中，由设计院主持对本桥上部结构主要控制截面进行了应力跟踪监测，监测数据表明完全符合规范要求，且与设计计算值吻合良好；对转体施工过程中的结构进行动应力和振动模态实时监测，实测动态偏心距仅为8.6mm，转体过程中结构状态和顶推力矩十分平稳。

上海市中环线威宁路仙霞路工程

设计单位：上海林同炎李国豪土建工程咨询有限公司

主要设计人：陆峥嵘、杜勤、顾强、尤文玮、张毅、程志珺、郭蹦

上海中环线威宁路仙霞路工程跨越上海普陀区和长宁区，南从威宁路开始，沿北虹路向北，过吴淞江，至真北路云岭西路北侧，全长2.5km。中环线A3.4标工程于2004年8月7日开工，于2006年6月13日通车。

本工程两侧控制建筑布局已基本成型，路线走向受控制建筑制约因素较大；现状道路地上和地下管线密布，管位重叠；已建的吴淞江大桥老桥利用问题，对工程设计方案布局带来极大的难度。整个工程工艺复杂，设计难度大，有地道、道路、下水道、桥梁（含新桥、老桥利用、拼桥、整体顶升、钢结构）；工程规模大，各种工序同时施工，工序复杂，但施工工期特别紧。

围绕上述技术难点，与建设单位和施工单位一起进行多方位技术攻关和设计优化，确保了本工程设计项目保质保量按时竣工通车。在施工图设计阶段，进行两次工程方案的优化设计，使工程总体方案切实可行，有效地缩短了施工工期，大大节约了工程造价；在施工阶段能结合施工场地现实状况，配合交警部门编制指导性施工交通组织设计，选用"半路封交、半路施工"的交通措施，保证施工期间机动车通行的需要；对吴淞江大桥的旧桥利用、仙霞路地道、主线快速道路、地面辅道、地下雨污水管道，均提交了技术先进、经济可行的设计方案和施工组织方案。

上海市曲阳污水处理厂改建工程

设计单位：上海市政工程设计研究总院

主要设计人：邹伟国、徐俊伟、李正明、严勤、刘永宁、王海波、仲扣宝

上海曲阳污水处理厂是一座20世纪80年代初建设，采用常规活性污泥法，主要去除有机碳源污染物为主的中心城区污水处理厂，处理厂出水就近排入河道。近年来，为达到国家规定标准，污水处理厂进行了改造，改造后规模为6万m³/d，出水需要达到二级排放标准，污泥浓缩脱水后外运统一处理处置，污水和污泥处理过程中产生的臭气封闭、收集处理，达到厂界二级排放标准；

针对曲阳污水处理厂的实际情况，大力开展科技创新，污水处理的主体处理工艺采用了具有自主知识产权的双污泥系统处理工艺（PASF），改造方案简要如下：1）原有曝气沉砂池改造成水力旋流沉砂池，原有两座进水初沉池可保留一座，以去除进水中漂浮物质的去除和油脂；2）原有曝气池有效停留时间为7小时，在改造时充分利用利用原有曝气池分格改造成厌氧区、缺氧区和好氧区；3）在二沉池出水后，利用原二沉池场地建造一座BIOSMEDI曝气生物滤池。该工艺在设计过程中充分利用了现有的构建筑物，利用原有管线，避免管线重复设置，管线迂回的情况发生，节省工程造价；针对原有场地陕小、地下管线众多的情况下，后续的生物膜法采用BIOSMEDI曝气生物滤池，增大了生物滤池的容积负荷，生物处理后的尾水回用于厂区冲洗、绿化，体现了水资源的循环利用；对原有设备采用"利用、更换、补缺"的原则，满足工艺运行需要，在改造过程中采用高效、低耗的处理曝气、提升设备，使污水处理厂出水水质较改造前有大幅提升的情况下，水厂的能耗保持不变。

在结构设计中，在处理效果和工程造价综合考虑的基础上，选用了振冲碎石桩法进行了地基处理，解决了基底软弱下卧层沉降量较大的问题，也满足了土层严重液化的问题，经通水运行已近一年，其最大沉降小于40mm，构筑物整体不均匀沉降为10mm左右，完全能满足相关规范及工艺要求。

污水处理厂改造后出水指标都大大低于设计值出水要求，在出水水质大幅度提高的情况下，污水厂绿化率由原来的30%提高到35%左右，实际运行能耗与原运行能耗相比基本保持不变。

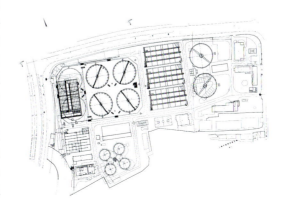

上海市肇嘉浜路排水系统改造工程

设计单位：上海市城市建设设计研究院

主要设计人：张轶群、徐长彪、沈国红、潘国庆、孙家珍、庄子帆、陈立中

本工程原是上海市最大的一个低标准排水系统，设计暴雨重现期为0.5年，综合径流系数为0.5，暴雨时系统内经常发生积水现象，造成的损失巨大，社会影响很坏。为了从根本上改变暴雨积水现象，上海决定投资对肇嘉浜路排水系统做了彻底的改造。

改造后的肇嘉浜路排水系统是上海市区泄水范围最大的一个排水系统，总服务面积达736hm²。东起鲁班路、思南路、茂名南路，西至漕溪北路、华山路、兴国路，南起肇嘉浜路、瑞金南路、斜土路，北至华山路、巨鹿路，主要涉及的行政区为徐汇区和卢湾区，包括市委康办和众多外国驻沪总领馆等"敏感地区"，及几个繁华商圈。因此该排水系统所处的地理位置十分重要。

新建的肇嘉浜泵站和泵站进水总管是系统改造中的设计难点，也是关键点。作为上海市最大的防汛、截流泵站，地处中心城区，规划用地十分有限，因此其主泵房工艺布置形式及土建结构形式直接影响到泵站的用地指标和建设成本。通过方案比较后，确定主泵房采用圆形沉井结构，雨、污水泵合用集水池，并从西至南到东呈扇形布置，水泵均选用潜水泵。其中设雨水泵9台，污水泵4台，结合结构主框架布置。泵房集水池内配水合理，无死水区，加设整流设施，消除集水池的漩涡，水泵装置的运行效率较高。

泵站进水总管为盾构法施工，隧道的内径为ϕ4200，外径为ϕ4800，隧道覆土为6.5m左右。隧道轴线基本上处在瑞金南路的西侧，从南向北掘进，沿途穿越中山南路内环高架路以及该道路下密集的管线，越过瞿溪路后，于地铁4号线隧道上部交叉而过，在穿越斜土路前，盾构与原日晖港粪码头的钢筋混凝土桩相遇，经处理的钢筋混凝土桩数多达150根之多，由于受上述条件制约，隧道轴线多次以300m或400m的半径左转、右弯蜿蜒前进。为此管片采用了通用的构造形式。通用管片是把楔形圆环实施组合优化，使得楔形圆环能适用于不同曲率半径的隧道。肇嘉浜排水隧道采用的是单一的TA圆环。TA圆环的楔形量为20mm，圆环的楔形量置于单侧环面，楔形量的设计依据为300m轴线半径，400m轴线半径，通过圆环的有序拼装满足隧道的直线、转弯要求。把通用管片技术应用到肇嘉浜排水隧道中，这在国内属于首次尝试，并取得了令人满意的结果。

苏州吴中区水厂（浦庄）扩建工程

设计单位：上海市政工程设计研究总院

主要设计人：叶新、王晏、沈晔、殷财龙、柳健、王海英、李秀华

苏州吴中区水厂（浦庄）扩建工程为太湖流域集取水、输水、净水、配水为一体的大型综合型区域供水工程，工程内容主要包括新建80万m^3/d的取水头部及自流管，土建40万m^3/d、设备安装20万m^3/d的取水泵站，3kmDN2000浑水管线，总体规模40万m^3/d，一期规模20m^3/d的浦庄水厂，157.5km配水管线。该工程于2006年6月初步建成通水，于2006年10月通过竣工验收。

系统方案的设置结合吴中区供水系现状存在的各乡镇规模小、处理工艺相对落后、乡镇水厂供水管网安全性差等问题。经多方面比较，推荐在供水区域西端（近太湖侧）统一建水厂、统一管理、统一向下游供清水的方案。

在选定取水水源、确定取水口位置时，考虑到太湖有季节性藻类发生，取水口伸入湖中的长短可能影响原水水质，对附近已建延伸进入太湖1.7km和0.5km的现有取水口历年检测的原水水质数据进行分析，确定取水口距大坝为0.35km，既节省了工程投资，又确保了取水水质。

在设计中，分析和借鉴同水源类似水厂净水工艺，进行合理总体规划，实施污泥处理，预留深度处理场地。水厂出水水质完全达到设计目标。

浑水输水管线采用大口径PCCP管，经过对运行情况观察，其效果良好。取水管则分为临时坝内埋管（PCCP管）、过太湖大堤顶管（钢管）两部分，节约了沉管及水下施工的成本，缩短顶管距离。

在取水泵房钢筋混凝土沉井设计中结合新编制的《给水排水工程钢筋混凝土沉井结构设计规范》的设计理论进行优化，成功解决上述问题。通过多种技术措施的综合应用，沉井顺利下沉到设计标高，各项指标均优于规范要求。

在进行复合地基处理设计中基于mindlin弹性理论，考虑群桩的相互作用，经过多次试算，结合《给排水构筑物允许沉降量研究报告》课题的研究，优化桩基布置，确定了经济合理的桩径、桩间距、桩深、桩数，为本工程取得了良好的社会效益和经济效益。节约了约1/3的地基处理费用。

取水泵站35/6.3kV系统上采用的内桥结线；净水厂35/6.3kV系统上采用的全桥结线，满足供电可靠性要求，运行灵活。监控系统采用的是由上位工控机与就地微机型数字继电器组成的变电所综合自动化监控系统，符合时代技术发展的要求，使变电所监控系统的设计上了一个台阶。

南昌牛行水厂

设计单位：上海市政工程设计研究总院

主要设计人：沈裘昌、张红辉、肖艳、黄雄志、雷挺、孟伟杰、张晔明

为解决南昌昌北地区的供需矛盾，而建设的牛行水厂，建设规模为总规模30万m³/d，一期为10万m³/d。工程于2005年9月28日建成投产，至今运行情况良好，深受业主好评。

牛行水厂现状场地均为鱼塘，底标高较周边道路低约7m左右。因此，采用叠合并且深埋的创新思路布置高程。沉淀池与清水池叠合后其高度在8m左右，采用深埋方式，整个构筑物将坐落在实土上，可充分利用场地良好的地基承载力，大大节约地基处理费用。整个水厂生产构筑物仅高出地面1.0m左右，置身其中呈现出"亲水"状态，视觉效果极佳。

滤池下叠合接触池，沉淀池下叠合清水池，吸水井与二级泵房组合在一起，吸水井上方布置配电间。同时，将生产辅助构筑物组合在一起，如综合加药间，上层布置加氯间和氯库，下层布置加药间和矾库，大大节约了土地资源。

为了避免管路系统深埋带来的维（检）修困难，构筑物间管路连接基本采用渠道连接，同时，在水厂中首次采用共同沟，共同沟将所有构筑物均联接起来。共同沟内纳入了各种管道等，降低了维护成本。同时，共同沟建设在道路下，坐落在实土上，减少了相应的地基处理费用和道路回填土。沟中还设有监控、安保、通风、消防和排水设施等附属设施，以确保共同沟内管路系统的安全运行。

净水厂总体布置充分利用现有的地形条件，厂区主

入口面临红谷三路。通过主入口进入水厂，水厂自然分隔成南北两部分，北侧为生活区，布置水厂综合楼以及机修、仓库、车库和排泥池等，并布置大片绿化、花卉及建筑小品。南面为生产区，直线形布置絮凝、沉淀、过滤和二级泵房生产线，布置紧凑，管道顺直、流畅。厂区主干道为南北向，将近期构筑物与远期构筑物分为东、西两侧；水厂辅助生产构筑物，综合加药间布置在一期生产构筑物的最南侧，距离加注点较近。同时，近期充分利用东侧的鱼塘作为污泥自然干化塘，排泥池中收集的污泥排至自然干化塘进行自然干化，定期进行清泥，以充分利用自然地形条件，节省污泥处理费用。远期生产构筑物与一期生产构筑物平行布置，由西向东依次布置常规处理、深度处理和污泥处理构筑物。

上海市南汇东滩促淤圈围（四期、五期）工程

设计单位：上海市水利工程设计研究院

主要设计人：张赛生、张丽芬、卢永金、俞相成、康晓华、
刘新成、汪巍巍

南汇东滩滩涂促淤圈围工程地处长江口南岸，北起浦东国际机场，南至石皮勒港，海岸线22km，以大治河出口为界，分成南、北两个区域，分别为四期和五期工程，四期工程主堤长9.7km，侧堤长1.8km，圈围面积2401.2hm²（3.6万亩）；五期工程主堤长13.9km，侧堤长3.2km，圈围面积3335 hm²（5万亩）。

四期工程圈围土地作为上海市海港新城开发建设用地，防洪标准采用200年一遇高潮位加12级风标准。

五期工程防洪标准分析如下：（1）滩地处于持续淤涨期，相关研究表明今后在现状滩地-2m线处有可能再次促淤圈围或兴建水库；（2）围区土地利用目标未定，极有可能为农业或填埋场、排泥场用地。因此，认为本圈围顺堤防洪标准可适当降低。推荐防洪标准为50年一遇高潮位与10级风的上限风速组合。

堤线布置考虑在大堤与促淤坝之间合理间距，设镇压平台或植物消浪平台，简化堤基处理措施，以满足大堤稳定为控制条件确定堤线位置最佳，同时起到较好的消浪作用，降低堤顶高程，从而达到多圈围土地、减少工程投资的目标。

四期大堤堤基条件尚好，采用大型船只将堤身范围内土方裸吹至3.0m高程，置换了部分表层淤泥土方，使新建大堤座落在新吹填良好粉砂地基上，大堤安全稳定。

对五期工程提出了既施工简便，又能保证质量与工期，且经济合理的地基处理方案：（1）底层先铺土工格栅加充泥管通袋，既起到部分挤淤换砂和竖向排水的作用，增加整体稳定，又方便施工人员行走；（2）再在堤内外侧设镇压平台，提高大堤的抗滑稳定。施工相当顺利。

施工采用先在促淤坝位置抛石垅再以土方充填管袋快速闭气的合龙工艺。采用平面二维水流软件进行数值模拟计算，确定龙口合理的宽度，提出了合龙期先缩窄、后平立堵的龙口合龙方案。

施工组织考虑先圈围后围内吹填、先行实施场内外交通道路、提前完成抛石备料、预先构筑启动泥库等因素，确保龙口合龙和度汛两个重要节点。在取砂设备上

设计要求采用抗风能力大于7级、出砂量不小于1500m³/h的大型挖泥船，外海供砂管线全部采用沉管方式，具有机械化程度高、供砂有保障、受外界干扰少等优点，施工组织设计切实可行。

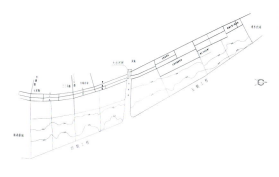

宜兴市横山水库加固除险工程

设计单位：上海勘测设计研究院

主要设计人：米有明、陆忠民、石小强、黄玲、姚金根、张政伟、潘汇

横山水库位于江苏省宜兴市，是一个以防洪、灌溉、供水为主的水利枢纽。枢纽由大坝、溢洪闸、输水涵洞等组成。大坝全长4090m，坝高23.50m，溢洪闸为3孔，每孔净宽4.6m，是一个总库容为1.12亿m³的大型水库，是太湖流域的骨干防洪工程。由于水库病险，只能长期低水位运行，长期处于带病运行状态，且影响到下游地区的防洪安全。

本工程是一个除险加固项目，在设计中采用了多项新技术新方法，并融入了先进的设计理念：突破传统，勇于创新。采用塑性混凝土薄壁防渗墙进行坝基防渗，解决了土坝坝基砂砾石层的渗漏问题，在国内大型防洪水库工程中首次应用；优化防渗墙塑性混凝土配合比，使得本工程的塑性混凝土力学指标在国内同类型堤坝工程中处于领先位置；在大型水库中，采用台阶式溢洪道消能方案，在国内还不多见（仅大潮山），对于地基基础为风化岩-土基情况下，采用台阶式溢洪道消能方案，横山水库属于国内首创；根据工程需要，进行了复合土工膜现场和室内摩擦试验，解决了复合土工膜在坝坡上稳定性差的传统问题，为复合土工膜防渗材料的推广做出了创造性贡献。试验方法和试验结果填补了国内工程界在这种材料应用上的技术空白。结合新型预制块护坡，设计了预制与现浇相结合的护坡铺筑方案，成功解决了坝坡扭曲面和弧形面处护坡铺筑的景观效果问题，小小的创造，达到奇妙的效果；创造性地设计了新颖的景观型坝顶防浪墙，增设了景观悬挑平台，取代了传统上比较呆滞的敦厚防浪墙结构，给大坝总体结构增添了勃勃生机。在设计中还引进国际先进的吉奥生态型加筋挡土墙结构，造价低于传统挡土墙，既满足了挡土墙的功能，又解决了总体环境的绿化要求，结合工程的除险加固，按照人与自然和谐的理念，对横山水库的总体环境进行了景观设计，将横山水库4km的坝区建成了宜兴地区著名的风景点。横山水库的信息管理系统设计应用了当今水利水电方面最先进的技术，配置了以计算机和网络为基础的数字化设备，为横山水库建立了比较完善的信息管理系统和远程防洪决策系统。并达到了原有的设计功能，成为国家一级水库管理单位。

奉贤海湾旅游区海水运动中心工程

设计单位：上海市水利工程设计研究院

主要设计人：俞相成、徐坤、刘小梅、黄建华、张赛生、王凯睿、王月华

本工程位于杭州湾北沿，金汇港东侧。主要利用自然的潮汐作用，采用圈水隐堤、沉泥碧水的技术，将浑浊的海水和滩涂变成水清沙细的"碧海金沙"的人工沙滩。整个工程区域总面积约为2.74km²，工程设2条隔堤，将水域分隔成三个库区，自东向西称为：东库区、中库区和西库区。三个库区的功能分别为：东库区为综合水上运动区，有划船、钓鱼等运动项目；中库区为沙滩游泳区，供人们休闲、沐浴阳光、游泳等项目；西库区为游艇运动区。新建顺堤总长度4903m，2条隔坝长度分别为636m、570m。东、中、西库区面积分别为46.5万m²、79.2万m²、151万m²。

根据历年的水文资料，选定中库区坝顶高程取5年一遇高潮位5.35m（上海吴淞零点，下同），两侧库区稍低，取5.0m。确定库区引水后高水位为3.6m，中库区为3.0m。

中库区海滨浴场正常运行时，东库区兼作海水沉淀区，两者必须配合调水，对中库区水体进行定期置换，以保持游泳区的水体水质。中库游泳区换水方式为：将东库区作为浑水库，首先开启东库区在顺坝上的涵闸向库内引水，将库内最高运行水位控制在3.6m。根据水质分析，引入东库区内的浑水须经过泥沙沉淀和处理形成清水，清水通过2号隔坝上的涵闸输入中库区，换水周期为30天，每5天集中置换总水量的六分之一。中库区运行高水位控制在3.0m。

西库区为游艇区，水质要求相对稍低，为独立引排水系统。库内最高运行水位控制在3.6m。每月换水一次，每次换水时低水位控制在2.0m。

顺坝堤顶高程为5.0～5.35m，台风时波浪和潮水会漫顶入库，形成特别工况。当外海开始落潮，潮位低于堤顶时，顺坝上各库区的涵闸就开始排水，要求在一昼夜内排出超蓄水量。三个库区在顺坝上均有涵闸，可以各自独立排水，也可以打开2号隔坝上的输水涵闸（4号输水涵闸）。东库和中库两个库区的涵闸连通共同排水。

为了满足库内蓄水的要求，特别是漫顶的特别工况，堤身须进行防渗处理。由于工程直接受潮汐作用，堤身两侧受动水头影响，再加上工程区域有易液化土层，给堤身的防渗处理带来难题。为保证施工可靠度，确保工程的质量，顺坝垂直防渗推荐采用高压定向喷浆施工方案。具体采用新二管法施工工艺，高压定向摆喷防渗墙摆角约30°，帷幕厚度200～300mm，孔距1.2m。

近年来杭州湾奉贤区岸段河势一直处于冲刷状态，2005年的两次台风加剧了岸滩的冲刷，如果不及时采取措施，已实施的顺坝稳定安全将受到直接威胁。根据工程区域受潮流和风浪的综合作用的特点，优选了混凝土铰链排结合块石镇压护滩方案。

本工程4座涵闸分散布置，均设置了PLC控制系统和视频监视系统。涵闸的启闭操作和运行工况的监视均可在控制室内完成，提高了工程运行的可靠性和运行质量，提高整个工程的技术水平和管理水平，也方便了涵闸的运行管理。同时，控制系统和视频监视系统还预留了光纤接口，以便于远期遥控系统的实施。

浙江平湖市古横桥水厂扩建工程

设计单位：上海市政工程设计研究总院

主要设计人：周建平、沈裘昌、郑国兴、王晋燕、袁丁、张晔明、黄雄志

平湖市古横桥水厂扩建工程总规模10万m³/d，一期规模5万m³/d，是平湖市为适应城乡供水一体化和浙江省关于禁采地下水要求的形势需要，新建的供水工程。该工程从2004年8月开工建设，2006年上半年竣工投产。工程内容包括预处理、常规处理和深度处理，排泥水处理作为预留设施。工程概算投资8887万元。

古横桥水厂原水受到较严重污染，水中氨氮高达6～12mg/L，CODMn达10～15mg/L，有机物污染非常严重，属于劣Ⅴ类原水，正常情况下已不宜作为饮用水水源。但由于平湖地区除地下水外，再无其他合格水源。因此新水厂只能在现有原水条件下，通过强化净水工艺，提高出水水质。

根据对原水水质特点的充分调查，在经过前期试验和多方案比选的基础上，新水厂采用了生物预处理+常规处理+深度处理的净水工艺，通过多种处理工艺的组合，最大可能地去除水中的污染物。

设计中生物预处理采用了悬浮填料生物接触氧化新工艺，是该工艺在国内水厂中的首次大规模应用。设计采用的三级串联池型、粗孔曝气系统，均为国内首创。

水厂深度处理采用了二级臭氧－活性炭处理深度处理工艺，在国内给水行业中，尚属首次采用。设计中采用的二次提升+二级臭氧活性炭组合滤池的新池型，不但解决了二级臭氧活性炭滤池串联连接和切换运行问题，而且组合滤池布置紧凑，最大幅度节约土地。

为减少氯消毒带来的消毒副产物问题和生产中的隐患，同时改善出水感观，水厂采用二氧化氯消毒替代氯消毒工艺。

近一年的运行数据表明，采用上述工艺，可以使出水水质达到国家最新的水质标准，尤其是一级活性炭出水CODMn仅能降至4mg/L左右，二级活性炭出水却能控制出水CODMn<3mg/L，表明在原水水质污染严重的情况下，设置二级活性炭进行深度处理，是完全必要的。而整个水厂的处理工艺和处理效果在国内少有先例，达到了国际先进水平。

在设计中，还充分考虑水厂近、远期布置要求，合理布置构筑物和工艺管线，10万m³/d水厂采用预处理和二级深度处理的情况下，新增设施占地面积约4.3hm²，远低于国家建设用地标准。

上海市黄浦生活垃圾中转站工程

设计单位：上海市政工程设计研究总院（上海环境卫生工程设计院合作设计）

主要设计人：方建民、杨新海、周磊、符晖、毛红华、华培均、王海波

黄浦区生活垃圾中转站（现称：黄浦区城市固体废弃物中转站）工程是上海市环境卫生事业和苏州河综合整治管理总体规划中的重要项目，是上海江桥垃圾焚烧厂的配套工程，也是黄浦区新的垃圾处理系统的重要组成部分，是一座现代化园林式的环境设施。

工程的建成，改变了上海市历来"陆上收集、码头中转、水上运输、老港填埋"的生活垃圾处置方式，满足上海作为现代化城市环保事业发展的需要；也是黄浦区废除沿江垃圾码头，迎接2010年世博会的重要措施之一。因其重要及紧迫，本工程被列为2004年市重大工程。

本工程是生活垃圾压缩中转的环境设施，建造在上海市黄浦区居民生活区附近，因此不仅要改变人们传统上对垃圾处理的脏、乱、臭的看法，还要给人们建造一个耳目一新的实在的花园式的环境，让人们接受。工程设计垃圾压缩转运能力600t/d。项目占地小，用地面积6433m²，建筑面积8950m²。采用超集约化布置，包括地下一层、地上三层的框混结构，建筑物最高处离地面17.53m，涵盖了中转站的所有功能要素。为便于转运车作业场地的隔声，降低收集车噪声，卸料大厅即转运车作业场地位于地下，加顶盖，形成封闭空间，顶盖上进行绿化、景点布置，以达到屏蔽、美化和环保的效果。

本项目为免除垃圾打包工作造成噪声和振动影响环境，采用了荷兰引进的先进的储运工艺和设备。还设有污水收集处理系统，采用了前端与末端相结合的双重除臭系统。设计过程中土建结构与工艺设备配合紧密，中转站采用半地下结构，层高高，错层多，为了利用空间，满足复杂的工艺功能，建筑内部存在大量的错层，结构设计时充分考虑其对抗震等不利影响，进行优化调整。工程采用了包括数字监控系统、投影系统、无线通讯、自控设备及软件、监测仪表、局域网系统、信号指示系统等众多新技术，组成对称量、统计、工位分配、除臭、除尘、消防、内部空气进排等的自动控制，集中控制。建筑设计上因地制宜充分利用地下空间，科学配置功能区域，地面屋顶全面绿化。不管在地面或屋面，或从周围高处观察，均是一座四季常青，鸟语花香的园林。

临港新城污水收集处理系统一期工程

设计单位：上海市政工程设计研究总院

主要设计人：俞士静、彭弘、王彬、肖菊仙、汤建勇、王萍、陈萍

临港新城位于上海市东南角，是上海市最重要的新城之一，是上海国际航运中心的重要组成部分。本工程污水系统服务范围约为300km²，服务人口约80万人，设计规模60万m³/d，一期规模10万m³/d。工程内容包括一座设计规模60万m³/d、近期规模10万m³/d的城市污水处理厂，28.2km污水收集总管和7座污水中途泵站。自2006年9月通水至今试运行以来，运行情况理想，各项出水指标均低于设计排放标准。

在污水管网系统设计方面，结合临港新城近、中、远期建设的时序，推荐在临港新城的两港大道上设污水双管。近期实施中型规模的污水总管网（20万m³/d），该方案可以同时满足近、中期使用的需要，待远期再根据实际情况和需要增加相应的规模，工程可操作性较强，灵活方便，并且减少了管网的总投资。

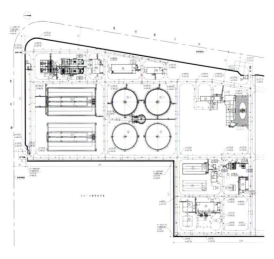

在污水泵站设置方面，污水中途泵站首次采用无需专人值守的标准，大幅度提高自动化控制程度，减少运行管理成本。污水泵站土建按远期一次建成，配置流量实行大、小泵近、远期搭配，对在位于生活区的污水泵站，采用全地下形式，水泵前设置粉碎型格栅，彻底解决栅渣清捞、外运及相应的环境问题。

在污水处理厂方面，首先根据进、出水水质，提出了国内首次采用的多点进水强化A/A/O工艺，该工艺根据污水二级排放标准，对传统A/A/O工艺进行了调整和优化，将部分污水完全硝化，部分污水常规曝气，二者出水混合达到排挡标准后排放。针对污水厂进水水质的不确定性以及近期水量较小的情况，采用3组完全硝化A/A/O池，每组1.67万m³/d，另外1组为不完全硝化的5万m³/dA/O池。同时生物反应池的进水、出水、超越、内回流、外回流以及空气管渠均采用渠道布置的形式，巧妙地组合在一起，大大减少了水头损失和厂区管道的数量。采用集约化设计，二沉池配水井与污泥泵房合建，达到配水、超越、污泥回流及剩余污泥排放的目的，减少构筑物个数，方便运行管理，生产区的占地仅5.6hm²。出口泵房内设重力自流拍门，增加出水自流的机会，降低日常运行费用。在污泥处理处置方面，采用机械浓缩、脱水，为污泥处置的"四化"创造了条件，避免了污泥在厌氧条件下的放磷问题，采用了国际先进的污泥料仓形式，使原本环境最为恶劣的污泥区条件大大改观。

上海微电子装备有限公司生产厂房

设计单位：上海市机电设计研究院有限公司

主要设计人：吴美凤、贺荣明、周家实、陈浩、范叶初、陈钢、许韧

上海微电子装备有限公司生产厂房位于上海浦东新区张东路1525号，占地12525m²，建筑面积8535m²。工程设计于2004年，2006年6月竣工投产。

准分子光刻设备主机的工作场所具有极高的抗振要求和洁净度要求。除工厂的选址必须避开外界震源外，作为纳米级设备的光刻设备，无论低频大振幅或高频小振幅振动，均会对产品造成毁灭性的打击。由于理想的软土环绕的环岛地形在实践中无法形成，故设计中，采用了深桩基及抗震坑组合形式，在理论上解决了外界振动的影响难题，并在实践中得到证实。

由于光刻设备的安装、生产必须在高清洁度环境中进行。本工程设计以合理投资为原则，确定了在7级大环境区域中，采用6级清洁度的装配环境、5级清洁度的测试区域为洁净厂房的设计目标。

产品在洁净区的无尘输送是光刻设备的生产过程中很重要的环节。对于纳米级光刻设备产品的装配、调试、包装等作业，设计采用了以洁净压缩空气为气源的气垫式输送方式，可使微尘产生的可能性降低到最小，并能满足大吨位产品的运输需求。

由于光刻设备的总装场地同时也是调试场地，故根据光刻设备总装和调试的不同需要，在场地上设计了两组互相独立的黄、白光源，并以特殊控制系统保证工艺的需要。同时，对生产过程中产生的有害废气排放和新风补充有一整套检测、报警系统，有效保证了操作人员的生产安全。

对于光刻设备主机的装配场所，在总装、部装和测试过程中有大量的测试气体接入、大量废气排出，以及各种强弱电缆布置等。由于是样机的装配试验场所，这些管道和管线既需要考虑安装、使用方便，还要符合净化场所的要求。因此，设计采用了独特的管廊和管道墙结构，在相对洁净度要求较低的区域设置管廊区，将该区域的墙体作为管道墙，既保证了高洁净度区域的洁净度，又极方便配置管道。在将来，可在不影响装配区洁净度的条件下，随时增减管道。

在光刻设备的生产过程中，一些重要的零部件已经远远超过传统的机械加工精度。为此，专门设置了精密加工区，布置安装了精度高达50nm的立式加工中心、卧式加工机床、外圆磨床、平面磨床及三座标仪、轮廓仪、圆度仪等各类高精密度设备。精密加工区的温控精度为20℃±1℃，相对湿度55%，并设计有可靠的防振基础，保证精加工区的各类设备正常运行工作条件。

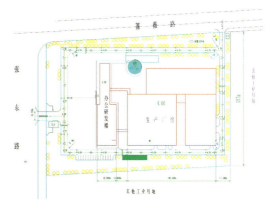

欧姆龙（上海）有限公司综合管理楼 生产楼扩建项目

设计单位：上海市机电设计研究院有限公司

主要设计人：于苇、倪薇、徐韧、何斌、陈健龙、梁庆、时荣伟

本工程位于上海浦东新区金穗路1600号，设计于2005年，2006年3月竣工投产。总建筑面积23179m²。

工程建筑造型以方形为母题，L形布局使建筑物之间的"共生"对话更为融洽自然。将建筑形体设计为强烈的雕塑体，从而使建筑物三度空间的动态造型产生浓郁的场所归属感。

根据建筑功能的分区和要求，结构地上部分分三个区域：东区、西区和连接体部分，均为框架结构。这三部分之间因为建筑物的体形、重量的原因，地上部分设伸缩缝，分为三个独立体，基础因采用桩基，能很好地控制沉降，故基础不设缝，保持建筑的整体性，以利于美观。基础形式采用桩+独立承台。上部结构板面体系采用经济合理的井字梁结构，大跨度部分采用有粘结的预应力混凝土大梁。

综合管理楼暖通空调设计根据不同房间的使用特点，在综合考虑确保室内的空气品质、节能、使用灵活等因素的前提下精心设置。采用以全空气双风机变风量系统为主，辅以VRV系统即一组室外机与多台室内机相连变频控制形式。生产楼生产车间为洁净室，根据工艺要求需设置局部通风设施，排风量随生产规模的变化而变化，在空调机组的新风入口设置电动调节风阀，通过空调自控，让新风量在一定的范围内可调，以适应工艺排风量和车间内正压的变化，确保新车间的洁净度要求。

综合管理楼、生产楼给水排水系统设计有：给水系统、排水系统、雨水系统、消火栓系统、自动喷淋灭火系统、气体灭火系统、建筑灭火器配置。生产楼系统为稳高压系统，每层设置湿式报警阀，每层喷水干管上装有水流指示器，信号接至消防控制中心。在消防给水管网上设置二套水泵接合器，其周围15～40m内设室外消火栓。

采用树干式和放射式相结合的配电方式，消防设备和重要负荷均采用双电源供电，并在末端切换。试验室及大空间办公室照明以集中控制为主，走道、厕所及吸烟室处照明采用红外感应式，其他办公室及各站房照明等为分散控制。本工程采用控制中心报警系统，火灾报警后通过联动控制器切断空调、风机及非消防电源，开启消防泵、喷淋泵以达到自动灭火要求。

本工程配置的楼宇自动化监控系统设备，通过高效的集散控制网络，把分布在各处的监控点，与厂区内的水、电、风系统构成一个大网络，对其机电设备进行监控。BAS系统监控点主要包括空调系统、给排水系统、照明系统和电梯系统。在主要出入口和通道、重要人员办公室、贵重物品库房及有防盗需要的场所设安保监视摄像机和紧急报警按钮；厂房沿街一侧，四周围墙安装红外发送及接受装置，周边防盗报警装置设在消防控制及安保中心，监控与报警联动。

同济汽车学院洁净能源汽车工程中心实验车间

设计单位：同济大学建筑设计研究院

主要设计人：王文胜、任为民、虞终军、周鹏、程青、黄倍蓉、周毅

同济汽车学院洁净能源中心实验车间位于上海同济大学嘉定校区内。总建筑面积13506m²，占地面积6087m²，地上二层，地下局部一层，建筑高度21.3m。

本工程为中国领先的汽车实验中心，其主要功能为汽车整体、汽车零部件、汽车发动机及汽车洁净能源的各种实验室。其设计兼顾自主开发和外借项目的运行。该建筑中设备多数是先进的大型特殊实验设备，对防火、防振、隔声要求严格，且辅助设备多而复杂，对设计及施工要求较高。

建筑布局方整紧凑，按工艺流程将发动机实验室、氢能源实验室、消声室、环境仓、振动台等实验单元布置在中央转运车间两侧。二层为各实验单元的测试区，其对应的一层为设备基础及辅助设备用房。中央转运车间设置大型载车电梯，不同吨位的行车，室外设汽车坡道，方便实验车辆进出。柱网及层高均据实验工艺确定，使用面积系数达到85%。针对发动机实验室、氢能源实验室等有火灾危险的特点，设计将这部分用房布置在一层靠外墙部分，划分成独立单元，做防火、防爆处理，并协同制定了实验室使用手册。消声实验室对隔声、消声有严格要求，设计中采用内外独立的房中房结构和特殊构造，采用国际先进的消声系统，使最终的测试结果达到国际一流水平。所有设备安装完毕验收时均达到要求，确保了国家863计划在同济大学的顺利实施。

本工程结构设计有着柱网跨距较大、楼面荷载大、设备基础多且对沉降、隔声、隔振要求严格的特点，针对这些特点设计中主要采取了以下措施：

1、采用部分预应力结构，有效降低梁高，防止超长结构产生收缩裂缝。

2、消声室采用房中房结构、混凝土门式框架结构，混凝土柱采用变截面柱、橡胶隔振垫等措施，使消声室与主体结构完全脱开；

3、由于空气弹簧具有隔振频率可调、适用隔振频率广等特点，本工程有隔振要求的设备基础（如转鼓、振动台、发动机等设备的基础）均采用空气弹簧隔振。

本工程各工艺系统根据其功能特点及工艺要求均尽可能设计为独立系统，便于运行管理与节能；根据工艺要求，设计压缩空气系统和燃油供应系统。除了发动机实验室的工艺用水直接采用市政压力给水，其余所有单体生活用水均由变频供水设备供水。排水体制为室内污废水合流、室外雨污水分流制。

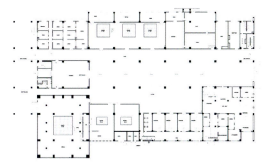

嘉兴南湖渔村

设计单位：上海市园林设计院

主要设计人：王钟斋、张永来、张栋成、鲍承业、陈惠君、许曼、董奎

嘉兴历史文化悠久，是中国共产党的诞生地。南湖渔村位于嘉兴南湖西侧，原许家村位置，系嘉兴城市最早的居住地之一。基地占地4.9hm²，陆地面积10.5hm²，鱼塘1hm²。地貌南北两端小、中间宽，地势低洼，留有部分水系，多断头浜。设计以浙江水乡为主线，再现城市发源地神韵，营造水乡特有的意境。

充分体现渔村的历史文化，注重自然生态环境的保护和历史文脉的延续，保留原有祠堂，沟通原有水系；保留基地大树、植被和地域文化；保护开发环南湖的生态环境，创造质朴的江南水乡景观环境。

南湖渔村由六大景观区域及若干景点组成：
(1) 管理中心区（高家祠堂）
(2) 吴越风情水街区
(3) 娱乐中心区
(4) 休闲活动区
(5) 塔院区
(6) 生态发展区

工程规划设计强调景观建筑在基地的引领作用。壕股塔园恢复嘉兴八景的风貌；宋式砖塔增加了历史文化内涵。

高家祠堂保留了原村落的特征，保持历史的原貌，整体修缮，体现本来面目。保存沿湖自然岸滩，再现江南水岸风情。

吴越风情水街建于水道两侧，建筑高度控制在8.0m以下，汲取了民居村落的空间布局形式，建成中式的商务俱乐部。

充分考虑环境特征，保留现状大树，古树等姿态优美的树木，在植物规划上，运用"东疏西密"的设计原则，体量上东低西高，即沿铁路一侧、壕股塔一线结合地形以密植高大乔木为主，烘托出整体的深厚气氛，而

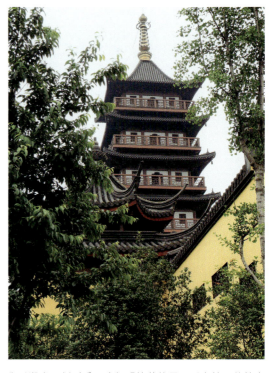

靠近湖岸一侧则采用疏朗明快的格局，以点植、丛植小乔木和花灌木为主。利用植物景观和园林格局组织丰富的风景空间。特别在高家祠堂的垂直绿化中，配合修建采取了一系列的技术措施。经过一年的养护，目前垂直绿化爬山虎又重新与环境融合在了一起。

绿化配置中采用了大多数的浙江乡土树种。

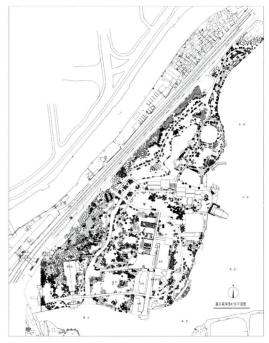

上海炮台湾湿地森林公园工程

设计单位：上海市政工程设计研究总院

主要设计人：钟律、祝红娟、刁洪艳、杨学懂、王俊、徐晓鸣、金熠

吴淞炮台湾湿地森林公园是一座拥有深厚历史底蕴和丰富人文景观的综合性公园。公园位于上海滨江新区宝山中心城区内，东濒长江，西倚炮台山，南迄塘后路，北至宝杨路，陆地面积53余公顷，原生湿地面积约5余公顷，沿江岸线长约2 km。清政府曾在此建造水师炮台，故得名为"炮台湾"。公元1842年，清朝名将陈化成率水师镇守炮台，顽强抗击英军，直至壮烈殉身；在著名的"一·二八"淞沪抗战期间，英勇的抗日将士也在这里奋起抵御日寇入侵，成为炮台湾的又一重要史实。

公园原址为长江滩涂地，其陆地从20世纪60年代起，由钢渣陆续回填而成。为传承炮台湾悠远的历史文化，展示其丰富的人文景观，从21世纪开始，宝山区政府为改善区域生态环境，在这里规划建造森林湿地公园。经过多年的建设，公园于2007年4月正式落成。建成后的吴淞炮台湾湿地森林公园突现了"环境更新、生态恢复、文化重建"的设计理念，保留了长江滩涂地的原生态风貌，并利用地方文脉、军事文化渊源及一系列新建设的相关休闲活动设施，使公园成为爱国主义教育的示范基地，具备了集科普教育、休闲娱乐、观光旅游于一体的功能，在成为沪上特色鲜明又一旅游新景地的同时，形成上海水上门户一条亮丽的风景线。主要设计特点：

(1) 废渣造景，充分利用原有地形地貌。
(2) 突破防汛堤的传统概念，规划滨水景观道。
(3) 湿地再造，改良滩涂，恢复生态。
(4) 借山引景，充分利用自然元素。
(5) 文脉的延续，军事文化特色主体的营造。
(6) 矿渣筑路，材料的利用再生。

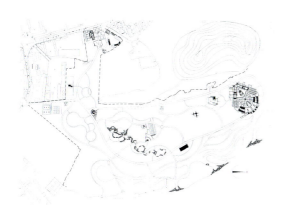

延虹绿地

设计单位：上海市园林设计院

主要设计人：秦启宪、江东敏、瞿蓉蓉、陈惠君、周乐燕、韩莱平、江卫

延虹绿地是2003年上海的重大工程之一，占地3.2hm²，于2003年初始规划设计、建设，并于当年12月完工。绿地总体布局呈现自然和人、传统和现代相融合的格局，体现出中西文化交融的意境。

延虹绿地地处延安西路高架和虹桥路交叉口，虹桥经济技术开发区的西端。绿地现状多为密集简屋旧区。

上海市城市总体规划中将虹桥路列为历史文化风貌保护区，为延虹绿地规划设计奠定了良好的基础。虹桥路的历史可以追溯到100年前，当时上海公共租界工部局辟筑了虹桥路。沿路建有多幢别墅，它们在一定程度上代表着上海近代的建筑文化。将虹桥路的百年历史变迁和建筑文化特征浓缩在延虹绿地之内，展示虹桥路历史变迁、古今趣事、建筑文化、人文景观，营造出有浓厚历史文化内涵的氛围。

设计理念为体现生态自然的城市森林景观；体现虹桥路历史文化风貌特色；最大可能地保留基地内的大树和可利用的建筑；创造春景秋色的特色绿化景观。

绿地设计将虹桥路的历史文化风貌（文脉）作为绿地设计的切入点，与城市森林景观（绿脉）相结合，构成延虹绿地的主脉（特色风格）。延虹绿地的总体布局自然流畅，东与新虹桥中心花园、北与虹桥迎宾馆在空间上相呼应，在高架及高层建筑上俯视，视觉效果俱佳。

绿地分成六大景区：虹桥史话、碧野绿秀、天地合欢、竹影留步和秋霄夜色。

其中虹桥史话景区内的一株老枫杨树，见证了虹桥路今昔巨变，特意予以保留，并作为主要景观加以突显，并形成主题广场，弧形的文化墙上镶有不同历史时期虹桥路变迁的照片。竹影留步景区位于西区西端，是以竹子为主题的休息赏竹区域。竹林围合，花团锦簇；中央是组合式木廊架，近200m银杏大道自西向东伸展；在广场间置有12块栩栩如生的生肖石。秋霄夜色景区以混交林为背景，大片种植秋景树。

延虹绿地定位为城市森林景观型绿地，体现上海绿地植物景观特色，故总体上以乔木林环抱，覆盖率达70%以上。东区中央草坪以玉兰科植物为主，沿绿地南侧有秋色林，疏密有序，开朗通透。绿地内还配有花镜区。"竹影留步"景区以毛竹为主，布置形式成楔形状。

竖向设计上，东端形成缓坡草地，种植乔木，以提高道路的绿视率和强调森林景观为对景。东区北侧地形较舒缓，保留原有大树，形成疏林草地。西区地势由东向西，由低渐高呈2%的坡度，自然平缓，形成笔直的银杏大道。

延虹绿地以乔木为骨架，形成多层次复合的植物群落，疏密有序，营造出具有上海春景、秋色特色植物景观的现代城市绿地景观。

溧阳市高静园改造工程

设计单位：上海上农园林环境建设有限公司（上海交通大学风景园林研究所合作设计）

主要设计人：王云、汤晓敏、洪静波、叶承志、陈静宜、战旗、陈崟、王洁文

高静园为江苏省溧阳市市级文物保护单位，位于溧阳市老城区中心，三角形地块，占地10365.7m^2。周边面水，一桥相通，原为明嘉靖进士彭谦的私家庭院"春草池"局部。后因园中珍藏宋代"花石纲"遗物"高静石"而更名为"高静园"。园中另有著名历史文化景点太白楼。该园自2006年5月开始进行改造设计，同年10月15日竣工。

通过高静园的改造设计以寻求一种既能传承民族历史文化精髓，体现场所精神，又能使小空间在现代城市大空间中完美融合，并能满足现代城市人群生活节奏、活动尺度空间的设计途径，旨在让更多人接受、使用、受益于设计师的成果，而这一过程也正是这些宝贵资源体现历史文化价值的过程、民族精神延续的过程。

总体布局采用外"环"内"网"，外松内紧的空间分布格局。打破公园四周原有围墙，设置滨水景观环路，使园中景和园外景相互穿透。环路内部，以高静石、太白楼两大古迹，以及各景点的亭台轩榭等园林建筑为节点，通过园路和水体网络状连接，形成通达灵活的观景行程。总体布局遵承江南传统古典园林造园手法，营造具明清江南古典园林意趣的集锦式山水园。

景点组织命名上重拾溧阳宋代以来已废弃的十余处古园的意趣精髓，传承中国古典园林园中园的造园手法，因地制宜，借植物造景烘托主题，设计形成"宋石追忆"、"春草池浅"、"净香徘徊"、"阳春悟言"、"池碧夏清"、"苍松翠坪"、"暗香浮动"、"居竹远志"、"丛桂晚香"、"坐石临流"等共计"八园十六景"的总体景观格局。

运用掇山理水的手法，组织疏理空间，形成疏密有致、旷奥有度的视觉效果。高静园是闹市中一块四周临水、独得幽静的绿岛。岛中有池，池中又立小石，形成水中岛、岛中水的独特景观格局。规划设计利用原有景墙分出的东西两园，分别采用不同的石材，勾勒出春草池和龙池蜿蜒迂回的岸线，点缀出漾碧池和清漱草堂的雅韵。

分级经营不同的园林建筑。对于有较高历史价值的文物或建筑（高静石、太白楼）进行保留修缮；对于功能错位、空间划分不合理、存在消防隐患的建筑（如原溧阳市文化馆）改扩建，并在建筑风格上尝试传统与现代之和谐相融。在景观、功能上有所需要的空间上新增亭榭游廊。

可持续利用的生态理念经营传统园林建筑。循环利用废弃古建材料于铺地、景墙或建筑表面装饰，使之借旧融新，重焕异彩。

亭枫及郊环（南段）高速公路工程勘察

设计单位：上海市城市建设设计研究院

主要设计人：项培林、徐敏生、龚启昌、汪孝炯、沈日庚、赵玉花、王凯云

亭枫及郊环高速公路工程位于上海市金山和奉贤地区，西起沪杭高速公路枫泾站，东至莘奉金高速公路南桥镇，途经金山区兴塔、朱泾、松隐、亭林四镇后，沿亭大公路向东至莘奉公路，接上海郊区环线高速公路东南段，全长为46.626km。设计车速100km/h，红线宽度60m。本项目勘察范围为里程号K21—K46+617，长约25.617km。主要由道路、桥梁、地道、管涵、泵站、收费口、服务区等组成。

该项目勘察工作于2003年5月结束，并提供岩土工程勘察详勘报告。于2005年11月8日通过竣工验收，2005年12月6日正式通车。

本工程线路长、桥型多、建（构）筑物类型多、工程量大、地质情况复杂。针对上述特点，本次勘察运用了钻探取土、标准贯入试验、静力触探试验、轻型动力触探试验、轻便静力触探试验、十字板剪切试验、小螺纹孔、土工试验、测量等多种勘察手段，进行了综合性的勘察。共完成取土样（兼标贯）孔287个、静力触探试验孔300个、十字板剪切试验孔9个、轻便静力触探孔84个、轻型动力触探孔80个、小螺纹孔980个，累计进尺31085m。土工试验除了进行常规物理力学性试验外，还进行了固结系数（Cv、Ch）、渗透系数（Kv、Kh）、无侧限抗压强度试验、三轴固结不排水试验、击实试验等试验项目。

本工程针对沿线暗浜分布多的特点，根据历史河流

图和调查访问，对沿线暗浜采用小螺纹孔结合轻型动力触探、轻便静力触探试验的调查方法，进行了勘察，通过运用多种勘察手段相互验证，为暗浜处理提供了正确、全面、翔实的勘察资料，为选用更具针对性的地基处理方法提供了依据，从而节约工程造价。

本工程勘察工作量布置合理，有针对性，勘察手段多样化，所提供的岩土工程勘察报告资料齐全，土层划分合理正确，评价合理，结论明确。勘察报告建议的桩基持力层、桩型和各类桩基设计参数为设计人员采用，提供的路基处理、路基沉降计算参数齐全，为基础设计和地基处理方案优化提供了技术支持，节省了较多的基础工程量。勘察报告所提供的地基土勘察成果和现场施工情况吻合。

颗珠山大桥施工监控测量

设计单位：上海岩土工程勘察设计研究院有限公司

主要设计人：李军良、郭春生、褚平进、张晓沪、程胜一、
　　　　　　熊剑飞、仲子家

颗珠山大桥位于东海大桥港桥连接段，距上海市南汇区芦潮港约30km，其主桥跨越最深处约-40m的深海槽。结构形式采用双塔双索面叠合梁斜拉桥。桥梁施工拼装过程中的测量不仅仅是一种空间定位，而是"监测—施工安装—监测—识别—修正—施工安装—监测"的反复循环的过程，是测量与施工的血肉结合。

受设计单位上海市政工程设计研究院的委托，上海岩土工程勘察设计研究院有限公司承担施工期的监控测量任务。2004年8月至2005年10月期间，该院在承担主桥监控及施工测量过程中，采用先进仪器设备、委派高素质技术人员，布设并维护了全过程的高精度施工控制网、实施了有效的施工测量与监控，进行了合拢前的长时间跟踪测量（确定合拢段尺寸），克服了环境影响和测量难题，为全桥按设计要求拼装并一次性胜利合拢提供了高质量服务。

斜拉索是由塔、梁、索三大部分组成的空间复杂结构体系，通过施工来实施。在施工过程中，由于结构的多项参数、线形、索力与设计值有一定的差异，这就需要对施工过程进行控制，实时采集线形、索力状态并与设计比较，及时演算下节段的施工指令，进行施工控制。施工控制的原则主要有以下几个方面：

在施工过程中，按照监测—施工安装—监测—识别—修正—施工安装—监测的施工与监控顺序，由施工控制单位书面提供施工控制指令——施工单位执行——测量梁、塔、索相关状态——反馈给施工控制单位——施工控制单位修正参数并调整新指令——施工单位执行调整指令，直到符合设计要求。

在主桥施工过程时，合理进行标高（线形）、索力、拉索引伸量监控制。

桥梁拼装过程中主塔、主梁线型和标高受温度影响较大，监控测量要求在一天气温平稳时段进行，本工程测量时间定为凌晨1：00至5：00，监控测量要求克服能见度差的影响。

由于本工程两座主塔均位于海中，受潮涨潮落、海风、频繁的大雾天气等恶劣环境影响，测量过程中必须克服环境、待测对象严重抖动等对测量精度的影响。

两座主塔塔高105m，采用不同的基础类型：西主塔基础为24根钻孔嵌岩桩，东主塔基础为钻孔灌注桩，拼装测量过程要正确处理和监视不同基础结构的差异沉降对主桥合拢的影响。

本工程采用光纤光栅应力计、温度计进行应力温度监测，为大桥应力应变测量精度提供了保证。

本工程一贯执行严格的监控措施，全桥拼装各工序一直处于设计的较理想状态；通过合拢前24小时连续的跟踪测量，本工程两个边跨及中跨三个节点均顺利精确合拢。

上海深水港东海大桥工程测量（箱梁、桥面板检测）

设计单位：上海市测绘院

主要设计人：王智育、季善标、张瑞卫、胡汀尧、高俊潮、
李海涛、黄凯

为把上海建成国际航运中心，上海市政府提出了跳出长江口，在距上海南汇芦潮港约30km的大小洋山建设深水港的设想。经过国内外专家、学者、勘察、设计、科研人员5年多的论证和前期工作，于2002年3月国务院第56次总理办公会议审议批准通过了上海洋山深水港一期工程可行性研究报告和开工报告。洋山深水港工程包括深水港区、芦潮港海港新城以及连接港区和港城的东海大桥。

东海大桥工程位于杭州湾北部的东海海域，大桥全长约31km，其中陆上段约2.3km，跨海段约25km，港桥连接段约3.6km。大桥宽度为31.5m，设计为6车道。大桥海上段设有主通航孔一个，副通航孔三个。大桥海上段的非通航孔全长约24km。按照桥孔跨度，非通航孔又划分为50m跨、60m跨、70m跨三种不同的跨度。其中50m跨共10孔，长500m，60m跨共178孔，长10,637m，70m跨共146孔，长10,220m。

受上海市深水港建设指挥部委托，上海市测绘院于2004年1月承担了东海大桥工程的箱梁、桥面板检测工作。工程所处的地理位置特别（长江口、连接大陆和海岛）、工程量巨大（跨越约28km）、水文气象复杂等都给施工测量环境带来巨大困难。

由于检测工作地点在海上，而且所要检测的箱梁、桥面板的高度在20～40m之间，作业的区域小，检测的精度要求高，海上条状平面控制网布设和水准高程传递是本项目的关键。经过项目组的试验和探索，平面控制采用大桥建设控制网的成果作为起算点，利用GPS静态测量法布设加密控制点，整网平差，加密控制点的平面坐标精度优于《公路全球定位系统（GPS）测量规范》二级要求。在布设的高精度控制点基础上，通过制订合理的技术手段，对箱梁、桥面板进行高精度的坐标实测，再依据实测的坐标反求其中心轴线精确位置。高程控制采用

高精密的三角高程方式将高程传递至箱梁、桥面板后，再使用三等水准测量方法施测中心轴线位置的高程。

本项目由于采用先进的测绘方案，且在特定的作业环境研究了一套切实可行、经济合理的技术方案，确保了作业质量与周期，提高了工效和测量精度。2004年10月向大桥指挥部提交成果，并于2005年2月顺利通过上海市测绘产品质量监督检验站的验收。正是由于项目组及时提供了可靠的箱梁、桥面板的三维坐标数据，保证了整个工程的顺利施工，确保了东海大桥的顺利竣工。项目成果也获得了工程建设指挥部的好评，产生了较好的经济效益和社会效益。

五洲大道（浦东北路—外环线）新建工程勘察

设计单位：上海市政工程勘察设计有限公司（中国建筑西南勘察设计研究院合作设计）

主要设计人：俞皓、唐海峰、曹军、孙风慧、杨光、张澄、印文东

拟建五洲大道（浦东北路—外环线）—外环线立交位于浦东新区杨园镇东南面，拟建场区中间有外环线、赵高公路、外环运河（高桥港）穿越其间及农田、村庄、工厂、绿化带。另有小河浜和水塘通过。外环线两侧各有约20m宽的绿化带；赵高公路两侧为工厂；高桥港西侧为工厂，东侧主要为村庄；地形较为平坦，地面标高一般在4.97～2.76m。拟建场区位属滨海平原地貌类型。

五洲大道工程交通量大、高地下水位和软土地基等不利建设条件。采用多种新技术、新材料，形成独特的路基、路面一体化结构，全面提高了路基强度和路面性能。

五洲大道工程提出"建设生态环保、绿色科技之路"的设计理念，开展了废橡胶路面、排水性路面、雨水回收利用、绿化防尘、降噪等多项绿色环保课题的应用研究，体现了道路建设的生态性、环保性。

拟建五洲大道（浦东北路—外环线）——外环线立交位于浦东新区杨园镇东南面，现外环线与拟建五洲大道交界处。包括外环线立交（含赵家沟桥）；一座新建人行天桥（近高桥港人行大桥），一座人行天桥重建（跨外环线人行天桥）；另附设大奚家沟箱涵1号，大奚家沟箱涵接长，孙家沟箱涵2号，老孙家沟箱涵接长。

外环线立交（含赵家沟桥），上部结构为连续梁。桥宽主线36～50m，匝道8～10m；跨径外环运河处36m；赵家沟桥处（62.5m+96m+62.5m），其他段跨径16m～36m；主要墩台赵家沟大桥12.8m×7.4m，主线14.6m×3.6m，匝道4.6m×4.6m，有NW匝道、SW匝道、WS匝道、ES匝道、EN匝道、NE匝道、WN匝道、SE匝道、新圆路匝道与立交相连。基础形式拟采用桩基础。

人行天桥（近外环运河人行天桥，跨外环线人行天桥）上部结构为预应力II型梁，宽度5m，采用4跨，基础采用桩基础。

箱涵（大奚家沟箱涵1号；大奚家沟箱涵接长；孙家沟箱涵2号。老孙家沟箱涵接长）埋置深度不大，主要布置在道路过河浜区域，采用天然地基。

亭枫及郊环（南段）高速公路工程测量

设计单位：上海市城市建设设计研究院

主要设计人：杨欢庆、李友瑾、刘永平、丁美、曾绍文、李雪铭、朱祥

亭枫及郊环高速公路东起莘奉金高速公路，西至沪杭高速公路，全长46km。工程自东向西延亭枫公路横跨奉贤区、金山区。工程于2005年10月建成通车。项目主要特点如下：

在测量方案设计阶段，注重控制网网形设计和工程设计方案紧密结合。观测阶段考虑影响GPS观测质量的因素，提高观测质量。在平差方案上，采用线路坐标差检验、验后方差检验和尺度比检验三种方法进行分析比较，兼顾与工程相接的A30东段（正处于施工阶段）顺利衔接，确定最优的平差成果。整个平面控制测量成果平差后的点位中误差最大为±9.3mm，全部点位中误差均小于规范允许误差的1/3，达到了优良成果。

线路定线测量过程中，应用GPS(RTK)技术进行对215个中桩进行检测，工作效率由过去每个组日用全站仪检查不到3km提高到了现在的每个组日达8km多。GPS(RTK)技术省却了多次搬站，架设仪器的步骤，摆脱了通视条件的限制，效率提高了两倍以上。

根据设计方案，原大亭公路重合段内的水泥板块予以保留。板块标高精度直接影响工程的质量和工程的预算。因此在地形测量阶段，针对性地测量了板块接缝的平面位置，又对所有的板块角点测量了标高。板块角点标高观测时采用四等水准尺、红黑面读数至毫米。抽样检查表明散点误差全部小于±2cm，其中误差小于±1cm占全部抽样总数的78.6%。对9km的大亭公路利用设计方案起到了关键作用。

项目进行过程中，结合工程先后开发了《散点标注程序》、《纵横断面绘图软件》、《河床断面生成系统》、《工程测量软件包》等软件，对解决实际工程问题起到了非常大的作用。《散点标注程序》在散点上图过程中，调用散点计算的数据库，在CAD工程平面图中需标注散点的地方点击鼠标即可完成散点的上图任务，使散点上图准确率保证100%准确，避免手工上散点差错率高的缺点，且提高工程效率接近80%以上。"纵横断面绘图软件"的编制，可以把纵横断面的数据准确地绘制在CAD图上，方便了纵横断面的校审工作，使纵横断面的校审质量和效率成倍提高。"河床断面绘图程序"的编制，实现了Excel与CAD之间的数据共享，中间过程全部实现了自动化。

翔殷路越江隧道工程勘察

设计单位：上海市隧道工程轨道交通设计研究院

主要设计人：乔宗昭、石长礼、季军、熊卫兵、张惠忠、陈嘉生、唐荣新

翔殷路隧道工程是上海市连接黄浦江两岸的又一条大型越江隧道。工程全长2566m。其中盾构隧道段长度为1483m，盾构外径11.6m，连接黄浦江两岸的翔殷路及五洲大道。

上海市隧道工程轨道交通设计研究院承担并完成了该项目的岩土工程勘察、测量和设计工作。自2003年起，历时3年，由上海市隧道工程轨道交通设计研究院承担并完成了该项目的岩土工程勘察、测量和设计工作，解决了一系列技术难题。该工程于2003年4月—12月进行了岩土工程勘察，提出了翔实的地层资料、丰富的设计参数、合理的工程建议，为盾构隧道设计施工提供了真实、可靠的地质依据。

该工程勘察内容包括圆形隧道段、工作井、暗埋段、引道段、接线道路、管理中心等，勘察重点为圆形隧道段盾构工程及工作井、暗埋段、引道段基坑工程、管理中心桩基工程等。其勘察特点有：

（1）勘察纲要是在充分利用本市以往多条越江盾构隧道的勘察经验优势，并通过借鉴各方面的地区勘察经验，与设计人员、有关专家反复研讨、论证、评审后最终编制完成。

（2）本工程采用了多种勘察手段，包括钻探、静力触探、标准贯入、十字板、扁铲侧胀、注水试验、承压水观测等，来查明工程沿线的工程地质、水文地质、不良地质条件，为工程设计提供了可靠的地质依据。

（3）室内试验项目安排合理、齐全。室内土工试验除常规物理力学性质试验外，还进行了无侧限抗压强度试验、固结回弹试验、三轴（不）固结不排水剪切试验（CU、UU）、静止侧压力试验等。

（4）在江中段的水上钻探作业中，使用自行研制的水上泥浆回收处理利用系统，解决了水上施工带来的环境保护问题，该系统在其后的各项水上作业中不断得到推广使用。

（5）全过程跟踪实行岩土工程咨询服务，可靠的勘察数据为盾构隧道段的顺利推进提供了基础依据，施工监测资料显示，各项数据、指标与勘察报告完全吻合。

本工程勘察遵循准确、经济、合理的原则，将多年积累的软土隧道勘察经验充分运用到本工程的软土勘察工作中，并将有关盾构法隧道规范条文取长补短、有机结合。同时积累了丰富的数据资料，对于地层力学特性、固结沉降的变形特性的分析评价具有很高的参考价值；也推广了水上钻探的先进工艺，为今后的大型越江隧道勘察积累了宝贵的经验。

陆家嘴中央公寓工程勘察

设计单位：上海申元岩土工程有限公司[上海现代建筑设计（集团）有限公司合作设计]

主要设计人：阙二林、陈国民、王启中、陈荣斌、戴生良、何宗信、窦国平

本项目场地位于花木路、锦绣路交口西北侧，邻近浦东新区行政核心区，毗邻上海科技馆和世纪公园。一期建筑面积约163700m²，主要由12幢17～24层建筑和若干公建、幼儿园等3～4层建筑组成，另有地下车库一层。其中高层建筑下都有一层地下室，并与地下车库相连，底板埋深均约6.5m。结构类型：部分框支剪力墙、剪力墙、框架结构。

本项目2003年6月完成，并提供岩土工程勘察报告。

本项目高层建筑集聚，并有附属多层建筑，桩基持力层的选择多样化。尤其高层建筑层高变化较大，荷载悬殊的建筑处于同一整基础底板上，沉降协调是需要特别引起注意的，对单桩承载力和沉降量均有较高要求；同时本项目附有大面积地下车库，场地暗浜众多，对基础施工尤其地下车库的施工不良影响较大。

本工程勘察工作采用多元化测试手段，以查明土层分布规律，对报告中各地基土层参数进行了数理统计，根据室内土工试验和现场原位测试数据，对地基土进行分析，对主要参数引用概率理论进行保证率分析，使岩土工程参数更为合理、可靠。

针对拟建物对承载力要求的多样化，合理地建议第⑦1b层作为高层拟建物的桩基持力层，按承载力的不同要求采用相应桩长；建议第⑤1b层或第⑥层作为多层拟建物的桩基持力层；减少了布桩数量，节约造价；充分发挥地基土的承载潜力，提供的承载力参数，与试桩结果相吻合。

根据场地周围环境条件和地层条件，建议选用预应力管桩和预制桩，以静压方式进行桩基施工，节约工期约2个月。其中高层建筑采用预应力管桩，以第⑦1b层为桩基持力层，满足了承载力要求，相较于钻孔灌注桩节约造价约30%。

采用多种手段进行桩基模量估算，报告中估算基础沉降为2.9～3.6cm，2006年6月的实测沉降为1.4～2.2cm。实际的沉降观测资料表明：勘察报告所提供的沉降估算与参数合理。

查清了场地内的暗浜、暗塘等不良地质现象，为基坑围护的设计施工提供了准确的资料。设计采用了报告中建议"采用卸土结合重力式水泥搅拌桩方案，在场地内部分期施工交接处，在设置基坑隔水或基坑降水情况下，也可采用放坡"的综合方案，比原方案节约了15%左右。

复兴东路隧道健康监测

设计单位：上海海洋地质勘察设计有限公司

主要设计人：李彬勇、李治文、张海、韦新余、杨育雄、陈金辉、原宜坤

上海复兴东路隧道西起浦西复兴东路、光启路，东至浦东张扬路、崂山东路，全长2785m，总投资15.9亿元人民币，是连接浦西与浦东公路交通的重要通道，为双筒双层双向六车道隧道。复兴东路隧道是我国第一条双层、双管越江隧道，于2004年10月正式进行营运。

隧道工程的庞大和复杂决定了健康受损分析的复杂程度：隧道本身的自然沉降、隧道周边土建施工、打桩施工对其沉降的影响，江中段和陆上段施工方法不一样的不均匀沉降、内部设备运行对隧道的影响等等诸多因素。为能够针对隧道运营中出现管径变形、管壁裂缝、渗漏等严重问题采取正确的维护或补救措施，需要对隧道主体结构进行精密变形监测，提供数据供业主结合多种其他数据信息综合评定隧道健康状况，及时采取各种必要措施，保障隧道运营的健康和安全。

本次监测利用测量手段，对隧道内承重结构及断面的位移变形进行监测，并绘制相应的位移变形影响线或变形曲线，以检测各控制部位位移变形状态，从而为总体评估隧道的刚度、营运状态和耐久能力提供依据。

变形监测采用几何水准法（观测竖向位移）和加固定点距离测定法（隧道横径收敛）。监测周期长达2年。

二等水准闭合线路为三个闭合环联结成的水准网，总长5.6km，隧道内南北线上下层共埋设沉降观测点346枚。

隧道直径变形监测，分别在复兴东路隧道南线、北线（上下层）四联络通道处及圆隧道中间布设12个监测断面，监测点布置在隧道管片上，使用测距仪固定观测，确保反映隧道横径收敛的真实变化情况。

两年内监测结果显示：复兴东路隧道南北线总体沉降变化在警戒值范围内，隧道运行健康。

上海又一城购物中心岩土工程勘察

设计单位：中船勘察设计研究院

主要设计人：许来香、黄叶峰、吕志慧、施云华

上海百联又一城购物中心坐落于五角场，比邻知识创新区中央社区和知识创新基地，是集购物、餐饮、休闲、娱乐、健身等功能业态于一体的大型都市型购物中心。本项目为1幢地表以上9层、地下3层，基地净面积为16258m^2，地上建筑总面积约89415m^2，地下建筑面积48014m^2。基坑开挖深度为15m，拟建物结构型式为框架+剪力墙，代表桩网尺寸可按8m×10m考虑。平均18kN/m^2为楼面荷载标准值。基础地板的型式采用独立承台与平板相结合的形式，桩基拟采用钻孔灌注桩。围护结构拟采用地下连续墙作为地下室的永久外墙，即"二墙合一"的结构形式。

该项目周围环境条件较复杂，四周均为市政道路及中环线，道路下均设有众多管线，煤气管道且紧邻地下室边线。北面相隔约15m为已建可蒙大厦，西南侧则为在建中的M1线延伸段。

根据拟建建筑物的特点和场地地层条件，本次勘察采用了钻探、静力触探的野外勘探方法，以查明土层的分布规律；采用扁铲侧胀试验测定软黏土的原位强度；采用钻孔降水头注水试验测定土层的渗透系数，以标准贯入试验判定砂（粉）性土的密实度和液化判定；采用承压水观测孔观测承压水的水头。另外，还进行了多项常规物理、力学性试验，提供了如渗透、无侧限抗压强度、三轴CU、UU、侧压力系数K0、回弹模量、水质分析等特殊试验项目。

本项目的勘察报告对深基坑开挖深度范围内存在液化土层的流砂的可能性以及基坑开挖时承压水的突涌性进行了详细、准确的分析与建议，提供的岩土工程参数也较为可靠、合理。通过对桩基础分析与评价，建议采用土性较好的⑨层粉砂层作为桩基持力层，在满足设计要求的同时，充分挖掘地基土的承载潜力，单桩承载力估算结果与试桩结果相吻合，大大地减少了布桩数量，为本工程的地基基础设计及施工起到了积极有效的作用，节约了基础的投资，产生了明显的经济和社会效益，受到了建设方及设计方的一致好评，至2006年6月项目竣工营业后至今未发生任何异常现象，效果令人满意。

水清木华九间堂C型别墅43号房

设计单位：上海现代建筑设计（集团）有限公司

主要设计人：俞挺、郑沁宇、张正明、王宇、章捷

水清木华九间堂43号别墅主要体现了对中国传统建筑的继承，创造出了现代化中国风格，布局以院落围合为特点，层层递进，将园林和现代居住方式以及传统紧密结合在一起。

建筑采用钢筋混凝土结构，外立面采用玻璃幕墙+横杆帘幕墙，在节能措施上采用双层玻璃内层low-e隔热断桥。

景观上继承了传统园林特色，将传统造园墙贯通流入造景中，采用了传统的借景、对景等手法，将景观和建筑完美结合。

建筑空间吸收了中国传统的建筑意境，在屋檐上体现如斯似飞的磅礴气势以及精细的构件，在空间上用固定的横杆幕来模拟窗帘，形成独特的意境。

住宅考虑到了舒适性，引入地暖设备、中央吸尘等设备，是一个现代人回归传统又引领技术的诗意栖居。

张杨滨江花苑住宅小区

设计单位：上海建筑设计研究院有限公司（加拿大泛太平洋设计与发展有限公司合作设计）

主要设计人：张行健、刘浩江 朱宝麟、谢惠中、高志强、陆文慷、周涛

本工程位于黄浦江东岸，北起商城路，南至张杨路，西临黄浦江，东至浦明路。基地北面为陆家嘴金融贸易区，西侧为沿黄浦江滨江绿化带，隔江为十六铺及外滩风光带。共设计了5幢高层点式住宅和一幢小区会所，5幢住宅分别高28层、36层和37层，会所部分地上4层。

5幢高层住宅和1幢多层会所建筑错落有致地坐落在基地周边，小区内部绿化与沿岸滨江绿带自然地渗透、交融。沿小区内部环路，设置人行步道。通过飞瀑流泉、绿荫步道、休闲广场、水面、草坪等的有机组合，辅以简洁雅致的现代景观小品，形成居住区绿化环境氛围。

住宅平面方整，不同的使用功能空间做到适当分离，厅房平面方正，尺度宽舒。最大限度地利用景观渗透，为每个居住单元都争取较多的外滩、陆家嘴及世博会方向观景视角，起居室结合超大的阳台，提供了全方位的观景休闲平台。

小区内建筑造型及立面设计均力求延续陆家嘴金融贸易区现代、简洁、高雅的建筑风格。建筑外立面通过铝板外饰与玻璃幕墙的结合，创造空透典雅的现代滨江建筑形象。

各单体为二层地下室，基础采用桩-筏板基础，桩为直径为600mm、700mm、800mm的钻孔灌注桩，各单体与地下车库之间均设置沉降缝。

本工程高层公寓采用现浇钢筋混凝土部分框支剪力墙结构体系，现浇楼盖及屋盖。会所采用现浇钢筋混凝土框架结构体系，现浇楼盖及屋盖。地下车库采用现浇钢筋混凝土框架结构体系，现浇屋盖。

供水方式采用水池、水泵和水箱联合供水。每栋楼分别设贮水池和水泵，屋顶设生活水箱，通过减压阀进行分区。消火栓系统设计成共用一套系统，竖向系统可采用消防泵一泵到顶，再通过减压阀分区的消火栓系统，同时设几组水泵接合器供消防车向消火栓系统供水。

本工程高层住宅楼均为一类高层建筑，客梯、公共照明、消防设备和车库机械设备等负荷定为一、二级负荷，在本工程中设置浪涌保护器装置。

小区内共设置了信息通信系统、小区周界防范报警系统、电视监视系统、可视楼宇访客对讲系统、家庭安全防范报警系统、电子巡更系统、IC卡一卡通系统、背景音响及广播系统等。

每套住宅单元的空调均设置独立的风冷热泵型直接蒸发的小型中央空调VRV系统。起居室及卧室等根据暂定的局部吊顶形式采用顶棚内藏风管式，条缝风口侧送风下回风。卫生间及健身房等采用顶棚嵌入式，厨房采用挂壁式。

北京太阳星城F区6号楼

设计单位：华东建筑设计研究院有限公司

主要设计人：赵铮、曹亦洵、洪小永、胡佶、郭亚鹏

本设计依据所处城区的总体发展方向，强调在环境资源共享和生态优化的设计前提下，对居住区模式更新进行理念的探索。在考虑"超前性、先进性、整体性、示范性"的形态效应时，通过对空间布局中以景观立体化为核心的特征规划，充分利用土地，拓展高层住宅区竖向生活的崭新方式，建造出真正"以人为本、主题鲜明、面向未来"的高品质城市住宅区，通过提供多样的住宅组合形式，引伸住宅区周边现有的环境资源，使内外景观彼此渗透，互为映衬，从而使居住的均好性和邻里间不同的特征充分地表现出来。

6号楼代表了板式建筑的优良特色，南北通风，拥有舒适宽裕的居住环境，每栋楼设有4个独立单元，每单元为二梯二户的平面布置格局，户型方正，南北通透，采光通风俱佳；因北侧有西坝河，东北向为太阳宫公园，景致较佳，所以在设计上考虑了观景阳台的处理，同时配以大玻璃观景飘窗，在局部大户型中的客厅处采用了八角形落地角窗的处理，这些都形成了设计亮点；顶层设有两层相跃的超大户型，客厅层高达5.8m。太阳宫F区整个建筑立面风格为现代简约风格，配以局部石材装饰，立面处理手法较为明快清新。

F区地块规划结构以区内道路为依据分为四个部分。北侧沿河为一排底层配套公建的板式高层住宅，与E区沿河建筑相互映衬，提供了对区外景观最多的摄取；东侧为9栋塔式高层住宅（其中沿东端道路转角一栋为带配套裙房的商住公寓楼），布局外高内低，保持了区内对城市绿带景观的开放；西南侧布置了四排带有架空车库平台的板式小高层住宅楼，正面朝南，错落相对；平台对区内自然放坡，沿麦子店西路形成的裙房做配套公建；在地块西端的道路交叉口处，为一栋办公楼，与路北的居住区活动中心以及其配套公建群呼应。区内南侧另设有幼托和对太阳宫北街开口的消防中心。

F区地块内道路系统分为两级，小区主要的车行道路（宽9m，带1.5m宽人行道）沿区内的中央景观以自由曲线环通，其两个出入口分别设在北侧曙光路和南侧居住区道路上。各分区宅间道路（宽4.5m）直接由小区主要道路引出。由于南侧板式小高层住宅楼带有架空平台，因此其上部设计了一条可以自行环通的消防通道，并在离小区出入口较近处与区内主要环路相连，F区地块住宅区内采用了"外围下车"的方式以减少噪声和废气对居住环境的污染。机动车在小区出入口附近即进入地下（或架空）停车库，不穿越邻里环境和中央景观。少量的地面停车位只用于访客停车使用。

小区环境设计本着均好性与特征性的原则，利用区外的自然景观，结合不同住宅性质的变化，与小区整体结构相对应，使绿化以不同方式渗透于区内的每一个角落，做到户户有景，步移景异，邻里千家各不同。

F区中央由是由环状道路围合的自由绿化形态，包括了四栋塔式高层住宅楼周边的坡地，以及连接小区两个出入口的人工湖泊。沿湖两岸堆土造林，修建亭榭，布置健身步道，并配以雕塑小品，使区内小气候得以调节，并增加了高层建筑间的空间距离和视觉层次。

南侧板式小高层住宅楼间的平台景观采用了几何状的构图法，通过规则布置的树木花卉，形成都市阡陌的意念，绿化间布置了为车库采光通风的玻璃顶棚。住宅楼四周的下沉院落种植树木，形成对车库的屏蔽和辅助通风。

北京太阳星城E区

设计单位：华东建筑设计研究院有限公司

主要设计人：许轸、杨明、张萍、胡佶、李鸿奎、王进、左涛、毛雅芳、王意岗

小区地块呈三角形，位于北京市朝阳区，东北三环与四环道路之间，东侧为高尔夫球场和城市绿化隔离带，南临天然河流西坝河，四周环境比较优越。本项目总建筑面积为18.417m^2，其中，住宅为17.342m^2，公建为1.0328m^2。规划结合环境资源及基地特点，建筑成周边式布局，将标准高、户型大的住宅布置在景观条件好的方向。小区从北向南分成三块，地块北面西侧是以小户型为主的塔式高层商住楼（3、4、5号楼），东侧为较高品质的板式住宅楼（1、2号楼），南侧临西坝河为高品质大户型板式住宅楼（6、7号楼）及高层酒店式公寓（9号楼）。建筑沿基地周边布置，高低错落围合成中心大片的绿化景观，也形成了一个小区户外生活的中心。

交通系统设计主要分为小区车行道路及中心景观区的步行道。小区三个出入口分别设在太阳宫北街和西北边小区路上。基地内部设6m宽的道路，沿建筑物长边布置并形成一条环路。住宅区内采用人车分流的方式减少噪声和废气污染，优化居住环境。机动车在小区出入口附近即进入地下停车库，少量的地面停车位只用于访客临时停车使用。

小区环境规划本着均好性与特征性的原则，利用区外的自然景观，结合不同住宅性质的变化，与小区整体结构相对应，使绿化以不同方式渗透于区内的每一个角落，做到户户有景。区内景观取"依山傍水、俯阴抱阳"之意，在北高南低的围合形态中堆土为丘、植树成林，增加建筑间的空间距离感和视觉层次。

住宅平面设计体现了北方建筑的特点。根据业主对住宅标准的要求，以二房、三房为主，更增加了四房和一房的特别套型以适应市场和景观的要求。在满足基本生活功能的前提下，住宅功能的设计中着重强调：每户主要使用空间均有良好的景观朝向；充分的入口空间；独立于起居室的、明亮的专用就餐空间；存储空间。

本小区板式建筑2、6号楼，南北通风，拥有舒适宽裕的居住环境。其中2号楼的大小两套还可组合成"两代居"户型，满足了不同用户的需要。6号楼因南侧临西坝河，景观及日照条件最好，故户型设计是整个小区中品质最高的，以三房为主，另在两端头设置了四房二厅三卫的户型，设计将餐厅同客厅设有较为明确的限定，客厅带宽敞的观景阳台。户内动静区域分开，考虑到两个主卧室，均布置独立的衣帽间、卫生间，以满足不同需求。

3、4、5号楼住宅部分是典型的北方塔式户型，市场定位为单身白领。一梯七户，以小户型为主，但功能组织、面积分配合理，两房面积不超过90m^2，最小仅为78m^2。在3、4、5号楼的裙房配置了大量的商业配套设施。

建筑设计立面简洁、有序、流畅、大气的风格，具有强烈的现代感。大面积的透明玻璃体现了城市生活特征，细部上色调的穿插对比，隔层设置的线角轻盈优雅，为棱角分明的现代建筑带来一份柔和与轻松。

设计采用平直的住宅外轮廓（平面上不做凹巢），减少外墙面积和体型系数，增强住宅的节能和热工性能节能措施。墙体、屋面采用符合热工标准的保温材料。选用节能型断热铝合金中空门窗。各项节能指标均符合北京市的节能规范标准。

小区设置中水系统，即回收部分杂排水，经处理后，达到国家有关规范中水回用水质标准后，用于住宅楼厕所便器冲洗用，以达到北京的节水要求。

江湾体育场文物建筑保护与修缮工程

设计单位：同济大学建筑设计研究院

主要设计人：陈凌、朱佳、周建峰、苏国维、冯国善、王增先、钱雪峰

上海市江湾体育场于1935年落成，是当时远东规模最大、设施最先进的特大型综合性体育建筑群，包括综合体育场、综合体育馆和游泳馆三大建筑，总建筑面积42254m²。1989年被公布为上海市文物保护单位。

作为上海体量最大的近代文物建筑保护工程，全过程通过对三大文物建筑的科学保护与修缮，保护和延续文化遗产的全面价值；结合建筑功能、流线和更高标准的使用需求进行全面更新与提升；通过本工程，运动场建设成集体育运动、体育博物馆与体育休闲商业为一体的综合体，体育馆建设成为以国际武术中心为主的综合性中型体育馆，游泳池通过谨慎而巧妙的加顶，建设成为先进的温水水上运动休闲中心。设计主要特点概括为：

以国际文物保护学界通行标准严格贯彻"遗产价值与'原真性'评估——全面的保护策略——各部分的严格干预措施"贯穿工程全过程。所有的决策都经过回到"价值判断"的起点进行评估的过程，决策置于"由因而果"的理性的轨道上。整体的保护策略和干预包括：

(1)建筑外立面的修缮、局部复原和全面保护；

(2)综合考虑新使用功能的要求，恢复大型综合体育设施的整体格局、功能、流线和空间；

(3)按照现行规范的荷载要求进行全面的结构加固；

(4)建筑设备全面升级以符合现代高标准使用的要求；

(5)全面修复和保护体现文物价值的建筑装饰、构造、材料和设备，谨慎地进行局部复原；

(6)在老建筑中加新建部分，使建筑获得新生；

(7)主要室内节点空间的复原与整饬。

通过预研、多方案实验、多样板实样研究和施工全过程严格监控，在关键保护修缮技术创新和最终效果有所突破，很好地达到了严格保护和高标准使用的二者兼得。主要反映在以下重要技术环节：

a.25000m²清水红砖墙与斩假石外墙面的修缮；

b.30000m²大看台可逆性防水保护与修缮；

c.体育馆采光屋面修复；

d.游泳池大跨度轻制钢结构采光屋顶。

对建筑原有空间再利用完成原功能的拓展和提升，注入文物建筑新生命力。"寓新予旧"的设计，毫不含糊地交代新与老的逻辑关系，以获得新、老形式、材料间碰撞出现的独特审美效果，为都市时尚休闲活动提供高品质的使用空间。主要表现在：

a.运动场看台下空间的体育商业与体育博物馆的再利用，环廊的保护和商业空间的再生；

b.体育馆比赛大厅的保护与整饬；

c.游泳池加顶的更新设计。

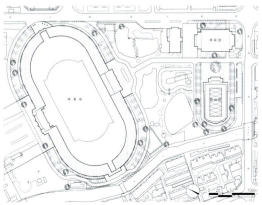

轮船招商总局大楼修缮工程

设计单位：同济大学建筑设计研究院

主要设计人：常青、罗小未、华耘、王方、左琰、许已弘、王红军

轮船招商总局大楼保护与再生工程是敏感的文物保护工程，场地位于上海外滩福州路口，是国家重点文物保护单位（外滩近代历史建筑群）的一部分。2001年开始测绘、安检和建筑方案设计，2002年施工，2004年竣工。

轮船招商总局大楼建于1901年，为外滩建筑群中唯一一座保留下来的英国维多利亚时代后期新古典主义风格的外廊式建筑，建筑面积1600m²，由英国莫利逊（Morrison）洋行设计，是"洋务运动"后对中国最具象征性和纪念意义的历史建筑物之一。然而经过百年沧桑，该建筑已遭严重破坏。东立面顶部南北两翼的山花及整个坡顶屋面被拆除，新古典柱式构成的敞廊被简陋的钢窗封死，动人的红砖墙被水泥砂浆抹平，室内则由各时期的吊顶、夹层、措道所充斥，除木楼梯及一些券门、券窗外，已难以辨识昔日的模样了。

首先是外观的复原。去除外立面柱间的后加钢窗及隔墙，完全恢复历史上敞开的柱廊。以分块切割、剥除的方法去掉外墙表面的水泥砂浆，使原红色清水砖墙重新裸露出来，再以引进自德国的修复砖墙专项技术，对清水砖墙、砖饰门窗套进行修复；对入口及各层的线脚、装饰进行修整；再现东立面竖三段构图。对三角形山花轮廓进行原样恢复，使复原设计图与原图像资料能够完全吻合。

其次是室内的再生。去除杂赘，在恢复其原空间格局的情况下作适当的修景设计，慎重处理保留修复部分和更新延展部分的关系，使空间变化的新旧间有一种内在的逻辑，以取得更好的视觉和利用效果。在恢复后的坡屋顶内，设计了"古韵新风"的招商局会所，中央为会议室，并利用了每一处边角空间设置酒吧、视听、会客等场所。

本工程结构加固方案，保留历史原有墙体，内部由现浇混凝土框架置换历史上已多次改动且已濒危的钢木柱梁及楼、屋面。为加固百年地基，在极其困难的室内施工条件下设置了800mm厚梁板式基础，并采用约100根27m长、200mm×200mm的预制方桩，以锚杆静压法施工，确保了最小的房屋整体变形系数。经上海市建委专项评审，认定加固措施是成功的。

由于是老建筑，对外围护结构的热工性能进行了充分的调查研究。采用创新的变速控制技术，确保在不同的运转阶段均能保证充足的制冷和制热量，并节省电能；对建筑物内各个房间进行单独控制，大大提升了空调系统的经济性和效率。

上海沉香阁修复工程

设计单位：上海建筑装饰（集团）设计有限公司

主要设计人：陈中伟、赵宪君、毛宗根、张静、陈亚忠、徐韻、陈冰

沉香阁位于老城隍庙附近的沉香阁路上，建于明代，系全国文物保护单位，距今已有400多年历史，已被国务院列为第一批重点开放寺院，1992年6月1日公布为上海市文物保护单位，1996年11月20日被评为全国重点文物单位。

沉香阁现占地2370m²，由金刚殿、大雄宝殿、观音楼、东、西耳房及厨房等组成。观音楼平面复杂，屋顶造型丰富。在观音楼的前部依次为山门、金刚殿、大雄宝殿。

本次修缮分为两期施工，第一期为沉香阁及东西耳房，第二期为大雄宝殿、天王殿和山门。

修缮内容：对损坏的装饰按照原有风格予以修缮，主要是彩绘、镏金等；加固基础、加固抬梁木构架、屋面防水系统、增加消防系统。

由于原有基础为独立基础，而且在沉香阁中间有一文革时期开挖的人防通道，二侧多次建造大楼，造成沉香阁墙体出现裂缝，本次修缮在木构架不落架的原则下将独立基础改为柱下井格基础，使房屋基础大大加强。

由于木柱使用年久，柱身和墙体出现腐烂，在修缮时，对损坏没有超过设计要求的柱，采用在其外加包两层玻璃钢的新工艺，使原有木柱抗压、抗弯强度大大加强，提高了木柱的抗腐能力，也符合不改变文物原样的原则，再在外侧加包画布刷红色广漆。古建筑的屋面防水处理是一大难点，以往的修缮主要是在望板上加铺一层油毡，再在上面盖瓦。本次修缮中采用一种叫聚乙烯丙纶的防水卷材，满足防水及防水层和水泥砂浆亲和力的要求，解决了古建筑的防水难点。

在装饰方面，主要是对大雄宝殿的藻井平顶的修复。顶棚彩画采用硬顶棚作法，首先将原有顶棚摘下，经过对原有沥粉打磨、修补、刷色、包黄胶、打金胶、贴金等传统工艺修缮完成。其次是方砖地坪的修缮，对原有方砖小心拆下后清洗、磨平，使原磨损的方砖表面基本平整，铺贴后用油灰勾细缝，表面再上耐磨性有机硅。

在观音殿二楼增加了藏经柜，解决了多年来沉香阁在观音殿增加藏经柜的心愿。

设备方面，根据庙宇建筑的特点，增加了温感、消防广播和室外消防箱，最大限度保证古建筑的安全。在室外排水方面，有意加深窨井的落底深度，保证不至于由于香灰过多堵塞排水管。

经过精心设计，施工整个工程造价控制在320万元（一期和二期）以内。经过多年的使用，屋面至今没有渗水的现象，基础及墙体也没有变形的不良现象。工程质量达到优良，经上海市文物管理委员会的专家评定，本次修缮工程设计和施工均符合文物修缮要求，经两年的使用各方反映良好。

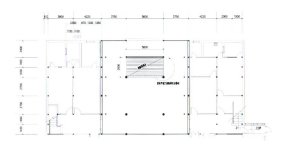

2007年度上海优秀勘察设计

三等奖

曙光医院迁建工程

设计单位：上海现代建筑设计（集团）有限公司

主要设计人：于军、黄颖、顾致军、朱晓风、陈刚

因医疗的需求、技术、管理随时间的变化均会发生变化，因此医院平面设计采用较规则的布局，尽可能增强其适应变化发展的能力。明确的功能分区设定，留有一定的外向发展的余量。以现行规划为主旨，保证使用和经济上的合理性，以近期使用为主，远近结合，竭力满足医院长远发展的需求。

江苏东航食品综合楼

设计单位：上海建筑设计研究院有限公司

主要设计人：钱平、周春、万阳、赵俊、蒋明

江苏东航食品综合楼位于南京禄口机场东航总公司的基地用地范围内，由江苏东航食品公司出资建设。建筑功能以食品加工为主，餐车洗涤、调度、办公、试餐为辅，另配有相应的机房等辅助用房。建筑占地约4000m²，总建筑面积15000m²，主体建筑采用现浇混凝土框架结构体系。建成后的配餐能力为日配餐20000份，属于中型综合航空配餐楼。本项目以用地经济、功能合理、流线清晰、外形简洁等特点，已经成为我国中型现代航空配餐楼的经典创例，成功填补了该类型建筑设计在我国的空白，已得到业主及业内人士的高度肯定。

同济大学西区食堂

设计单位：上海同济开元建筑设计有限公司

主要设计人：王建强、王露莹、沈立波、张勇杰、王立强

同济大学西区食堂项目位于同济大学四平路校区内，总建筑面积为1.2万m²，是一座集食堂和后勤办公于一体的综合楼。建筑为地下1层，地上2～6层。设计采用了南北两个下沉广场将建筑与周围场地分隔，进而改善了地下1层功能用房的采光和通风环境。建筑东面设有供学生使用的集散广场，北侧的下沉式广场为厨房后勤服务所用。建筑立面造型以灰白色的现代风格为基调，充分体现了高校后勤建筑简约、朴素的个性特点和清新、明快的风格。舒适、明朗的建筑环境，再加上先进的厨房设施使本项目成为同济校园内设施最为先进完备的多功能学生餐厅。

中国福利会少年宫扩建工程

设计单位：上海民港国际建筑设计有限公司（上海建筑设计研究院有限公司合作设计）

主要设计人：劳汜荻、张豪军、刘斌、徐磊、陆敏

中国福利会少年宫主楼原名嘉道理爵士住宅，又名大理石大厦，是上海市优秀近代建筑。扩建工程综合活动楼位于主楼东侧，其东面与290m高的浦西第二高楼上海汇德丰广场大厦相邻。建设基地4000m²，总建筑面积18207m²，地上16层，地下2层。为满足可持续发展的需求，功能的开放性是本设计的一个特征：高层建筑部分不设裙房，使新建建筑与西侧大理石大厦的距离尽量拉大；建筑由室外经大台阶至地下一层的少年广场，广场上空至二层的共享空间，面向大理石大厦完全敞开；装修和建筑细部设计充分考虑少年儿童的特征。

金家巷天主教堂

设计单位：上海中房建筑设计有限公司

主要设计人：濮慧娟、包海泠、李旭东、林涛、龚叶

天主教堂位于联洋社区大拇指广场主轴线东端。基地南邻社区行政中心、北邻社区福利医保中心，由圣母堂、神父楼和钟楼3部分组成。设计中将教堂正门面对广场的主轴，以水池和花坛对称布置的手法突出教堂入口的神圣。圣母堂外形沉稳而简朴，内部空间空灵而升腾。钟楼呈三角形，设于基地东北角，成为该区域建筑形式和精神上的标志。

本工程设计时，各专业间密切配合，既满足了建筑的功能、美观要求，又有良好的结构传力体系和抗震能力，同时在安全的前提下，选择合理的结构方案，降低了工程造价。

长宁区区政府办公大楼

设计单位：上海城乡建筑设计院有限公司（美国艾凯特托尼克国际有限公司上海代表处合作设计）

主要设计人：蒋万年、林甄莹、陈小荣、霍毅明、顾青

通过不同的流线组织好人流和车流的关系，内部办公和来访人员通过各自不同的出入口自成一体，互不干扰，营造了一个高效、安静的良好工作环境。大胆创新，极富个性，运用纯粹的现代建筑语言和简明的材质与构造，表达出了纯理性主义的建筑美。方形主楼和圆形裙房插嵌为一整体，象征政府的团结、融洽和高效。外立面精心选用玻璃、石材、不锈钢等材质组成的幕墙，裙房排列不规则的水平窗与主楼规律有序的垂直幕墙和石材分隔，和主入口高大通透门厅的设计，形成强烈的对比，给人以强烈的视觉冲击。隐喻人民政府公正、务实、庄重、高度透明度，充分展现政府办公大楼所特有的个性。

美兰湖高尔夫宾馆

设计单位：上海建筑设计研究院有限公司

主要设计人：唐玉恩、庞均薇、吴景松、朱家真、杨巍

美兰湖高尔夫宾馆位于宝山区罗店北欧新镇，共计面积约3.76万m^2，呈扇形平面坐落在南北两片18洞森林高尔夫球场中心区域，外围弧长约为200m左右，为融合在森林高尔夫球场绿化环境中，富北欧建筑特色的多功能五星级标准度假宾馆。建筑物呈现中间高、两头低的变化，由一幢五层酒店、一幢九层酒店及一幢六层酒店组成。宾馆总建筑面积37661m^2，客房自然间299间，各公共餐饮、会议、休闲健身等设施齐全，设室内泳池及两片室外网球场。建筑布局舒展自由、观景条件优越、交通流线组织合理、总体环境优美。

上海市卢湾区第9-1号批租地块办公楼（现名"新茂大厦"）

设计单位：上海市建工设计研究院有限公司（日建设计国际有限公司合作设计）

主要设计人：马新华、田文斌、王红兵、童桂飞、李宇

本项目用地狭窄，周边环境制约较多。因此大厦的设计意图是在提供一个高品质办公环境的同时，创造出一个与周边环境相呼应且恰如其分的街景标志。大厦共20层，底层为明亮通透层高8.7m的大堂，以上均为开放式办公标准层。立面采用独特的曲面建筑造型，简洁大气，体现了高档办公楼的品质。为减轻出入口交通压力，严格控制人流及车流对邻近周边道路的影响，大厦底层沿周边主要道路太仓路设计为架空骑楼，在办公楼用地范围内设置了大型上下客场地，从而将机动车辆引至基地内通行，在马当路、淡水路两处设置了备用出入口。

苏州工业园区国际科技园三期工程

设计单位：上海现代建筑设计（集团）有限公司

主要设计人：王凤、洪油然、王宇、沈小红、吴英菁

因采暖使用热电厂蒸汽，凝结水不予回收。为了节约能源，将蒸汽凝结水作为底层大厅空调机组的冬季采暖供水，再将经过热交换的凝结水排放掉，这种对能源的再利用既符合节约能源的准则，又可避免因凝结水温度过高而对排水管造成损坏。

江西核工业高新工业园区写字楼

设计单位：上海核工程研究设计院

主要设计人：叶元伟、杨鸣、余克勤、赵昕、丁璐

江西核工业高新工业园区写字楼是地下1层、地上8层的高层办公大楼，总建筑面积32181.5m^2，是集办公、会议、职工活动、餐饮于一体的综合性办公大楼，是整个高新工业园区的标志性建筑。整个大楼设计布局严谨，造型独特，建筑师通过庭院、平台、景观楼梯等手法巧妙地将建筑的功能需求与外观形体紧密结合。本工程为框架剪力墙结构体系，结构从地上三层到六层分成左右双塔结构，每塔中另设中庭大开洞，属于上连体双塔结构类型，且属大开洞平面不规则结构体系。计算上除考虑耦连和双向地震作用外，还采用动力时程分析进行补充计算。

上海工程技术大学松江校区现代工业训练中心1-5号楼

设计单位：上海华东建设发展设计有限公司

主要设计人：李卫东、金万贤、李晓静、刘艳霞、庄智勤

现代工业训练中心是一座集实训、实验、基础教学为一体的大体量训练楼，共有5个单体组成，各单体之间设有架空连廊，使得各功能区成为有机的整体。建筑平面采用了交流空间、公共空间与相对私密空间的对比手法，充分利用适宜教学的朝向布置教室，周边的交通部分作了适当变化，凹凸和方圆的变化丰富了平面构图方式。立面设计上强调建筑自身的雕塑感，通过形体的组合来表达工业社会中形成的机械美学原则。建筑材料的运用注重表现材料本身真实特性，不同立面凹凸的韵律随时间的不同而不断变化，时空的转变在此得以被建筑语汇所记录并传达出来。

青浦工业园区创业中心

设计单位：中船第九设计研究院

主要设计人：王晓东、郁钧珺、唐秀芳、赵付笙、陈煜

整个中心是个建筑综合体，西边的16层主楼与东边的3层裙楼之间用架空天桥连接。平面形态以曲线为主，通过由多个圆或椭圆的组合，既形成了活泼的构图关系，同时也理顺了复杂的功能关系。内部功能和空间也与平面形式相呼应。主楼内部有2个中庭，通过观光电梯上下贯通。裙楼面对主楼及与之相连的架空天桥的一侧也为3层高的半圆形中庭。外部造型和立面体现了内部功能和平面构图，加上采用了几乎全玻璃幕墙，更体现了错落有致的建筑群体的时代气息和工业园区所应具有的高科技形象。建筑物南北两侧均为广场，其间绿化、水景相得益彰。

华阳街道社区文化中心

设计单位：上海现代建筑设计（集团）有限公司

主要设计人：邢同和、刘缨、陈浩、刘智伟、李春雷

设计注重节能。空调通风系统中的各设备均选择高效率、低能耗的产品。部分机械排风系统采用全热或显热回收换气机组进行能源回收，同时向排风场所提供新风。

安信商业广场

设计单位：中船第九设计研究院

主要设计人：凌虹、朱芸、于远征、赵付笙、朱伟民

在总体设计布局上积极地吸取将人与室内空间、自然合而为一的观念，从平面布置、空间层次、光照、色调、材料等方面尽量做到精致、考究，并将具有主题的各种设施通过巧妙地连接，形成具有较高游览性的街区景观，整个项目共分为6个街区。本次规划中提出了各色形态的半室外空间；在具有室外空间感的同时亦具有室内的舒适性与店铺的连续感；作为室内空间的同时亦能与室外流动的空气和绿地美景保持连续感。建筑造型表现现代感与时尚，用宝山地区的主要产业——各种金属材料（钢、不锈钢、铝合金）与玻璃材料，构成时尚的、简洁而高雅的建筑物外装。

上海市普陀区中心医院门诊楼

设计单位：上海市卫生建筑设计研究院有限公司

主要设计人：陆毅、邓在春、王正雷、陆剑华、倪铭文

新建门诊楼平面呈矩形，平行于梅岭路布置。地下1层，地上6层，建筑面积17637m^2。中心布置了两个中庭，即方形的西中庭和矩形的东中庭（内天井）。大厅宽敞、明亮，内天井改善了诊室的自然采光和通风条件。1层包括以下内容：门诊大厅，放射科，出入院处。2至5层均为门诊用房，有很强的识别性，使病人迅速对自己要去的方向做出正确的判断。各层各科诊区均设置为单元形式，并形成尽端，营造稳定的就诊区域。候诊区按二次候诊形式展开，一次集中候诊空间宽敞、明亮，与二次候诊有机联系，形成良好的就诊秩序。6层南侧布置了多功能厅、会议室及办公室。

上海朗达建筑研究中心

设计单位：上海联创建筑设计有限公司

主要设计人：许小曼、娄永春、尹艳、陆颖、李淑霞

采取了一套整体性的规划手法。只在必要时才采用建筑设备的技术服务。建筑各组成部分尽可能以自然的方式运行，降低能耗。南面设计一片厚实的蓄热砖墙体将休息区域从办公空间中分隔开，并吸收穿过玻璃的太阳能，从而更有效地利用太阳能，达到节能目的。屋顶设置种植屋面和太阳能板，充分利用风能、太阳能、绿色空间、雨水等自然资源，将建筑运行费用降到最低。

上海外国语大学　西外外国语学校

设计单位：上海建筑设计研究院有限公司

主要设计人：周秋琴、肖雷、李剑、张凌彦、何自帆

本项目位于松江大学城,方松路地铁大学城站旁,南靠文翔路,北临张家浜河,建设用地面积约22.7万m^2,以祥和路为界分A、B两块地,西侧A块为教学用地,约11.5万m^2,东侧B块为教职工住宅用地。上海西外外国语学校教学区由六幢教学楼、两幢实验楼、五幢学生宿舍、两幢留学生宿舍及行政楼、图书馆、食堂、艺术楼和体育馆组成。工程于2003年9月开工,2004年5月结构封顶。总体功能布局紧凑合理,教学区、公共活动区、生活区,分区明确,动静分离。妥善处理人流交通出入口关系。创造舒适优美的绿化景观。

江苏工业学院武进校区1、2号楼

设计单位：上海民港国际建筑设计有限公司

主要设计人：张皆正、李志勤、李俊杰、王颖、赵丽

1号楼作为公共教学楼群的主体,是校园中最高的建筑物,高9层。其主要特点是：平面设计中尽量根据各教室特点合理布置。为满足人流需求,设计有足够宽大的疏散楼梯、出入口及走道。教学楼设计了通透大洞,以利视觉的延伸。并屋顶水箱构成的方圆组合,含"规矩成方圆"的教育寓意。充分利用各个屋面平台做屋顶花园,让师生在休息时上屋面交往、休闲。2号楼为地上、地下各一层,并利用一层平台作为1、3号楼的连接平台,四周有绿色花台与草坪。一层为自行车库,地下停车库兼人防,出入口在北侧河畔,与人流不交叉。

江苏大学1号教学主楼

设计单位：同济大学建筑设计研究院

主要设计人：王文胜、陈泓、陆秀丽、程青、冯玮

江苏大学校园是在原江苏理工大学老校区的基础上向西发展扩建而成的,1号教学主楼的用地即位于老校区正对校门的中轴线上,也是新校园总体规划中的教学核心区。由于建筑体量规模较大,将19层的教学主楼布置在基地北侧,南面留出大片草坪,并保留了原西南角的荷花池和东南角成片的大型乔木,为教学核心区创造了优美的自然景观。力图以简洁挺拔的形体、端庄稳重的风格,给人留下深刻的第一印象。主楼按7度抗震设防,丙类建筑Ⅱ类场地土,框架-剪力墙结构,框架抗震等级为二级,剪力墙抗震等级为二级。

上海法国学校上海德国学校迁建工程-小学、中学和图书馆

设计单位：中国海诚工程科技股份有限公司（德国Bau Werk建筑设计公司合作设计）

主要设计人：瞿洁、靳滨、李彦成、杭卫星、王裕民

设计根据不同的使用功能和性质,将幼儿园、小学、中学、图书馆、餐厅、体育馆等相对独立的功能空间,通过连廊、入口大厅和天桥等手法连接,将学校组成一个有机的整体,且各空间相对独立、互不干扰。整体环境体现了典型的欧洲城市小区风貌。校园景观设计为不同年龄的学生提供了不同的设施,室外景观还有一个生命线（Lifeline）的概念：它可以是地上一条线,也可以是混凝土矮墙,使建筑产生一种生动的对比和区域的划分。独特的综合性联体、"开放空间"以及先进的节能设计是本工程的3大亮点。

上海科学技术出版社大楼

设计单位：上海建筑设计研究院有限公司

主要设计人：唐玉恩、姜世峰、贾水钟、包虹、蒋明

上海科技出版社大楼建筑是以办公编辑功能为主，以科普报告厅等公益性功能为辅的综合性办公楼。项目位于徐汇区漕河泾开发区边缘，西邻南效中学，东邻孵化中心，北为出版社一期大楼，南侧为规划道路，并与规划绿地相望，西南方向靠近沪闵路及地铁站，基地为梯形，约占地4200m²。整幢建筑共有18层，总体布局按功能要求将建筑主楼高层部分布置于基地的西南侧，将裙房布置在东南侧，尽可能减少对已有建筑的南向视线的遮挡。本工程建筑立面要求简洁美观，平面不允许设缝，为减少不均匀沉降，在主裙楼间设置一条沉降后浇带。

萧山博物馆

设计单位：上海建筑设计研究院有限公司

主要设计人：邢同和、刘晓平 胡振青 刘蕾、阮奕奕

萧山博物馆选址在萧山城区中心地段北干山南麓，总建筑面积10000m²，地上三层，主要设展览区、藏品库区、教育培训区、休闲区和业务管理用房。主楼为钢筋混凝土框架结构体系，建筑因为层高不同设置防震缝分为两区，同时作为混凝土伸缩缝解决博物馆平面超长问题。从功能布局方面分析，博物馆可被分为东西两个部分。西侧的半圆形体量以陈列空间和对外服务用房为主，东侧的矩形体量以办公用房、库房等后勤用房为主。

萧山博物馆建筑设计方案强调了博物馆自身的建筑感，方案设计力图通过萃取其造型元素，运用于建筑立面来体现古陶神韵。

西部大厦

设计单位：同济大学建筑设计研究院

主要设计人：江立敏、姜都、阮林旺、黄倍蓉、焦学渊

本工程地上12层，地下2层，为钢筋混凝土框架-剪力墙结构，框架抗震等级为三级，剪力墙抗震等级为二级。本工程的用地是居住小区的二期用地，为开发商自用的综合办公楼。整个用地本身面积很小，且呈不规则三角形。在不大的建筑体量内，利用分层的中庭以及过街连廊，塑造丰富、人性、合理分区的内部办公环境，满足了各类使用要求，如大空间办公、小间领导办公、专用的公司会所、报告厅、档案室、信访接待以及职工餐厅及厨房和机动车的停放等。在主要城市干道上，以古典韵味、精致细节完成具有高档办公建筑特质的形象塑造。

上海外国语大学贤达经济人文学院

设计单位：上海现代建筑设计（集团）有限公司

主要设计人：刘恩芳、蒋惠、钱栋、骆正荣、杨慧、杨晓玲、李玉劲、孙璐、季征宇

办公楼造型简洁明快，精致高雅，强调虚实对比，采用竖向线条构图，使整体形象挺拔有力，突出韵律感。结合平面休息阳台及中庭的布局，立面上做相应的变化、跳跃，形成立面上的点睛之笔。培训楼造型上采用竖向线条构图，打破了横向的体量感，加之"空间景窗"的点缀，形成点、线、面、体的空间组合和丰富的阴影变化；色彩上采用大面积优质的浅灰色系列涂料，局部点缀深灰色涂料加横向肌理，对比强烈，令人耳目一新。

朱屺瞻艺术馆改扩建工程

设计单位：同济大学建筑设计研究院

主要设计人：郑时龄、章明、张姿、王漪、万月荣

朱屺瞻艺术馆位于鲁迅公园内，东临欧阳路，周围环境优美、绿树掩映。本工程为改建项目，原结构为混凝土框架，现根据建筑要求在原结构的基础上增设了部分钢结构框架。此次改建强化了面向公园的西侧入口。艺术馆北侧新建部分以一种几乎绝对通透的方式打破原本封闭的北侧山墙界面，将新增的艺术沙龙完全笼罩在浓密的杉树林的绿荫之下。三层的梅花草堂向外延伸与东侧平台合为一体，四层屋顶处增设阳光室和观景台。改建中将欧阳路一侧入口处墙体替换为深灰色角砖对位拼贴。南入口及西入口的处理采用金属构件穿插组合形成一组连续界面。

上海师范大学奉贤校区建工实验楼

设计单位：上海应翔建筑设计有限公司

主要设计人：吴巍、梅红英、韩贵红、沈园云、金向华

建筑的色彩和形式源于整个校区建筑群，朴实大方是文教建筑设计的理念和追求。本工程设计时，把传统的建筑风格融入了现代建筑的元素，建筑形式简洁，手法精练，风格明快，充分考虑了对环境的尊重和呼应，以一种真诚的姿态展现了对功能、空间、环境的思考，体现了和谐的设计理念。

新都会环球广场

设计单位：中船第九设计研究院

主要设计人：王琦、简艳、朱伟华、孙文彤、刘春香

根据基地条件，总体布局将裙房部分商场呈大块面沿周边城市道路布置，板式高层办公楼靠地块的西北侧，拉大与南面高层住宅的距离，且有良好的环境和景观，通风采光条件良好。底层室内商业街四面均有人流出口，充分利用周边城市道路的有利条件提升其商业价值。南侧与其南面的住宅，北侧多层商场形成完整的室外商业街。公寓式办公采用板式布局，具有功能使用上的灵活性。裙房墙面采用玻璃和铝板，结合商业广告灯箱处理成整体幕墙。裙房的水平向体量与办公楼的竖向体量形成既协调又具有对比和变化的统一体。

诸暨铁路新客站

设计单位：上海浦东建筑设计研究院有限公司

主要设计人：朱邦范、于亮、盛棋楸、贾晓海、张林

客站规模按最高聚人数3000人设计，总建筑面积为16381.7m²。整个新客站犹如一本合起的书卷。建筑地上2层，地下局部1层，为线平式。站房一层与站前广场相连接，是旅客进站的主要入口。一层设有进站广厅、软席、贵宾候车室母婴和商场等配套设施。自动扶梯和舒缓的坡道向上与进站天桥相连接。二层为候车室，与广厅上部空间连为一体。出站大厅位于地下，直接连通各停车场。行包房和售票厅放在主候车室两侧，立方体造型，为卷轴造型；主候车室在中间，圆形体块，为书卷造型。客站的中心部位以玻璃装饰，和外墙形成强烈的对比。

弘基商业休闲广场

设计单位：上海三益建筑设计有限公司（上海沪防建筑设计有限公司合作设计）

主要设计人：林钧、戎宇、严红缨、胡文晓、朱承峰

南汇弘基休闲广场地处南汇惠南新城东城区CIA地块，是综合性商业建筑，由1幢15层为主的酒店，1幢4～5层的商业用房和一层的地下车库组成。其平面呈半圆形布置，直边长达124m，建筑内部设有一个下沉式广场，两个主体建筑之间分别在2楼和4楼设有多道连廊相接。本案根据地形和实际开发的要求，建筑群体布置成周边围合式，并使之围合成具有浓厚人文气息的中心文化广场。在整个空间形态上，采用几何块体组合，韵律生动，使空间形态更加舒展有序，并追求空间群体的整体和谐，以其生动丰富的立面造型和体块雕砌点缀空间形态。

嘉瑞酒店

设计单位：中船第九设计研究院

主要设计人：吴文、王晓东、瞿革、丁淑芳、吴宇光

建筑平面底层为酒店休闲公共活动用房（层高7.2m），地下1层，地上6层。建筑底层除酒店入口大堂、电梯厅外，为连成一体的休闲商业用房，既可对内也可对外服务。客房分为东西两区，两区于中部的交通核心区相连，内设4台电梯，2部楼梯（剪刀楼梯）。标准层共有32套客房，每层东西两区各设中庭，并以回廊解决交通。立面从局部每个客房单元着手，在解决室外空调机、门窗、阳台等功能问题的前提下，以新古典构图手法设计出基本构成元素，然后通过对基本元素进行精心组合。并在东西两块之间的连接体处运用玻璃幕墙，使之与两边相映成趣。

上海建谊大厦

设计单位：中国建筑上海设计研究院（ATS JIANY DEVELOPMENT.LNC合作设计）

主要设计人：胡登鹏、张凤新、房永、陈丹阳、肇姝

建谊大厦位于上海市闸北区不夜城地块，为高级办公、商住两用公寓写字楼。建筑配合上部结构与空间尺度，分隔为大堂、餐饮及银行，大堂两层镂空，塑造气派端庄的入口意象。内部空间多次使用玻璃这一表达通透明朗的现代符号。所有办公室均为南向，大空间布置，充分利用阳光，创造令人愉悦的空间氛围，6～15层办公区设计出独有的玻璃天井，丰富室内光影变化。商住两用户型所有套型均保证居室空间为自然采光，且每户均保证1间居住空间拥有南面采光。最大限度地引入阳光。独具匠心的风帆式的造型设计，使整栋大厦如乘风远航的航船，向东海驶去。

上海桥梓湾商城

设计单位：上海中建建筑设计院有限公司（上海马达思班建筑咨询事务所,上海城乡建筑设计院有限公司合作设计）

主要设计人：韩红云、戚元生、王良超、贾敬芝、王瑞霞

本项目总建筑面积约6万m^2，是集购物、休闲、文化、娱乐为一体的时尚商业中心。主张文化与商业结合的建筑理念，将曲水园、城隍庙巧妙地融入到时尚商业氛围之中。整体的设计风格借鉴传统江南建筑的巷道和合院的形式，形成了多褶皱、多庭院的空间。这不但扩大了商业与人流的接触面，更提供了多变复杂的体验空间。以江南民居为蓝本的灰墙、格窗、木百叶遮阳，以及类似诸多的建筑语汇为界面，同时加入钢结构、幕墙、电子信息表皮等现代形式语言组成曲巷，将地域文脉与时代风尚完美地结合，使该项目拥有广泛而深刻的人文内涵。

上海市第八人民医院病房大楼

设计单位：上海市卫生建筑设计研究院有限公司

主要设计人：勾振远、蒋伟、徐惠端、姚莉娜、茅利盘

病房大楼建造在漕宝路8号原医院内，病房大楼地下1层，地上18层，总用地面积25547m²，总建筑面积23516m²。大楼设计中对医院总体、环境和建筑布局进行了进一步调整和完善。将大楼建造在内院的东北角，完全保留了原有的绿化。病房楼体形呈"一"字形，对称布置。立面上采用局部直线条，使大楼形成高大挺拔，简洁、明快的体型。充分反映了医疗建筑朴素、大方的风格。大楼立面上的玻璃带宽与实体的"虚一实"对比，以及主入口弧形玻璃门厅与直线条形成"曲一直"对比，并利用大楼顶部的出挑构架，大大丰富了立面的造型语汇。

广东省东莞市南开大学附中实验学校——C区教学综合楼

设计单位：上海中外建工程设计与顾问有限公司

主要设计人：陈宇、孙晔、李东平、王钢、张涛

设计以基地高低起伏的丘陵地形和岭南亚热带炎热潮湿气候特征作为规划设计切入点，以南开深厚的文化底蕴为依托。总体布局从东到西北依次为体育运动、教学行政、生活以及后勤的设施，功能划分明确合理，又有多层次、复合功能的灵活穿插。利用高地建设综合楼，使之形成校区垂直轴线和构图中心，教学和生活区则依山势平行等高线环绕布置。改变了学校一贯平铺直叙的处理手法，整个校园高低错落，富有变化。建筑采用退台和坡屋顶相结合的手法处理，即体现校园的山地特色，又富于变化，同时立面从不对称的体量对比中寻求视觉的对称和谐。

打浦桥街道社区卫生服务中心

设计单位：上海精典规划建筑设计有限公司

主要设计人：蒋滢、景岳、程宇东、曾蕴蕾、陆志良

设计努力创造多元性及舒适性，提供多层次的服务空间及配套的服务设施，妇保设施、计生设施、康复设施。平面布局立求创造一个亲切高效、便利病人的环境。分区合理，流线通畅。上部建筑是两个不同的医院，设计时采用了几种柱断面进行比较，最后选出较为合理的柱断面，在整体体形不是很规整的情况下，该建筑结构的抗震性能达到很好的结果，整个结构设计同时兼顾建筑功能的充分体现。

上海市民政第三精神病院

设计单位：中元国际工程设计研究院上海分院

主要设计人：赵崇新、沈立洋、徐波、杜文忠、党宏伟

本工程包括3号综合业务楼、康复活动楼、后勤服务、业务办公及辅助设施。用地39166m²，总建筑面积30202m²。总平面布置利用"廊"的手法将各功能单元相互连接，使分散的功能单元既清晰又相关。除病房外，每层设计一个公共活动大厅。屋顶沿用周边建筑坡屋顶的造型，但在山墙的处理上采用较夸张的手法来强调此处建筑群为精神病院。外墙面选用浅灰色面砖，坡屋面选用深灰色装饰瓦。整个立面在实墙面和大玻璃窗的划分与隐藏室外空调机的铝合金百叶窗的相互点缀下，使建筑充满现代气息的同时满足了功能上的需求。

上海茸北资产经营有限公司荣乐路大卖场

设计单位：上海工程勘察设计有限公司

主要设计人：刘瑛春、董煜瑜、顾青、邵立萼、李照

松江荣乐路大卖场（现名为大润发卖场）是松江区商委于2002年批准的松江区内第一个商业大卖场项目。项目选址在松江城区的西北部，周边为较为集中的城市居民居住区，地处松江新城区与老城区的交界位置，道路交通条件十分优越。大卖场位于松江区荣乐路以北，西林路以西，总建筑面积约为26742m^2。地上为局部三层，地下为一层。结构形式为全框架预应力结构，在松江地区是第一幢全预应力结构的建筑物。本建筑外观为现代简约风格，着重处理了沿城市道路西南角建筑的引导及标志作用，大卖场在松江的西北城区已成为一个标志性建筑物。

上海钻石电气科研中心

设计单位：上海现代华盖建筑设计有限公司

主要设计人：胡俊泽、黄瑞春、贾辉、凌菁、李瑶英

建筑应该有能使公共空间延续的基座：基座必须能使公共空间从道路、地面以及日常生活空间中分离出来。由此，公共空间就像是悬浮于树林间和天空中一样，建筑应该有能使公共空间延续的基座：基座必须能使公共空间从道路、地面以及日常生活空间中分离出来。由此，公共空间就像是悬浮于树林间和天空中一样，建筑应该有能使公共空间延续的基座：基座必须能使公共空间从道路、地面以及日常生活空间中分离出来。由此，公共空间就像是悬浮于树林间和天空中一样。

东晶国际公寓1号办公楼

设计单位：上海爱建建筑设计院有限公司（加拿大KFS国际建筑师事务所/斯旦建筑设计咨询(上海)有限公司合作设计）

主要设计人：田煜、蒋浩良、蔡玉文、周宏乐、周宗毅

本项目商业、办公和居住区域三部分根据各自的功能特点及要求分别设置自身固有的区域；在基地的西北部布置了一栋25层近100米高的办公建筑，在浦东大道和源深路交叉口处形成一个强烈视觉印象；运用大量的架空手段创造三维绿化；利用细腻的虚实对比、肌理构造、色差变化、材质对比，在构图和均衡方面细致推敲以至完美的立面。通过高低错落的悬挑构件、穿插窗口变化和顶部及入口等细部设计，营造出丰富及动感的空间，在建筑上形成了斑驳的阴影效果。中部设计简洁明快，充满了韵律感；通过向上收拢四角的体量处理，使立面产生强烈的虚实对比及阴影效果。

上海交通大学行政办公楼

设计单位：东南大学建筑设计研究院（上海市地下建筑设计研究院合作设计）

主要设计人：杨文俊、鲁风勇、任祖昊、全国龙、朱绳杰

本工程为上海交大行政办公楼，由1号和2号楼组成。1号楼建筑面积6000m^2，高度17.1m，地下1层，地上4层。2号楼建筑面积约为14000m^2，高度35.9m，地下1层，地上8层。两楼间用连廊连接，属二类高层民用建筑。行政楼基地呈矩形，南面为闵行校区东西向轴线的主干道，其他三面有支道，四周由电子信息楼、图书馆、医学院和创新楼围绕。本方案的设计构思是，把行政楼的风格定位于带有欧洲传统韵味的新颖建筑，是一栋简洁、朴实、明快、富有浓郁文化气息、典雅的与老楼不一样的新颖大楼，做到"形"不似而"神"似。

宝山区横沙中心幼儿园

设计单位：上海高等教育建筑设计研究院

主要设计人：史文睿　王芳　张平　唐联生　程东栽

总建筑面积4351m²，建筑层数为3层。设有两个出入口：主入口位于南面，次入口位于西面。在主入口东侧，围墙向北凹进，留出家长接送所需的停车场和等候区域，并设葡萄花架。为了与横沙中心小学西面的运动场地连为一体，将建筑沿北侧和东侧布置。建筑分为南北两栋，中间由连廊连接。幼儿的生活单元远离道路并安排在基地北侧，阳光充足的空旷地带作为班级的室外活动场地。专用教室和需要对外联系的办公和多功能厅位于基地南侧。厨房结合次入口位于北幢的西侧一角。立面设计采用红色坡顶与平面相结合的屋顶形式，注重色彩的运用，符合儿童的心理特征。

上海共和新路高架工程长江路站工程

设计单位：上海铁路城市轨道交通设计研究院

主要设计人：周新六、吴秀真、杨怡庆、朱源熙、孙蔚芝

结构设计解决了大跨度、大悬臂以及无现成设计规范等难题，既保证了使用要求，又经济合理。优化了站厅和站台的梁体结构高度，并首次采用了S形钢天桥，在只有0.57m允许高度内设计25.75m跨度的天桥，降低了车站高度及工程造价。

亭枫及郊环（南段）高速公路工程

设计单位：上海市城市建设设计研究院

主要设计人：马惠良、马韩江、徐一峰、彭丽、杨旻皓

根据交通流量的预测、分析和研究，合理选择了道路的断面形式，近期4车道，立交段保留远期6车道的断面。合理选择路面结构形式，充分利用老路结构。针对相交道路的不同等级、不同流量及不同特征的节点设置了枢纽型、组合型和喇叭型等不同的立交方案。提出了分级加载、超载、卸载的控制标准及路槽开挖设计控制、塑料排水板和真空－堆载联合预压的施工要求及施工监测要求等。设计中放置了两座地道，根据不同的交通需求，地道的净空高度分别采用3.2m和4.2m，即满足了周边交通需求，又对周围景观的影响减少到最低的程度。

海港新城市政道路及配套工程

设计单位：上海市政工程设计研究总院

主要设计人：张胜、许海英、金德、吴忠、唐红

海港新城由中心区（主城区）和物流园区组成，主城区164.8km²，物流园区13.8km²；各等级道路累计总长38.83km，桥梁20座，高架道路2.1km，互通式立交2座。由于现场吹填土地基承载力低、土质松散，项目组提出真空降水加低能量强夯的地基处理方案，还采用了HEC固化和碎石固结方案，提高了基层的强度。在设计中结合"滴水涟漪"的城市主题，对中小桥进行了景观设计。开发了特殊路面结构，减少路面沉陷和高温车辙，延长面层使用年限并且减少养护维修的费用。

南京市江东路（三汊河桥-绕城公路）拓宽改建工程

设计单位：上海市城市建设设计研究院

主要设计人：王树华、张震山、陈曦、舒江新、范澂

江东路改造对公交专用道设置进行了科研，合理调整交通组织，关闭部分支路交叉口。综合改造对交叉口进行充分渠化，合理布置各渠化车道位置，设计形成交通绿波带，使主线上交通延误降至最低限度。路段上采用人非共板，使道路空间较为舒展；交叉口设置多处行人等待区，使行人过街安全和便捷；非机动车交通二次过街，对交叉口的交通干扰降至最低限度。根据原有路面结构损坏情况不同，采用不同的技术措施。本工程作为南京市城市主干道及"十运会"的主通道，交通功能完善，景观效果良好。

上海市轨道交通明珠线二期东安路站工程

设计单位：上海市城市建设设计研究院

主要设计人：徐正良、梁建国、孙长胜、庄子帆、王卓瑛

车站为地下二层岛式换乘站，总建筑面积10867m^2。车站合理布置两线车站站位，锚固轨道交通网络，方便居民出行及客流吸引；在换乘节点段预留切实可行的土建接口，方便后期7号线建设，两线车站资源共享，车站规模压缩并降低运营能耗；结构侧墙采用0.8m单层地下连续墙全拟作施工，减少对地区交通及环境影响，并通过基坑开挖变形的控制，有效保护了车站北侧的市肿瘤医院诊疗机房，有机所加速机房的正常工作。

上海市A5（嘉金）高速公路黄浦江大桥工程

设计单位：上海市政工程设计研究总院

主要设计人：葛竞辉、窦文俊、吴忠、艾伏平、颜海

大桥全长1128m，其中主桥跨径采用69+120+120+69＝378(m)四跨连续梁方案，主墩为ϕ900钢管桩，引桥采用先张22m简支空心板梁，普通钢筋混凝土盖梁，多柱式桥墩，整体式承台；桥台采用轻型桥台，基础为ϕ600PHC管桩。本工程首次以数理统计的方法确定单桩承载力，对持力层不均匀性进行了量化分析，使得承载力的可信度得到了提高，并创造性地采用水下泵管输送混凝土的方式。同时在大体积混凝土温控措施和主桥上部悬浇箱控制方面取得显著成果。

中春路淀浦河桥工程

设计单位：上海市城市建设设计研究院

主要设计人：郭卓明、吴刚、陆元春、唐祖宁、朱波

桥梁主跨跨径55+55(m)，桥宽21.1m。为跨越淀浦河采用半中承式双拱肋系杆拱桥结构，即两跨连续梁拱（2×55.0m），为上海市近年来最早的钢管混凝土结构拱桥之一。主跨结构因地制宜，结合船闸导流堤，选择两跨板中承式钢管混凝土系杆拱桥，采用先拱后梁无支架施工方法施工，较大地节约了工程总造价。钢管混凝土拱肋的加劲构造具有较大的创新，获得了国家实用新型专利。

中春路道路新建工程

设计单位：上海市城市建设设计研究院

主要设计人：刘伟杰、王伟兰、吴刚、陆元春、郭卓明

在确保中春路使用功能和道路红线不变的前提下，通过四次调整莘庄镇区段设计路中心线，与规划中心线相比，减少了拆迁和对镇区的环境影响。中春路是在上海较早执行高架12m退界线的工程，出专题环评报告并在工程实施同步完成环保防噪措施。合理布置地面道路高架墩位，以利于主线交通和地方出入需求，兼顾两侧小区出入口位置；道路绿化、附属设施有创意，与周围环境较好地协调；根据道路等级、红线宽度变化和道路横断面的不同，结合沿线环境条件，布置道路绿化，与周围环境较好地协调，镇区段路灯和护栏均较有创意。

浦东南路张杨路下立交工程

设计单位：上海市城市建设设计研究院

主要设计人：徐一峰、黄爱军、陈建明、王宝辉、徐正良

立交形式为浦东南路下穿张杨路。在交叉口处设置了天桥与地道结合的立体式交通系统（人车分离），并采用了长暗埋段设计，保证地面道路和平面交叉口部分都进行了充分的拓宽、渠化。采用刚度较小的SMW工法作为一级深基坑的围护结构，节约投资。将泵站搭接在下立交的主体结构的外侧，减小地面建筑，美化了交叉口景观。将泵站管理用房设在地面绿化带内，电气设备设于下立交上面。在暗埋段出入口通过灯具布置的间距不同设置了过渡照明区。利用下立交暗埋段的上部空间布置了高低相间、错落有致的绿化。

罗山路龙阳路立交工程

设计单位：上海市政工程设计研究总院

主要设计人：孔庆伟、朱世峰、王士林、臧瑜、郝维索

罗山路—龙阳路为城市枢纽三层全互通式立交，立交相交道路均为城市快速路，双向8车道，设计车速80km/h，红线宽60~80m。立交建筑高度为21.86m，占地43.3hm²。工程设计从宏观上将立交置于城市路网的全局中分析，提出"直行为主，兼顾环向"的设计构想。加强与内环线改建工程的总体协调，通过设置集散车道减少了对主线的干扰，为内环线改建和封闭打下了良好的基础。立交总体设计结合工程实际，以避让六大污水干管为前提，同时减少公用管线搬迁。

杨高中路（源深站—罗山开关站）电力隧道工程

设计单位：上海科达市政交通设计院（上海电力设计院有限公司合作设计）

主要设计人：石红、卫丹、王宝泉、王蓓、卢一铨

杨高中路电力电缆隧道是集土建、机、电等于一体的综合技术系统，是目前国内已运行的规模最大、设计标准较高的专业隧道。设计对基坑从抗渗、抗隆起、抗位移等多方考虑，采取了坑底加固、预加轴力等多道措施，大大减小了基坑开挖对周边环境的影响。采取顶管对接方案，节约了工程造价。通风系统用以排除隧道内电缆运行时发热量，同时配合消防降温并排除废气。采用推拉式纵向通风方式，以满足隧道内散热通风及卫生标准要求。温度标准、换气量标准与正常通行大量人员的空间相当。

上海安亭汽车城汽车博览公园——吴淞江人行天桥工程

设计单位：上海市城市建设设计研究院

主要设计人：周良、彭丽、朱申展、傅梅、袁玲

桥梁总长120m，总宽8m，跨径组合25+70+25（m）；设计荷载为人群4.0，抗震烈度为7度，修正参数采用1.3。本工程是本市第一座自锚式悬索桥，设计首次对桥梁高仅0.7m的低高度主梁采用普通钢筋混凝土，并采用无风撑轻型双柱式桥塔和简易的索鞍锚固装置。作为进入公园的景观桥梁，桥头分设4处螺旋式扶梯连接两岸景观绿地和住宅区，桥面墩台处设半圆形观光平台，供游客驻足赏景。设计注重桥梁在整体上的各方面协调关系的同时，还在增强外观空间立体效应上取得了成效。

上海市A30东南郊环（A4—瓦洪公路）高速公路工程

设计单位：同济大学建筑设计研究院

主要设计人：海德俊、周海容、方健、乔静宇、郝峻峰

本工程为高速公路改扩建工程，全长约20.25km，近期按双向4车道实施，预留远期双向6车道。全线设互通式立交3座，匝道收费；分离式立交7座，地方非规划等级路跨线桥2座，机耕桥5座、人行天桥7座；汽孔1处、桥下机孔1处、人孔1处。桥梁设计中采用了桥梁中跨的沥青铺装刨铣后恢复SMA铺装工艺，桥台处沥青铺装增加不大于10cm的设计方法，使原有桥梁得到充分利用。通过水泥混凝土路面加罩沥青面层设计施工综合技术研究，成功解决了大型工程"白改黑"的反射裂缝问题，并为同类项目积累成功的经验，具该类工程的示范性。

上海国际汽车城拓展区道路桥梁工程——墨玉北路道路工程

设计单位：上海市城市建设设计研究院

主要设计人：蒋应红、马惠良、蒋佩莹、吴刚、高炜华

在设计中处处体现"以人为本"的理念。引进了一种全新的"人非共板"断面形式，将使机动车系统和行人系统彻底分开。采用1：1.5自然放坡，还原于自然，突出体现"水、绿交融"的景观特点。充分重视无障碍设施的设计，行人过街横道设置在驾驶员容易看清楚的位置，尽可能靠近交叉口，与行人的自然流向一致，并尽量与车行道垂直，横行道宽度大于5m。充分利用分隔带的宽度设置安全岛，增设行人（两次过街）专用信号。桥梁设计跨径取用合理，上部结构简洁，下部结构采用常规的小桥设计方法。

浙江省德清县北湖街延伸工程（09省道城区段改造工程）

设计单位：上海浦东建筑设计研究院有限公司 [铁道部第一勘察设计院（厦门）合作设计]

主要设计人：张大伟、陆文亮、王凯、张芳途、林选泉

设计范围西起云岫路东至德清立交，全长4.1km。包括规划红线宽70～75m范围内的道路拓宽至双向8车道，新建英溪大桥一座（矮塔斜拉桥，桥跨为35m+65m+60m，桥宽双向8车道），新排雨污水管道及新建泵站一座。项目中进行了桥梁景观CI理论与实践；建造了桥跨为35m+65m+60m，矮塔斜拉桥一座；道路路基进行了预压沉降处理；在当地首次进行顶管施工，湿法沉井，机器摄像头管道探伤。

临港新城区西岛桥梁工程

设计单位：上海市城市建设设计研究院

主要设计人：郭卓明、朱鸿蕾、冯菁、朱波、陈奇甦

桥梁工程主要为两座跨径15+30+15(m)的板拱桥，桥宽20.0m，以及两侧接坡道路、及排水工程。桥面板厚度为0.5～0.7m，每座桥梁采用5道变截面拱肋与桥墩连接，矢跨比仅为1/12。拱肋端面上在外侧根据桥梁景观要求设置曲线，以增强桥梁整体轻盈流畅的感觉。在中墩位置，对应每道拱肋设置特殊设计的盆式支座，使得整个桥梁的力学特征既有拱的特性，也有梁的特性。下部结构采用ϕ800钻孔灌注桩。中墩贴近水面的防腐支座具利用牺牲阳极阴极保护方法，在支座侧面拴接铝条，国内尚无先例。

上海市高速公路指路标志改善设计

设计单位：上海市城市建设设计研究院

主要设计人：杨阿荣、徐一峰、何筱进、王堃、朱申展

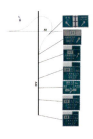

从网络的角度审视指路标志的设计、设置原则和方法，本着以人为本的原则，解决用高速公路编号名指示方向而导致地名信息缺失的问题。采取人性化的"出口名以指地名为主"的模式，指路标志地名信息由原来的两级调整为三级，使指路标志具有良好的方向性；根据射线和环线道路不同的节点特征，规范和统一每条路的近远节点名称；根据新的道路交通安全法，创新增设了车道限速标志。尽可能地利用原有标志牌，新设计的标志牌力求美观，且与周边环境的协调。

上海交大闵行校区道路、桥梁、给排水配套工程

设计单位：上海科达市政交通设计院

主要设计人：石红、张金富、严书丰、何志刚、张福绵

上海交大委托设计范围：面积为309.25hm^{2}的校区内道路、桥梁、给排水工程。其中道路长约15km，桥梁28座，给水管道长约20km，雨污水管道长约23km。根据新建校区道路的规模及功能的不同，横断面布置与一般道路不同，体现了校区的交通特点，与景观及建筑更加协调；通过设计方案综合比选，采用沥青混凝土路面。桥梁设计定位按4条河道划分，广场桥采用双幅5跨变跨径的连续刚架式板拱桥，梁高较薄，立面镂空、轻巧通透，取得了较好的景观效果。

长江引水三期输水管道工程

设计单位：上海市政工程设计研究总院

主要设计人：王如华、赵晖、励敏、辛琦敏、吴宝荣

本项目铺设输水管道口径为DN2400，长度为16.9km。设计合理确定输水管管径，充分发挥现有设施能力，节约工程投资和运行成本；在部分条件合适的地段，采用玻璃钢夹砂管埋管和顶管，在上海地区开创了大口径玻璃钢夹砂管应用的先例；逐段对穿越障碍的方式进行优化，采用埋管和顶管相结合的方式，因地制宜选择顶管井和接受井的工程方案；连接水管的施工过程中采用不封闭基坑设计技术，保证安全供水和施工的顺利进行；管道外采用性能优越的环氧粉末作为外防腐涂料。管线全程采用电化学保护。

虹桥国际机场主电网改造工程——航机北站工程

设计单位：上海市政工程设计研究总院

主要设计人：陆继诚、刘澄波、朱雪明、李春波、罗韶平

本工程设计提出了分四步走的改造方案，为虹桥机场的可持续发展提供电力保障。运用新颖的主结线；建立机场电力监控（调度）中心，对机场电网全面掌控；机场10kV系统采用小电阻接地；保护、监控系统微机化；采用GIS设备，解决用地紧张的矛盾；主变采用有载调压干式变压器，保证电能质量，减少维护工作量。并且合理选择主结线型式和主变容量，采用变电所功能集成化、选用更节能变压器等措施节约能源，降低造价。

西南合成制药股份有限公司二分厂污水处理场技改（扩容）工程

设计单位：上海市政工程设计研究总院

主要设计人：卢峰、韩成铁、王国华、姬永红、刘永宁

本工程为制药废水处理场改造兼扩建工程。对原有处理构筑物进行挖潜改造，并根据工艺需要新增了部分构建筑物。充分发挥这些原有设施的生产能力，减少了工程投资。新增的构（建）筑物及成套设备有隔油调节池、多功能物化沉淀池、快离子导体装置、气浮池、兼氧池、兼氧沉淀池及缓冲池、混凝沉淀池及加药间。本工程采用了"三维过电位电解+高效复合微生物"技术。污水处理场位于山坡，由堡坎天然分成两个区，设计中利用天然坡度，合理安排各个建筑物的位置，减少了提升设施，实现了节能降耗的目的。

惠州市梅湖水质净化中心一、二期工程

设计单位：上海市政工程设计研究总院

主要设计人：金彪、张欣、王俊、贺伟萍、袁弘

出水量近阶段20万m³/d，预期30万m³/d，其中10万m³/d深度处理改造，10万m³/d新建，出水水质达到一级标准的B类要求。对一期改造通过改变TE氧化沟内设备的启停时间及顺序形成时序上的厌氧、缺氧和好氧条件，增加除磷功能。二期工程采用分点进水倒置A/A/O工艺，可根据不同进水水质状况，调节缺氧段和厌氧段的进水比例，在确保除磷和脱氮效果的前提下节省能耗。反应池采用局部完全混合和全程推流式的池型相结合的布置形式，减少了停留时间。

上海国际航运中心洋山深水港区一期工程港外市政配套供水工程

设计单位：上海市政工程设计研究总院

主要设计人：沈裘昌、邬亦俊、马晓雯、曹玉萍、周兵

该项目包括DN500、35km沿东海大桥敷设跨海输水管线、临港新城专用增压泵站以及港区高位水库。项目中长距离沿大桥箱梁跨海敷设输水管道及钢骨架聚乙烯复合管（SPE管）长距离明敷在国内同类工程中尚属首次。并开发了加长型单球和多球橡胶节产品，在主斜拉桥处采用8只三球节串连组合，同时外设抗失稳保护套筒，很好地解决了SPE管明敷的热胀冷缩、大桥位移等问题。采用了"Y形管"（单双管转换件）、钢制组合弯头、弧形和折线形管道衔接等各种方案，还创新设计了特殊卡口式支座和滚动支座相结合的方法及竖井支撑管道。

上海市杨树浦港泵闸工程

设计单位：上海勘测设计研究院

主要设计人：赵井根、胡德义、朱丽娟、黄毅、李彬

项目建筑造型简洁明了，泵站采用半地下式，地面以上无任何建筑物；管理房利用旧厂房改建而成；采用先进的数模计算和模型试验、原型测试等方法，解决了双向贯流泵的4个关键技术问题："S"型叶片的双向转轮、电机型式、水泵密封、轴承双向水推力；在国内设计院中首次采用水下阀倒门技术设计闸门并成功运行；结合本工程特点，开创性地将防洪渡汛和施工基坑保护通过小挡墙和施工围堰分开实施；创造性地提出了闸门局开、门顶、门底均过流情况下的水流计算方法，并与水工模型试验相结合，解决了闸门局开时水流形态复杂的消能防冲问题。

潍坊市白浪河水厂工程

设计单位：上海市政工程设计研究总院

主要设计人：沈裘昌、邬亦俊、刘云奎、肖敏杰、任永青

本项目为新建12万m³/d的净水厂。创新采用浮滤池工艺，将气浮与翻板滤池叠合，并且可以根据进水水质进行气浮或沉淀的灵活切换。池壁采用了防冻胀专利技术，省去池子上部建筑。采用独特设计浮渣污泥池，既可收集沉淀池积泥及排水，又能收集气浮浮渣，撇渣排水。池体采用浆砌块石结构，在清水池池体四角设置观察井来观察地下水位，也可以井内抽水降低地下水位以达到满足池体抗浮的要求。由于滤池位于室内，池壁不设伸缩缝，无缝长度达38.5m，中间设置加强带增加整体性。

上海江桥生活垃圾焚烧厂渗沥液处理工程

设计单位：上海市政工程设计研究总院

主要设计人：俞士静、胡维杰、肖菊仙、陈萍、苏耀明

上海江桥生活垃圾焚烧厂是目前国内最大的现代化千吨级垃圾焚烧厂。针对高浓度渗沥液，设计采用预处理(预曝气+离心脱水)+MBR(膜生化反应器)的组合处理工艺。设计充分考虑垃圾渗沥液水质、水量的不均匀性，预处理工艺中设置带有预曝气系统的调节池；预处理工艺中设置离心脱水处理设施，预先降解分离部分污染物；充分考虑季节和气候的变化，采取生化池加盖、设置冷却系统等工程措施；充分考虑工艺管路运行切换的灵活性和可操作性，工艺设计可确保不同季节不同水质条件下出水稳定达标。

青岛仙家寨水厂改建工程

设计单位：上海市政工程设计研究总院

主要设计人：曹伟新、包晨雷、王如华、刘澄波、孙磊

在保证现有水厂正常运行的前提下，采用原有制水系统改建不分期、一次建成的方案，整个厂区呈现集中式布局，节约用地。在北方地区首次采用高密度澄清池作为絮凝澄清工艺。根据脱水机房所处地基的基本情况，提出采用碎石桩进行处理。水厂网络根据扩建工程、改建工程分为两个环网，两个环网交叉接入中控室两台交换机，两台交换机再通过网络连接。对主要的工艺生产设备，采用MCC直接配电，控制回路设置在MCC中，现场设就地控制箱，减少自控设备的控制电缆数量，并减少了强电对弱电的干扰。

枫亭水质净化厂及管网工程

设计单位：上海市城市建设设计研究院

主要设计人：刘鑫华、黄瑾、谢勇、胡凌、林咏梅

枫亭水质净化厂采用氧化沟处理工艺。出水达到一级（B）标准。主要生产性构筑物为：粗格栅井及进水泵房、细格栅井及旋流沉砂池、氧化沟、二沉池、紫外线消毒池、回流污泥及剩余污泥泵房、储泥池、污泥脱水机房及污泥堆棚等。处理尾水经较先进的紫外线消毒后排放，并将部分消毒尾水回用于浇洒绿化和冲洗，达到资源的再利用。管道采用玻璃钢夹砂管，管径比采用钢筋混凝土管道小，埋深浅，减少了西区主干管的中途提升泵站的数量，也减少了处理构筑物的埋深，既节约了工程投资，又节约了能耗，还节约了土地。

东海大桥综合管线通道工程

设计单位：上海市政工程设计研究总院

主要设计人：曹玉萍、周兵、钟俊彬、王作民、周质炎

项目建设内容为32.5km综合管线通道。是国内首次将110kV电力电缆、通讯光缆和给水压力管道沿东海大桥超长距离同步敷设。将管线设在箱梁内，管线用竖井和管线桥进、出箱梁，在箱梁底部开泻水孔，防止水管爆裂。在斜拉桥段，将给水管引出箱梁设在斜拉桥中央隔离带上，并在两端桥台上设墩柱承受给水管水平推力。搁置管线桥的钢牛腿与混凝土箱梁腹板的联接采用剪力销与螺栓相结合的方式，以防止桥梁结构出现钢筋及预应力束腐蚀通道。在桥梁伸缩缝处，管线桥设计成锯齿型咬口结构形式，以适应桥梁变形。

青岛市麦岛污水处理厂扩建工程（污泥部分）

设计单位：上海市政工程设计研究总院

主要设计人：金彪、张欣、李英琦、李滨、王敏

本工程为BOT项目，污水处理采用占地非常节省的物化+BIOSTYR滤池处理工艺，污泥处理采用中温厌氧消化，污泥气综合利用。消化池采用圆柱形结构形式，采用机械搅拌方式，单位体积搅拌功率0.86kW/m³。污泥气用于带动发电机，实现热电联产，综合能量回收高。污泥气发电既能提供电能，每年提供1314万kWh电，还能稳定地回收热能提供消化池所需热量。污泥气采用球形膜结构储气罐储存。筒形污泥消化池采用无粘结预应力钢筋混凝土结构，及高强度低松弛无粘结预应力钢绞线。

上海采埃孚变速器有限公司

设计单位：上海市机电设计研究院有限公司

主要设计人：汪星、张静、杜越华、胡培均、王文捷

上海采埃孚变速器有限公司是中德合资企业，采用了世界先进的生产工艺技术。设计出具有时代特性、反映企业特点、与周围环境协调的工业建筑，同时注重环境保护、可持续发展和降低造价是本设计的重点。办公楼顶层的采光天窗是一大特色，体现了较好的采光效果和功能造型。各钢结构车间的屋面做法采用了国外较先进的卷材防水系统，技术先进。

上海日野发动机有限公司

设计单位：上海市机电设计研究院有限公司

主要设计人：汪星、易勇军、陈育敏、康健、陈钢

为减小厂房的整体高度，设计降低了屋盖的起坡高度，以降低建设成本。为防止坡度减缓引起的屋面漏水，设计采用了彩色压型钢板上置挤塑聚苯乙烯泡沫塑料保温层，敷设宽幅彩色PVC防水卷材的做法。这种做法在国内还不普遍，但通过与施工单位、材料供应商的精心协调，确保了施工质量。在大跨度压型钢板上敷设防水卷材的做法，具有用钢量小、防水性能好、屋面开孔防水处理好等特点。

上海上汽模具技术有限公司

设计单位：上海市机电设计研究院有限公司

主要设计人：顾赞、葛仕馨、杜越华、黄志平、王蕾

车间为密闭的空调车间，烟尘的捕捉及排除是本项目环保专业设计的重点和难点。对一号车间焊机集中区域，采用排风软管收集烟尘。排风软管接到工艺设备的工装夹具内部，最大程度地接近焊接点，保证排风的烟尘捕捉效率。由于采取了局部排风的设计，车间内设置了大量的排风支管，设计中排风管路的布置与公用管路、工艺布置、车间物流密切结合，不影响工人的操作和物流，做到车间内布置大方美观。

广州大学城园区

设计单位：上海市园林设计院

主要设计人：梅晓阳、任梦非、江东敏、江卫、高翔

广州大学城（小谷围岛）公共绿地是大学城公共景观的核心部分，由信息与体育共享区、综合发展北区、综合发展南区组成，总面积约80hm^2。它是一处须满足多种特殊需求、多种自然生态功能、高层次、复合型的综合型公共绿地。

整个设计围绕"知识湖"这一中心，规划各具特色的生态广场，充分体现公共绿地的共享性。中心绿地的建成使小谷围岛的生态自然环境在保护的基础上，加入了维护和修复的成功实践。湿地公园及滨江景观带不但满足了人们对自然、科普、展示、保健、游憩等综合功能的需求，同时形成了自我循环良好、稳定的生态系统。

上海国际汽车城汽车博览公园

设计单位：上海市城市建设设计研究院（上海思纳史密斯建筑设计咨询有限公司合作设计）

主要设计人：高炜华、徐瑞倩、蒋应红、徐宏跃、解新鹏

上海国际汽车城汽车博览公园是一个以传统山水园为格局，在自然生态环境中展示各汽车大国独特园林景观特色的综合性公园。通过挖湖堆土的地形处理，创造了许多自然的山水环境，有山体、山中盆地、峡谷、溪流瀑布、环湾、岛屿、半岛、湿地自然环境等。公园的植物景观以"自然、野趣"为设计理念。设计了展示各汽车大国园林景观特征的建筑小品。公园的道路系统除通常的公园车行道和游步道外，还在园内设计了一条卡丁车行驶的体验路，有城市道路的常见特征，供体验驾驶感觉、试验车辆使用。

镇江市滨江旅游风光带景观规划设计

设计单位：上海上农园林环境建设有限公司（上海交通大学风景园林研究所合作设计）

主要设计人：王云、蒋锋、汤晓敏、赵慎、洪静波、王玉明

滨江风光带位于镇江市市区东北，西接北固山公园，东连焦山公园，北临长江，南依滨江路。一期工程总长1710m，面积84226m²（包含护坡部分）。项目采用"长藤结瓜"的结构方式，以两山为主核，以岸线为纽带的核带互动空间布局模式，形成山水为媒、一核两翼的链式结构。设计切合、搭接两山历史文化，凸现水城文化，丰富人文内涵，体现两山人文历史，展示水域文化脉络，融文化休闲、滨水娱乐、旅游观光、健康教育功能于特色景观。

湖南电力科技园景观工程

设计单位：上海浦东建筑设计研究院有限公司

主要设计人：涂秋风、顾莉贞、姜关美、储琪春、朱寒云

1、成功地保留了林地改造，为真正意义上的生态化、经济化小区建设提供典范，开创了城市居住区的"森林景观"之先河；2、以绿色植物为主要造景素材的设计思路和"以人为本"的生态理念所带来的环境效益，对周边地块的开发具有较强的指导和引领作用；3、水景设计中引入中国传统园林的造景手法，取得了"虽由人作，宛自天开"的景观效果。

中山公园公共绿地改建

设计单位：上海市园林设计院

主要设计人：赵铁铮、刘星、许曼、陈惠君、金玥

通过本次改建工程的调整设计，在绿地现有基础上进行了功能的合理安排和绿化调整。利用原有大乔木，采用透水性生态材料做步道，同时在人行道边增加标志性雕塑水幕墙，创造出大树草坪，林荫小道等特色鲜明的景观环境。删除或移位生长不良树木；保留、保护优良大乔木；抽稀、排序凌乱的乔木群，保证绿化景观的层次；在主要出入口适当地增加名贵或造型优美的树种；对绿地围墙周围的乔木进行补植；对杂乱的灌木进行梳理利用；对景观效果不佳的灌木予以替换；增加花灌木品种及花卉的品种，丰富植物群落、增强层次感。

三林世博家园公共绿地一期建设工程

设计单位：上海浦东建筑设计研究院有限公司

主要设计人：李雪松、韩璐芸、王桂萍、龚杰、金欢

三林世博家园公共绿地一期建设工程景观设计以生态线、环保线和文化线三线交织，绿脉、蓝脉相互交融，市民文化与世博文化相互映衬为总体构思。总体规划将场地由西向东划分为故里旧韵、家园风情和世博林地三大特色景观区域。分别表达出居民原有生活环境和地域文化的印记和特质，世博动迁后居民生活环境品质的提高以及社区居民对未来美好生活的向往。设计师通过对入口家园水景石、旧居风情跌水墙、世博景观列柱、"动迁之喜"场景雕塑和钢木构架等一系列城市景观小品的独特构思，体现出一个带有深刻世博印记的特定空间和场所。

上海国际汽车城汽车博览公园工程勘察

设计单位：上海岩土工程勘察设计研究院有限公司

主要设计人：朱滋清、钟正雄、李强、邹晓芳、马连珍

"安亭汽车博览公园"为安亭汽车城的标志性建（构）筑物之一。本工程征地面积约75hm²，主要为绿地公园，拟建大面积堆土假山、吴淞江大桥、园内车行（人行）桥、水闸、栈桥、隧道、涵洞、堤坝、码头及人工湖驳岸重力式挡土墙等构筑物以及设备房、茶室等建筑物。在提供的设计方案及勘察要求的基础上，对拟建场地有针对性展开勘察工作。该工程勘察现场采集数据详尽、可靠；报告分析细致、深入；文字精练、简洁；图面整洁、清晰，数据丰富；结论正确，建议合理，满足设计和施工的要求，为类似工程的设计及施工积累了宝贵的经验。

A5（嘉金）高速公路二期（黄浦江大桥）工程勘察

设计单位：上海岩土工程勘察设计研究院有限公司

主要设计人：辛伟、吴伟锋、孙健、陈杰、黄凤荣

A5（嘉金）高速公路二期工程是上海高速公路网中南北向连接上海西部嘉定、青浦、松江、金山四个经济较发达区的主要快速通道，是位于外环线与郊环线之间的南北向主轴线高速公路，全长47.12km。黄浦江大桥是跨越黄浦江的第七座桥梁，跨度398m，主桥跨120m×3，全长为1km，桥面宽34m，设双向六车道，设计时速100km/h，是整个工程关键节点。本工程勘察方案合理，采用多种技术手段以获取正确可靠的地质数据。报告书对沿线沉积环境和工程地质特征进行分析评价，内容完整、资料详尽、评价合理、建议可行。

昆明呈贡新区主干道（昆洛路）工程测量

设计单位：上海市政工程勘察设计有限公司

主要设计人：曹建军、朱继武、朱德禹、周志鸿、张毅

昆明呈贡新区主干道（昆洛路）工程为连接昆明主城和呈贡新城的放射型城市主干路，道路全长26km，道路规划红线宽80m，计算行车速度60km/h，主线机动车双向6车道+辅道机非混行双向4车道，设大型互通式立交4座。工程大量采用先进测量技术，推广应用新编专业软件，积极引进专业测量软件。通过大量细部坐标的高精度接测，进行内业CAD处理，配合设计进行各项线路选线、线形优化。地形测量满足设计要求，并主动、及时做好设计所需的特殊位置测量。做好施工单位进场前的控制复测/补测，进行中桩的精确放样。

上海市青浦区三维控制网测量

设计单位：上海市测绘院

主要设计人：张瑞卫、赵峰、李明、黄茂华、孙彪

该项目采用三维控制网形式对青浦地区的原控制网进行加密，具有开创性，布网设计方案科学合理。控制网点选点充分考虑方便使用和利于长期保存，埋石稳固，标志清晰，并兼顾了既有控制点的利用。通过完善的质量控制措施和实施保障机制确保外业观测数据正确，数据处理方案科学，各种数据成果均在限差以内，精度符合国家规范和验收要求。

项目测量成果经甲方验收后，正式投入规划使用，为青浦区市政改造、土地利用、规划发展提供了方便。目前青浦区已实现测绘管理一体化，大大提高了工作效率及施工技术水平，产生了较好的经济效益和社会效益。

佛山市"一环"城际快速干线(东线)工程测量

设计单位：上海市政工程勘察设计有限公司

主要设计人：朱继武、朱德禹、瞿云、罗永权、胡生送

本项目为佛山"一环"东线，工程制定了"测绘专业的技术原则"和规范选用，规范4个标段间的各家工程测量、施工测量单位的作业标准；工程使用电子水准仪进行高程控制网的布测，并现场编制《电子水准记录计算程序》；充分利用动态GPS（RTK）技术进行道路中桩、红线桩的放样及图根点的布测，并分析探索其在线路测量中的应用；全面采用全站仪测量并自动存储、传输后自动成图；广泛采用自编专业软件（经鉴定），所有成果均为数字化成果。通过大量细部坐标的高精度接测，进行内业CAD处理，配合设计进行各项线路选线、线形优化。

南京外秦淮河整治工程三汊河口闸工程安全检测

设计单位：上海勘测设计研究院

主要设计人：曹国福、洪波、李爱明、潘江岩、徐兵

为了保证水闸的安全，监测了垂直位移、水平位移、地基反力、高翼墙墙后土体倾斜、钻孔灌注桩桩顶压应力、腹板倾斜、钢筋应力、沉降缝开合度、墙后地下水位、上下游水位等项目。特别是采用了一些新技术和新工艺：在水闸受力复杂的灌注桩顶部安装了压应力计监测压应力状态；在水闸底板内安装了电水平仪监测变形情况；采用了自动化安全监测系统，大大节省了水闸运行成本，减少了误差，实现了科学化管理，提高了监测精度和效率。

葫芦岛强夯地基处理设计和面波测试

设计单位：上海申元岩土工程有限公司

主要设计人：水伟厚、何立军、梁志荣、詹金林、梁永辉

该工程拟建厂房包括船体加工区，部件装焊区，平面、立体分段装焊区，总长度约950m，为亚洲最长的工业厂房，厂房面积约150254m²。工程采用了复合能级强夯的五遍成夯新工艺，在地基处理后的检测中首次采用多道瞬态面波法对大面积地基处理效果进行普测，辅以动探、静载点测，是大厚度块石回填土地基综合检测的新方法，为建设单位节省了近2500万元造价，缩短工期14个月，替代了其他污染性大的施工方法，达到了节能、环保的效果。

复兴东路隧道工程勘察

设计单位：上海市隧道工程轨道交通设计研究院

主要设计人：张惠忠、陈嘉生、季军、唐荣新、杨斌娟

复兴东路隧道工程是上海市连接黄浦江两岸的又一条大型越江隧道。工程全长2291m。本工程采用了多种勘察手段，包括钻探、静力触探、标准贯入、十字板、扁铲侧胀、注水试验、承压水观测等，来查明工程沿线的工程地质、水文地质、不良地质条件，为工程设计提供了可靠的地质依据。室内土工试验除常规物理力学性质试验外，还进行了无侧限抗压强度试验、固结回弹试验、三轴（不）固结不排水剪切试验（CU、UU）、静止侧压力试验等。使用自行研制的水上泥浆回收处理利用系统，解决了水上施工带来的环境污染问题。

由由大酒店二期N2地块工程勘察

设计单位：上海海洋地质勘察设计有限公司

主要设计人：李彬勇、黄卫权、张海、沈邦培、沈祖荣

本项目地下室埋深达10.0m，基坑长约145m，宽度约75m，为一级超大深基坑。报告分析沉桩可能性及施工对周围环境的影响，建议基坑围护可采用钢筋混凝土地下连续墙或灌注桩加搅拌桩等措施。基坑施工阶段需相应的降、排水措施，可采用喷射井点或二级轻型降水。开挖前，随时掌握围护墙水平及垂直方向的变化动态；开挖中，观测支撑梁受力状态，确保安全。本工程勘察工作量布置合理并且具有针对性，采用了钻探取土、小螺纹孔、静力触探、十字板、注水试验及室内土工试验等方法，内容完整全面、分析透彻、结论明确、建议合理可行。

上海大众汽车有限公司厂区测绘综合管理信息系统工程勘察

设计单位：上海岩土工程勘察设计研究院有限公司

主要设计人：褚平进、仲子家、郭春生、付和宽、孙勇骏

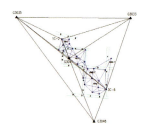

本项目为上海大众汽车有限公司全厂区建立了统一的城市坐标系，并完善了各分厂的建筑施工坐标系；同时全厂1：500数字地形图的测绘成果为厂区综合管理信息系统的建立奠定了基础。完成的《上海大众测绘管理信息系统GMIS V1.0》，在对传统的测绘图档进行转换的基础上，不仅实现了地理信息系统的基本功能，还可以用系统的查询结果进行统计、分析，形成报表，使系统面向非地理信息系统专业用户。实现了快捷、实时、高效、规范地进行测绘成果管理，为该厂规划管理部门在资源共享、资源优化及远期规划方面提供了数据依据。

长宁区政府大楼工程勘察

设计单位：中国建筑西南勘察设计研究院

主要设计人：周钧、许保术、魏沅东、钟良仁、孙成勇

长宁区政府大楼建筑面积32000m²，26层，周边3～4层裙房，所有建筑和绿化下为大底板2层地下停车库，地下车库基坑开挖最大深度8.5m。勘察根据拟建物的性质、设计要求及现行规范规程，并结合收集的附近场地地质资料，布置勘察工作量，并特别重视原位测试，采用钻探、取土试验、静力触探、十字板、注水试验等，沿基坑边线布置浅层小钻孔等手段，以查明拟建场地周边浅层不良地质现象。工程勘察高质量的完成为该工程的桩基设计、深基坑围护提供了可靠的依据，并为上海软土地基高层建筑及深基坑的设计施工又积累了宝贵的经验。

沪芦高速公路南段工程测量

设计单位：上海市城市建设设计研究院

主要设计人：李雪铭、杨欢庆、李友瑾、刘永平、曾绍文

本项目采用了首级控制网技术及高程控制测量等技术，效果显著。采用GPS（RTK）技术，放样段的桩号采用了散桩处理的方法，既储备了一定的精度，又满足了工程测量规范的要求，提高了工作效率。最后又用GPS静态检核其坐标，验证RTK的放样精度。在本项目测量过程中应用了道路定线外业E500程序、纵横断面绘图软件、道路立交内业EICAD软件、河床断面生成系统、工程测量软件包等。根据实际情况，通过精心策划很好地发挥了GPS（RTK）作用——即不要求待定点与测站点必须互相通视的特点，达到了事半功倍的效果。

大连路920号地块岩土工程勘察

设计单位：中船勘察设计研究院

主要设计人：丁晓庆、雷奇、吕志慧、施云华

大连路920号地块商品住宅工程（现名"海上海"）为上海市中心的一大型住宅小区，主要包括10幢15～25层高层住宅和地下车库、幼儿园等配套设施。勘察单位针对建筑物的性质及场区地质条件较为复杂的特点，综合运用取土及多种原位测试手段，满足了工程设计及施工对勘察的要求。

本工程勘察报告提供的资料准确，设计参数可靠合理，结论建议恰当，对本工程的地基基础和基坑设计及施工起到了积极有效的作用，在基础施工中节约了大量的人力、物力和财力，产生了一定的经济、社会和环境效益。

上海华虹实业公司工业园区1号地块厂房工程勘察

设计单位：上海协力岩土工程勘察有限公司（中国建筑北京设计研究院上海分院合作设计）

主要设计人：范恒龙、刘春和、龚新华、董为靖、董为光

1、勘察的全过程实行了ISO19000质量管理，项目技术组对各工序质量均进行质量检查验收。2、经勘察详细查明了拟建场地的工程地质条件，提供了多种桩基持力层。报告中所提供的桩基计算参数，沉降量估算参数可靠，其单桩竖向承载力与现场单桩竖向静载荷试验值相接近。3、本工程为二级深基坑工程，勘察等级为甲级，勘察时采用了多种测试手段，为后续工作提供了较充实的计算参数。4、本工程采用桩筏基础，以⑦1-2层灰黄色粉砂作为桩基持力层，结构封顶已近2年，实测累计沉降量15.5mm，满足规范要求。

《沙埕港》港口航道图测绘工程

设计单位：上海海事局海测大队

主要设计人：潘卫平、严怀志、黄伟、管峥嵘、顾顺隆

本次测绘工程是科学管理与先进技术的完美结合之作，在工程中应用了多项测绘新技术、新设备。先进的设备和技术、自动化作业，使测绘成果精度高、可靠性强、成图制作精良、美观。其各项技术指标均符合国际海道测量标准。该图的出版发行填补了沙埕港水域无大比例尺港口航道图的空白，为该水域的通航安全提供了准确可靠的资料。对于今后为国家重大建设工程提供测绘勘察类基础性服务积累了丰富的经验，产生了良好的社会效益和经济效益。该项目测绘技术指标达到国内同行业的领先水平。

日晖新城（二期）岩土工程勘察

设计单位：上海豪斯岩土工程技术有限公司

主要设计人：金耀岷、秦承、肖鸿斌、段新平、郭建荣

日晖新城（二期）位于徐汇区零陵路以北茶陵路以南。该工程主要为9幢8～23层小高层，总建筑面积123554m²。针对基坑工程，布置了渗透和无侧限抗压强度试验，为基坑围护设计提供了较为全面的土层参数。对基坑有针对性地提供了设计参数，并做了无侧限抗压强度试验。基坑围护设计数据可靠，建议围护方案合理。在报告中，对桩基持力层进行了细致的划分。在桩基参数中结合了一期工程的经验，使承载力的提供更趋合理。经一年多的实践证明，未发生任何异常现象，取得了一定经济、社会和环境效益。

和平饭店南楼改建及装饰工程

设计单位：上海建筑装饰（集团）设计有限公司（上海市房地产科学研究院合作设计）

主要设计人：陈中伟、俞鹤根、徐韻、陈亚忠、徐益超

根据要求尽可能恢复原有建筑风貌、风格，特别是恢复在1911年被大火烧毁的屋面塔楼。在设计时，多次到建筑档案馆查阅有关原始资料，出色完成和平饭店南楼加建塔楼的设计任务，已成为外滩新的一道风景线。外立面设计时，考虑到建筑节能，对外立面的木门窗进行了改造，充分结合建筑立面和整体美观考虑，采用当时较为先进的中空玻璃塑钢窗，大大降低了饭店使用能耗，开创了保护建筑的先例。从根本上解决了桩对原建筑的影响。东侧屋面平台的结构处理，解决了屋面梁支座问题和下面保护部位的问题，恢复了原汇中大楼原始屋顶花园的历史风貌。

上海外滩3号装修改建工程

设计单位：同济大学建筑设计研究院（Michael Graves & Association合作设计）

主要设计人：周建峰、孟良、范舍金、潘涛、蔡英琪

上海外滩3号楼建于1916年，由公和洋行设计，建筑外貌为带有巴洛克装饰的折衷主义风格，是上海第一座钢框架结构的建筑，是外滩的标志性建筑之一。经历年使用，建筑外立面保存尚好，而建筑内部原室内装饰所剩无几。装修改建工程试图寻求一种切实可行的方法，突出建筑的原真性、新旧的可识别性和建筑的发展，使建筑获得再生。装修改建包括建筑外貌保护修缮和屋顶的合理利用设计，天井、主要垂直交通等空间的改善设计，广东路入口门厅的陶瓷锦砖地坪和顶部花饰的修复技术，内部装修缺失部分采用适合建筑个性的全新风格策略。

上海交通大学中院楼大修

设计单位：上海东亚联合建筑设计有限公司

主要设计人：张振亚、蔡振中、魏震华、陆荣康、范丽华

经设计研究，首创了用外贴面砖修复清水外墙的方法，修复后的清水外墙与原始的清水外墙相比，可以乱真。采用了内衬混凝土框架修复结构的措施，并保留了外墙和部分内墙，既修复结构，提高了结构抗震能力，使之能够安全使用，基本抗震符合规范要求，又保留了必须保护的外墙及部分内墙，有利于总体建筑的修复和施工安全。此次中院楼的修复非常成功，并使清水外墙的修复技术有了一个新的方法，达到了一个新的高度。虽然在平面布局与分隔上已有所变动，但总的格调保留着，达到了保护与利用的统一。

铜仁路257号（史量才住宅）保护性修缮工程

设计单位：上海章明建筑设计事务所（上海陈董机电工程设计事务所合作设计）

主要设计人：沈晓明、赵峰、董量、胡敬明、陈怀琴

铜仁路257号，房屋总建筑面积2494m^2，于1922年建造。主楼建筑为一幢三层砖木结构的荷兰式独立花园住宅，南立面及入口西立面大屋顶切角为其特色。

根据历史设计图纸进行平面恢复。装饰修缮，采取了因地制宜的多种方案。对不同重点保护区域、部位采用不同的处理方法，达到"修旧如旧"的最终目的。充分合理利用原有结构潜力，增强结构耐久性，达到提高抗震设防的效果。在修缮建筑平面布局上，充分满足了市外办对办公用房功能性的要求，合理解决了原有房间的分隔与现在的使用要求，既保留了原建筑风格，又满足了新的使用功能。

光大银行上海分行扩建、改建及装饰工程

设计单位：上海建筑装饰（集团）设计有限公司

主要设计人：杨晓绮、俞鹤根、施智强、韦威、徐韻

对主楼采用"修旧如故"原则，较好地保护了其原貌，并保留了其历史存在过程中的全部信息和特征，对新增多功能和扩建部分，既与老楼在造型上保持协调，又有所区别，具明显的时代气息，使人们对建筑的历史信息有一个明确的了解。主楼内装修以适当价格、优质材料、精工细作，做到任何细部设计均有据可查。最终形成辉煌的西洋古典风格殿堂。本工程对原结构体系进行了抗震加固及抗震构造加固，对各原有砖砌承重墙采用钢筋网片水泥砂浆面层在其内侧进行加固，提高了原结构体系的抗震设防措施。

梦清园四标大楼修缮工程（灌装楼、酿造楼）

设计单位：上海市房屋建筑设计院有限公司（同济大学建筑设计研究院合作设计）

主要设计人：黄一如、杨立新、王新、陈小明、许荣巧

从环境整体出发，使历史建筑的改造性再利用过程也成为城市空间环境优化的过程。以整旧如旧、新旧分离为原则，严格对照历史资料，剔除使用中的加建部分，并使修缮过程的新增建筑元素尽可能明显地与历史元素相区分。

2007年度上海优秀勘察设计

获奖单位一览表

一 等 奖

项目名称	获奖单位（合作设计）	索引	项目名称	获奖单位（合作设计）	索引
上海国际航运中心 洋山深水港区一期工程 港区管理中心	华东建筑设计研究院有限公司	002	威海市国际商品交易中心	上海建筑设计研究院有限公司	056
东郊宾馆主楼、宴会楼	华东建筑设计研究院有限公司	004	上海工程技术大学新校区 行政办公楼	同济大学建筑设计研究院	058
上海印钞厂老回字型 印钞工房易地迁建	上海建筑设计研究院有限公司	006	浦东市民中心(原：浦东新区政务办理中心)	上海浦东建筑设计研究院有限公司	060
上海铁路南站站屋	华东建筑设计研究院有限公司（法国AREP建筑公司）	009	衢州学院二期 图书馆	上海天华建筑设计有限公司	063
东莞玉兰大剧院	同济大学建筑设计研究院（卡洛斯·奥特建筑师事务所）	012	金华职业技术学院教学楼群	同济大学建筑设计研究院	065
北京华贸中心(一期工程) 办公楼	华东建筑设计研究院有限公司（美国KPF建筑师事务所）	015	东海大桥工程	上海市政工程设计研究总院（中铁大桥局勘测设计院 中交第三航务工程勘察设计院有限公司）	068
上海旗忠森林体育城 网球中心	上海建筑设计研究院有限公司 [株式会社环境设计研究所EDI(日本)]	018	虹许路北虹路下立交工程	上海市隧道工程轨道交通设计研究院	070
同济大学嘉定校区图书馆	同济大学建筑设计研究院	020	复兴东路隧道工程	上海市隧道工程轨道交通设计研究院	072
上海市浦东新区文献中心	上海建筑设计研究院有限公司（德国GMP建筑设计有限公司）	022	柳州市红光大桥工程	上海市城市建设设计研究院（中铁大桥勘测设计有限公司）	075
金茂三亚度假大酒店 (一期工程)	上海建筑设计研究院有限公司（美国Wimberly Allison Tong & Goo）	024	苏州绕城高速公路 (西南段)道路工程	上海市城市建设设计研究院（苏州市交通设计研究院有限责任公司）	077
瑞金医院门诊医技楼改扩建	上海建筑设计研究院有限公司（上海励翔建筑设计事务所 美国CMC）	026	上海市中环线浦西东北段 工程及总体设计	上海市政工程设计研究总院	080
卢湾区110地块 商办综合楼发展项目 (现名：企业天地)	中船第九设计研究院（巴马丹拿国际公司）	028	上虞市三环曹娥江大桥工程	上海市政工程设计研究总院	082
苏州大学新校区炳麟图书馆	同济大学建筑设计研究院	031	A2(沪芦高速)公路南段工程	上海市城市建设设计研究院	084
昆山市体育中心体育馆	上海建筑设计研究院有限公司	034	五洲大道 (浦东北路—外环线)工程	上海市政工程设计研究总院（上海浦东建筑设计研究院有限公司）	086
新江湾城文化中心	上海建筑设计研究院有限公司（美国RTKL国际有限公司）	036	上海市中环线 五角场立交工程	上海市政工程设计研究总院	088
泓邦国际大厦	上海现代建筑设计(集团)有限公司（美国艾凯特托尼克国际有限公司）	038	翔殷路越江隧道工程	上海市隧道工程轨道交通设计研究院	090
上海张江高科技园区 管理中心	华东建筑设计研究院有限公司（Albert Speer & Partner GmbH）	040	重庆鸡冠石污水处理厂工程	上海市政工程设计研究总院	092
东昌滨江园 (现名：上海财富广场)	上海建筑设计研究院有限公司（美国FR建筑事务所）	042	嘉兴石白漾水厂扩容工程	上海市政工程设计研究总院	094
重庆国际会议展览中心	华东建筑设计研究院有限公司	044	上海老港生活垃圾 卫生填埋场四期工程	上海市政工程设计研究总院	096
城建国际大厦	上海现代建筑设计(集团)有限公司	046	无锡市城市防洪 江尖水利枢纽工程	上海勘测设计研究院	098
中国南通珠算博物馆	上海兴田建筑工程设计事务所（江苏省纺织工业设计研究院有限公司）	048	苏州河中下游水系截污工程	上海市城市建设设计研究院	100
上海长途客运南站	华东建筑设计研究院有限公司	051	无锡市城市防洪 仙蠡桥水利枢纽工程	上海勘测设计研究院	102
苏州工业园区九龙医院	上海建筑设计研究院有限公司	054	宁波市江东南区 污水处理厂工程	上海市政工程设计研究总院	104

项目名称	获奖单位（合作设计）	索引
上海浦东国际机场二级排水工程(一、二期)	上海市水利工程设计研究院	106
上海通用汽车有限公司二期扩建项目	上海市机电设计研究院有限公司	108
上海大众汽车有限公司发动机三厂工程	上海市机电设计研究院有限公司	110
220kV复兴变电站	上海电力设计院有限公司	112
上海滨江森林公园(一期)工程	上海市园林设计院（阿特金斯顾问公司上海分公司）	114
桃林公园(豆香园)工程	上海市城市建设设计研究院	116
A30郊区环线(莘奉公路－界河)高速公路道路检测	上海市政工程勘察设计有限公司	118
中船长兴造船基地一期工程3号线测试	上海岩土工程勘察设计研究院有限公司	120
上海铁路南站站房建筑工程勘察	上海岩土工程勘察设计研究院有限公司	122
上海外高桥造船基地一期工程岩土工程勘察	中船勘察设计研究院	124
东海大桥主跨巨型导管架RTK多机实时沉放定位工程	上海岩土工程勘察设计研究院有限公司	125
上海化学工业区热电联供电厂岩土工程勘察	中国电力工程顾问集团华东电力设计院	126
南京西路商业办公综合大楼勘察	上海申元岩土工程有限公司（华东建筑设计研究院有限公司）	128
上海市郊区环线北段岩土工程勘察	上海市政工程勘察设计有限公司	130
水清木华别墅小区	上海中房建筑设计有限公司（日本矶崎新建筑事务所）	132
周浦5号地块	上海中房建筑设计有限公司（上海结民防建筑设计有限公司）	136
中山东一路12号大楼修缮改建工程	上海建筑设计研究院有限公司（美国建筑设计有限公司）	138
中福会少年宫大理石大厦改造工程	上海建筑设计研究院有限公司	142
衡山马勒别墅饭店保护性修缮工程	上海章明建筑设计事务所（上海建筑设计研究院有限公司）	144
上海中山东一路18号改建工程	同济大学建筑设计研究院（kokaistudios Hong kong,ltd）	146
上海音乐厅平移和修缮工程	上海章明建筑设计事务所（上海建筑设计研究院有限公司）	148

二 等 奖

项目名称	获奖单位（合作设计）	索引
复旦光华楼	中船第九设计研究院工程有限公司（P&H）	152
X1-7地块金融大厦（现名：花旗集团大厦）	上海建筑设计研究院有限公司（日本株式会社日建设计）	153
苏州工业园区现代大厦	华东建筑设计研究院有限公司（美国洛翰建筑设计事务所）	154
上海国际汽车博物馆	同济大学建筑设计研究院（德国AR.D.D）	155
复旦大学正大体育馆	同济大学建筑设计研究院［韩国理·像(株)综合建筑师事务所］	156
上海汽车会展中心	同济大学建筑设计研究院（德国AR.D.D）	157
格致中学二期扩建工程	同济大学建筑设计研究院	158
新时空国际商务广场	上海天华建筑设计有限公司	159
华东师大一附中迁建工程－教学综合楼	上海民港国际建筑设计有限公司	160
上海市长途汽车客运总站	华东建筑设计研究院有限公司	161
安徽省电力公司电网生产调度楼	华东建筑设计研究院有限公司	162
武钢技术中心科技大厦	同济大学建筑设计研究院	163
中共上海市宝山区委党校	上海工程勘察设计有限公司（上海市地下建筑设计研究院）	164
上海市胸科医院新建住院楼	华东建筑设计研究院有限公司	165
松江新城方松社区文化中心	同济大学建筑设计研究院	166
华东师范大学闵行校区文史哲古学院	上海建筑设计研究院有限公司	167
交通银行数据处理中心	同济大学建筑设计研究院	168
港汇广场续建工程OT1、OT2办公楼	华东建筑设计研究院有限公司（新创机电工程有限公司 香港茂盛顾问公司）	169
千岛湖开元度假村	上海建筑设计研究院有限公司（美国WATG建筑设计公司）	170
复旦大学新江湾城校区一期图文信息中心	上海华东建设发展设计有限公司	171
上海张江高科技园区小型智能化孵化楼(三期)	华东建筑设计研究院有限公司[SIBC Project Consulting (Shanghai) Co.,Ltd.]	172
世博会浦江镇定向安置基地1街坊大卖场	上海现代建筑设计(集团)有限公司	173

项目名称	设计单位	页码
上海市第一人民医院松江新院(一期)	上海市卫生建筑设计研究院有限公司	174
苏州金鸡湖大酒店(国宾区)	上海建筑设计研究院有限公司	175
都市总部大楼(原名：黄浦区104地块总部大楼)	华东建筑设计研究院有限公司 (日本丹下都市建筑设计事务所)	176
上海复旦高科技园区二期工程(原名：四平科技公园二期配套用房)	上海建筑设计研究院有限公司	177
格林风范城会所	上海中房建筑设计有限公司 (UFA天社建筑设计咨询有限公司)	178
复旦大学国际学术交流中心	上海建筑设计研究院有限公司 (美国MG2建筑设计事务所)	179
援苏丹共和国国际会议厅	上海建筑设计研究院有限公司	180
温州医学院新校区－图书馆	上海核工程研究设计院	181
华东师范大学新校区数学统计楼	同济大学建筑设计研究院	182
九百城市广场	华东建筑设计研究院有限公司 [室内设计公司(香港)凯达柏涛有限公司 美国捷德国际建筑师事务所]	183
上海交通大学农学院	中船第九设计研究院 (法国何斐德建筑设计公司)	184
国际汽车城大厦	上海建筑设计研究院有限公司	185
台州国际饭店一期	上海建筑设计研究院有限公司	186
浦东桃林防空专业队民防工程	上海市地下建筑设计研究院	187
南京市城东干道九华山隧道工程	上海市隧道工程轨道交通设计研究院	188
上海市轨道交通明珠线二期工程蒲汇塘停车场	上海市隧道工程轨道交通设计研究院 (上海铁路城市轨道交通设计研究院)	189
上海外环隧道工程	上海市隧道工程轨道交通设计研究院	190
东海大桥港桥连接段颗珠山大桥工程	上海市政工程设计研究总院	191
苏州绕城高速公路(西南段)京杭运河斜拉桥工程	上海市城市建设设计研究院	192
佛山市和顺至北滘公路主干线工程	上海市政工程设计研究总院	193
上海市中环线——虹梅路立交工程	上海市城市建设设计研究院	194
上海市中环真北路段工程	上海市政工程设计研究总院	195
沪青平高速公路(中段)工程	上海市城市建设设计研究院	196
昆明市昆洛路改扩建工程	上海市政工程设计研究总院	197
上海铁路南站南广场地下综合工程	上海市政工程设计研究总院	198
220kV新江湾变电站进线段电力隧道工程	上海市城市建设设计研究院 (上海电力设计院有限公司)	199
临港新城两港大道(一期)工程	上海市政工程设计研究总院	200
杭州经济技术开发区沿江大道及沿江渠工程	上海市政工程设计研究总院	201
株洲大道改建工程	上海市政工程设计研究总院	202
上海市松江区玉树路跨线桥工程	同济大学建筑设计研究院	203
上海市中环线威宁路仙霞路工程	上海林同炎李国豪土建工程咨询有限公司	204
上海市曲阳污水处理厂改建工程	上海市政工程设计研究总院	205
上海市肇嘉浜路排水系统改造工程	上海市城市建设设计研究院	206
苏州吴中区水厂(浦庄)扩建工程	上海市政工程设计研究总院	207
南昌牛行水厂	上海市政工程设计研究总院	208
上海市南汇东滩促淤圈围(四期、五期)工程	上海市水利工程设计研究院	209
宜兴市横山水库加固除险工程	上海勘测设计研究院	210
奉贤海湾旅游区海水运动中心工程	上海市水利工程设计研究院	211
浙江平湖市古横桥水厂扩建工程	上海市政工程设计研究总院	212
上海市黄浦生活垃圾中转站工程	上海市政工程设计研究总院 (上海环境卫生工程设计院)	213
临港新城污水收集处理系统一期工程	上海市政工程设计研究总院	214
上海微电子装备有限公司生产厂房	上海市机电设计研究院有限公司	215
欧姆龙(上海)有限公司综合管理楼 生产楼扩建项目	上海市机电设计研究院有限公司	216
同济汽车学院洁净能源汽车工程中心实验车间	同济大学建筑设计研究院	217
嘉兴南湖渔村	上海市园林设计院	218
上海炮台湾湿地森林公园工程	上海市政工程设计研究总院	219
延虹绿地	上海市园林设计院	220
溧阳市高静园改造工程	上海上农园林环境建设有限公司 (上海交通大学风景园林研究所)	221
亭枫及郊环(南段)高速公路工程勘察	上海市城市建设设计研究院	222
颗珠山大桥施工监控测量	上海岩土工程勘察设计研究院有限公司	223

项目名称	获奖单位	索引
上海深水港东海大桥工程测量(箱梁、桥面板检测)	上海市测绘院	224
五洲大道(浦东北路－外环线)新建工程勘察	上海市政工程勘察设计有限公司(中国建筑西南勘察设计研究院)	225
亭枫及郊环(南段)高速公路工程测量	上海市城市建设设计研究院	226
翔殷路越江隧道工程勘察	上海市隧道工程轨道交通设计研究院	227
陆家嘴中央公寓工程勘察	上海申元岩土工程有限公司[上海现代建筑设计(集团)有限公司]	228
复兴东路隧道健康监测	上海海洋地质勘察设计有限公司	229
上海又一城购物中心岩土工程勘察	中船勘察设计研究院	230

项目名称	获奖单位	索引
水清木华九间堂C型别墅43号房	上海现代建筑设计(集团)有限公司	231
张杨滨江花苑住宅小区	上海建筑设计研究院有限公司(加拿大泛太平洋设计与发展有限公司)	232
北京太阳星城F区6号楼	华东建筑设计研究院有限公司	233
北京太阳星城E区	华东建筑设计研究院有限公司	234
江湾体育场文物建筑保护与修缮工程	同济大学建筑设计研究院	235
轮船招商总局大楼修缮工程	同济大学建筑设计研究院	236
上海沉香阁修复工程	上海建筑装饰(集团)设计有限公司	237

三 等 奖

项目名称	获奖单位(合作设计)	索引
曙光医院迁建工程	上海现代建筑设计(集团)有限公司	240
江苏东航食品综合楼	上海建筑设计研究院有限公司	240
同济大学西区食堂	上海同济开元建筑设计有限公司	240
中国福利会少年宫扩建工程	上海民港国际建筑设计有限公司(上海建筑设计研究院有限公司)	240
金家巷天主教堂	上海中房建筑设计有限公司	241
长宁区区政府办公大楼	上海城乡建筑设计院有限公司(美国艾凯特尼克国际有限公司上海代表处)	241
美兰湖高尔夫宾馆	上海建筑设计研究院有限公司	241
上海市卢湾区第9-1号批租地块办公楼(现名"新茂大厦")	上海市建工设计研究院有限公司(日建设计国际有限公司)	241
苏州工业园区国际科技园三期工程	上海现代建筑设计(集团)有限公司	242
江西核工业高新工业园区写字楼	上海核工程研究设计院	242
上海工程技术大学松江校区现代工业训练中心1-5号楼	上海华东建设发展设计有限公司	242
青浦工业园区创业中心	中船第九设计研究院	242
华阳街道社区文化中心	上海现代建筑设计(集团)有限公司	243
安信商业广场	中船第九设计研究院	243
上海市普陀区中心医院门诊楼	上海市卫生建筑设计研究院有限公司	243

项目名称	获奖单位(合作设计)	索引
上海朗达建筑研究中心	上海联创建筑设计有限公司	243
上海外国语大学西外外国语学校	上海建筑设计研究院有限公司	244
江苏工业学院武进校区1、2号楼	上海民港国际建筑设计有限公司	244
江苏大学1号教学主楼	同济大学建筑设计研究院	244
上海法国学校上海德国学校迁建工程-小学、中学和图书馆	中国海诚工程科技股份有限公司(德国Bau Werk 建筑设计公司)	244
上海科学技术出版社大楼	上海建筑设计研究院有限公司	245
萧山博物馆	上海建筑设计研究院有限公司	245
西部大厦	同济大学建筑设计研究院	245
上海外国语大学贤达经济人文学院	上海现代建筑设计(集团)有限公司	245
朱屺瞻艺术馆改扩建工程	同济大学建筑设计研究院	246
上海师范大学奉贤校区建工实验楼	上海应翔建筑设计有限公司	246
新都会环球广场	中船第九设计研究院	246
诸暨铁路新客站	上海浦东建筑设计研究院有限公司	246
弘基商业休闲广场	上海三益建筑设计有限公司(上海沪防建筑设计有限公司)	247
嘉瑞酒店	中船第九设计研究院	247

上海建谊大厦	中国建筑上海设计研究院 (ATS JIANY DEVELOPMENT, LNC)	247	浙江省德清县北湖街延伸工程(09省道城区段改造工程)	上海浦东建筑设计研究院有限公司 [铁道部第一勘察设计院(厦门)]	253
上海桥梓湾商城	上海中建建筑设计院有限公司 (上海马达思班建筑咨询事务所 上海城乡建筑设计院有限公司)	247	临港新城区西岛桥梁工程	上海市城市建设设计研究院	254
上海市第八人民医院病房大楼	上海市卫生建筑设计研究院有限公司	248	上海市高速公路指路标志改善设计	上海市城市建设设计研究院	254
广东省东莞市南开大学附中实验学校——C区教学综合楼	上海中外建工程设计与顾问有限公司	248	上海交大闵行校区道路、桥梁、给排水配套工程	上海科达市政交通设计院	254
打浦桥街道社区卫生服务中心	上海精典规划建筑设计有限公司	248	长江引水三期输水管道工程	上海市政工程设计研究总院	254
上海市民政第三精神病院	中元国际工程设计研究院上海分院	248	虹桥国际机场主电网改造工程——航机北站工程	上海市政工程设计研究总院	255
上海茸北资产经营有限公司荣乐路大卖场	上海工程勘察设计有限公司	249	西南合成制药股份有限公司二分厂污水处理场技改(扩容)工程	上海市政工程设计研究总院	255
上海钻石电气科研中心	上海现代华盖建筑设计有限公司	249	惠州市梅湖水质净化中心一、二期工程	上海市政工程设计研究总院	255
东晶国际公寓1号办公楼	上海爱建建筑设计院有限公司 [加拿大KFS国际建筑师事务所/ 斯旦建筑设计咨询(上海)有限公司]	249	上海国际航运中心洋山深水港区一期工程港外市政配套供水工程	上海市政工程设计研究总院	255
上海交通大学行政办公楼	东南大学建筑设计研究院 (上海地下建筑设计研究院)	249	上海市杨树浦港泵闸工程	上海勘测设计研究院	256
宝山区横沙中心幼儿园	上海高等教育建筑设计研究院	250	潍坊市白浪河水厂工程	上海市政工程设计研究总院	256
上海共和新路高架工程长江路站工程	上海铁路城市轨道交通设计研究院	250	上海江桥生活垃圾焚烧厂渗沥液处理工程	上海市政工程设计研究总院	256
亭枫及郊环(南段)高速公路工程	上海市城市建设设计研究院	250	青岛仙家寨水厂改建工程	上海市政工程设计研究总院	256
海港新城市政道路及配套工程	上海市政工程设计研究总院	250	枫亭水质净化厂及管网工程	上海市城市建设设计研究院	257
南京市江东路(三汊河桥-绕城公路)拓宽改建工程	上海市城市建设设计研究院	251	东海大桥综合管线通道工程	上海市政工程设计研究总院	257
上海市轨道交通明珠线二期东安路站工程	上海市城市建设设计研究院	251	青岛市麦岛污水处理厂扩建工程(污泥部分)	上海市政工程设计研究总院	257
上海市A5(嘉金)高速公路黄浦江大桥工程	上海市政工程设计研究总院	251	上海采埃孚变速器有限公司	上海市机电设计研究院有限公司	257
中春路淀浦河桥工程	上海市城市建设设计研究院	251	上海日野发动机有限公司	上海市机电设计研究院有限公司	258
中春路道路新建工程	上海市城市建设设计研究院	252	上海上汽模具技术有限公司	上海市机电设计研究院有限公司	258
浦东南路张杨路下立交工程	上海市城市建设设计研究院	252	广州大学城园区	上海市园林设计院	258
罗山路龙阳路立交工程	上海市政工程设计研究总院	252	上海国际汽车城汽车博览公园	上海市城市建设设计研究院 (上海思纳史密斯建筑设计咨询有限公司)	258
杨高中路(源深站-罗山开关站)电力隧道工程	上海科达市政交通设计院 (上海电力设计院有限公司)	252	镇江市滨江旅游风光带景观规划设计	上海上农园林环境建设有限公司 (上海交通大学风景园林研究所)	259
上海安亭汽车城汽车博览公园——吴淞江人行天桥工程	上海市城市建设设计研究院	253	湖南电力科技园景观工程	上海浦东建筑设计研究院有限公司	259
上海市A30东南郊环(A4-瓦洪公路)高速公路工程	同济大学建筑设计研究院	253	中山公园公共绿地改建	上海市园林设计院	259
上海国际汽车城拓展区道路桥梁工程——墨玉北路道路工程	上海市城市建设设计研究院	253	三林世博家园公共绿地一期建设工程	上海浦东建筑设计研究院有限公司	259

上海国际汽车城汽车博览公园工程勘察	上海岩土工程勘察设计研究院有限公司	260	沪芦高速公路南段工程测量	上海市城市建设设计研究院	262
A5(嘉金)高速公路二期(黄浦江大桥)工程勘察	上海岩土工程勘察设计研究院有限公司	260	大连路920号地块岩土工程勘察	中船勘察设计研究院	263
昆明呈贡新区主干道(昆洛路)工程测量	上海市政工程勘察设计有限公司	260	上海华虹实业公司工业园区1号地块厂房工程勘察	上海协力岩土工程勘察有限公司(中国建筑北京设计研究院上海分院)	263
上海市青浦区三维控制网测量	上海市测绘院	260	《沙埕港》港口航道图测绘工程	上海海事局海测大队	263
佛山市"一环"城际快速干线(东线)工程测量	上海市政工程勘察设计有限公司	261	日晖新城(二期)岩土工程勘察	上海豪斯岩土工程技术有限公司	263
南京外秦淮河整治工程三汊河口闸工程安全检测	上海勘测设计研究院	261	和平饭店南楼改建及装饰工程	上海建筑装饰(集团)设计有限公司(上海市房地产科学研究院)	264
葫芦岛强夯地基处理设计和面波测试	上海申元岩土工程有限公司	261	上海外滩3号装修改建工程	同济大学建筑设计研究院(Michael Graves & Association)	264
复兴东路隧道工程勘察	上海市隧道工程轨道交通设计研究院	261	上海交通大学中院楼大修	上海东亚联合建筑设计有限公司	264
由由大酒店二期N2地块工程勘察	上海海洋地质勘察设计有限公司	262	铜仁路257号(史量才住宅)保护性修缮工程	上海章明建筑设计事务所(上海陈董机电工程设计事务所)	264
上海大众汽车有限公司厂区测绘综合管理信息系统工程勘察	上海岩土工程勘察设计研究院有限公司	262	光大银行上海分行扩建、改建及装饰工程	上海建筑装饰(集团)设计有限公司	265
长宁区政府大楼工程勘察	中国建筑西南勘察设计研究院	262	梦清园四标大楼修缮工程(灌装楼、酿造楼)	上海市房屋建筑设计院有限公司(同济大学建筑设计研究院)	265

2007年度上海市建设工程优秀勘察设计专业奖

一 等 奖

项目名称	获奖单位	专业	主要设计人
洋山深水港110kV降压站进线工程	上海电力设计院有限公司	电气	孟 毓、龚 尊
临港新城申港、临港大道景观绿化工程	上海浦东建筑设计研究院有限公司	绿化	李雪松、潘丽琴、韩璐芸
上海长峰商城基坑围护设计	上海申元岩土工程有限公司	结构	梁志荣、赵 军

二 等 奖

项目名称	获奖单位	专业	主要设计人
500kV吴淞口大跨越工程	中国电力工程顾问集团华东电力设计院	电气	谢立高、吴建生
上海梅山钢铁股份有限公司炼钢厂RH技术改造	上海梅山工业民用工程设计研究院有限公司	冶金	肖德才、陆 朋
上海国家会计学院景观设计（包括一期和二期）	上海市园林设计院	绿化	赵 杨、高炜华
华祺苑（二期）岩土工程及基坑围护设计	上海岩土工程勘察设计研究院有限公司	结构	简 浩
由由国际广场新型逆作法基坑围护设计	华东建筑设计研究院有限公司	结构	翁其平

三 等 奖

项目名称	获奖单位	专业	主要设计人
500kV徐行变电所工程	中国电力工程顾问集团华东电力设计院	电气	王小凤
上海市轨道交通清分中心工程	上海铁路城市轨道交通设计研究院	电气	朱守钧
古北瑞仕花园绿化工程	上海市园林设计院	绿化	刘建国
芳甸路（锦绣路—杨高路）绿化工程	上海浦东建筑设计研究院有限公司	绿化	王桂萍
永安公司外立面保护性修复工程	上海章明建筑设计事务所	建筑	姜 芃